高等职业教育"互联网+"新形态一体化教材

机电设备控制技术

主　编　董建荣　李彩风

副主编　孙志平

参　编　王　涛　孙振杰

主　审　张晓芳

机械工业出版社

本书是在编者多年教学实践的基础上，总结近几年来高等职业技术教育课程改革的经验，并根据《国家职业教育改革实施方案》提出的新要求而编写的。本书分为液压与气压传动技术、电气控制与PLC技术两篇，主要内容包括液压传动基础知识、液压系统元件、液压基本回路及典型液压系统、气压传动技术、常用低压电器、电气控制的常用控制电路及典型系统、可编程序控制器及其应用。

本书既可作为高等职业院校机电类专业教学用书，也可供有关的工程技术人员参考。

本书配有电子课件、动画、微课等教学资源，凡使用本书作为教材的教师可登录机械工业出版社教育服务网 www.cmpedu.com 注册后免费下载。咨询电话：010-88379375。

图书在版编目（CIP）数据

机电设备控制技术/董建荣，李彩风主编. —北京：机械工业出版社，2023.12

高等职业教育"互联网+"新形态一体化教材

ISBN 978-7-111-74537-2

Ⅰ.①机… Ⅱ.①董… ②李… Ⅲ.①机电设备-控制系统-高等职业教育-教材 Ⅳ.①TH-39

中国国家版本馆 CIP 数据核字（2024）第 022375 号

机械工业出版社（北京市百万庄大街22号　邮政编码100037）

策划编辑：刘良超　　　　　　责任编辑：刘良超

责任校对：孙明慧　刘雅娜　　责任印制：李　昂

河北京平诚乾印刷有限公司印刷

2024年5月第1版第1次印刷

184mm×260mm·17.25印张·424千字

标准书号：ISBN 978-7-111-74537-2

定价：54.80元

电话服务　　　　　　　　　　网络服务

客服电话：010-88361066　　机　工　官　网：www.cmpbook.com

　　　　　010-88379833　　机　工　官　博：weibo.com/cmp1952

　　　　　010-68326294　　金　书　网：www.golden-book.com

封底无防伪标均为盗版　　机工教育服务网：www.cmpedu.com

前 言

为贯彻党的二十大报告提出的实施国家文化数字化战略，本书力求打造立体化、多元化、数字化教学资源，打通纸质教材与数字化教学资源之间的通道，为混合式教学改革提供保障。

《国家职业教育改革实施方案》提出校企双元开发教材，倡导使用新型活页式、工作手册式教材并配套开发信息化资源。在此背景下，编者以"设备控制技术"课程改革经验为基础，依托精品课程在线开放资源，编写了本书。本书具有以下特色：

根据机械类专业毕业生所从事岗位的实际需要和教学实际情况的变化，合理确定学生应具备的能力和知识结构，充分考虑教材的适用性，设计了液压与气压传动技术、电气控制与PLC技术两大主题，达到强化能力、重在应用的目的。

本书在设置专业知识技能的过程中，融入素养提升元素，增强了教材的趣味性、哲理性，同时潜移默化地培养学生实事求是、尊重自然规律的科学态度，帮助学生树立正确的人生观、世界观及价值观。

本书是河北机电职业技术学院院级精品资源在线开放课程"设备控制技术"的配套教材，配有大量的动画、微课、课件等数字资源。本书结合在线开放课程可实现线上、线下混合式教学，教师利用学银在线平台可开展线上课前预习、教学、单元测试、考试等教学活动。

本书由河北机电职业技术学院董建荣、李彩风担任主编，孙志平担任副主编，王涛、孙振杰参与了编写。张晓芳担任本书主审。具体编写分工：李彩风（第1章、第2章）、孙振杰（第3章、第4章）、董建荣（第5章）、孙志平（第6章）、王涛（第7章）。

河北机电职业技术学院张敬芳、张良贵、娄海汇、魏志强老师为本书提供了大量数字化资源，在此致以诚挚的谢意。本书在编写过程中，编者参阅了国内外有关教材和大量的文献资料，在此向相关资料作者表示感谢。

由于编者水平有限，书中难免存在缺点和错误，恳请广大读者批评指正。

编　者

二维码索引

（续）

目录

上 篇

液压与气压传动技术

第1章

液压传动基础知识

⊡》 章节概述

液压传动是以液体为传动介质，利用液体压力能进行能量传递、转换和控制的传动技术。液压传动是利用各种液压元件组成不同的控制回路，再由若干回路有机组合成能完成一定控制功能的传动系统来进行能量的传递、转换和控制。因此，要研究液压传动及其控制技术，就首先要了解液压传动的工作原理与组成，液压传动工作介质的基本物理性质及其静力学、运动学和动力学特性，液压传动的特点和应用。

⊡》 章节目标

掌握液压传动技术的工作原理与组成、液压传动的特点；掌握液压传动工作介质的基本性质与应用；了解液压传动流体力学基础知识，掌握空穴现象和液压冲击的危害与应对措施。

⊡》 章节导读

1）液压传动的工作原理及组成。
2）液压传动的特点。
3）液压流体力学基础。
4）液体流动时的压力损失。
5）空穴现象和液压冲击。
6）液压系统装置认知实训（见本书配套资源）。

1.1 液压传动的工作原理及组成

液压传动是以液体为传动介质，利用液体压力能进行能量传递、转换和控制的传动技术。由于要使用原油炼制品作为传动介质，近代液压传动技术是由19世纪崛起并蓬勃发展的石油工业推动起来的，最早实践成功的液压传动装置是舰船上的炮塔转位器，其后出现了液压六角车床和磨床，一些通用车床到20世纪30年代末开始应用液压传动。

液压传动
基础知识

第二次世界大战期间，一些兵器应用了功率大、反应快、动作准的液压传动和控制装置，大大提高了兵器的性能，也大大促进了液压技术的发展。战后，液压技术迅速转向民用，并随着各种标准的不断制定和完善，各类元件的标准化、规格化、系列化而在机械制造、工程机械、材料科学、控制技术、农业机械、汽车制造等行业中推广开来。

20世纪60年代后，原子能技术、空间技术、计算机技术等的发展再次将液压技术推向前进，使它发展成为包括传动、控制、检测在内的一门完整的自动化技术，在国民经济的各个方面都得到了应用。如工程机械、数控加工中心、冶金自动线等。液压传动在某些领域内甚至已占有压倒性优势。

液压技术的智能化技术已经开始进行研究，并且成果已非常诱人。例如，折臂式小汽车装卸器能把小汽车吊起来，拖入集装箱内，自动按最紧凑的排列位置堆放好；应用液压技术的飞行模拟训练仓可以使飞机驾驶员不用上天就经历6个自由度的颠簸摇摆、座椅振动和着陆弹跳等多项运动感觉，并能对驾驶员的操作作出拟真、响应。

液压工业在国民经济中的作用非常大，是衡量一个国家工业水平的重要标志之一。可以预见，为满足国民经济发展需要，液压技术将继续获得飞速的发展，它在各个工业部门中的应用也将越来越广泛。

1.1.1　液压传动的工作原理

液压传动的工作原理，可以用液压千斤顶的工作原理来说明。

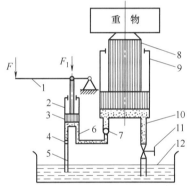

图1-1所示为液压千斤顶的工作原理图。大缸体9和大活塞8组成举升液压缸。杠杆手柄1、小缸体2、小活塞3、单向阀4和7组成手动液压泵。如提起手柄使小活塞向上移动，小活塞下端油腔容积增大，形成局部真空，这时单向阀4打开，通过吸油管5从油箱12中吸油；用力压下手柄，小活塞下移，小活塞下腔压力升高，单向阀4关闭，单向阀7打开，下腔的油液经管道6输入举升油缸的下腔，迫使大活塞8向上移动，顶起重物。再次提起手柄吸油时，单向阀7自动关闭，使油液不能倒流，从而保证了重物不会自行下落。不断地往复扳动手柄，就能不断地把油液压

图 1-1　液压千斤顶的工作原理图
1—杠杆手柄　2—小缸体　3—小活塞
4、7—单向阀　5—吸油管
6、10—管道　8—大活塞　9—大缸体
11—截止阀　12—油箱

入举升缸下腔，使重物逐渐地升起。如果打开截止阀11，举升液压缸下腔的油液通过管道10、截止阀11流回油箱，重物就向下移动。这就是液压千斤顶的工作原理。

由此可得出液压传动的定义：液压传动是利用液体的压力能传递能量的传动方式。其工作原理是：液压泵将输入的机械能变为液压能，经密封的管道传给液压缸（或液压马达），再转变为机械能输出，带动工作机构做功，通过对液体的方向、压力和流量的控制，可使工作机构获得所需的运动形式。由于能量的转换是通过密封工作容积的变化实现的，故又称为容积式液压传动。

1.1.2　液压传动的基本工作特征

液压传动与其他传动方式相比较，主要有两个基本工作特征：

1）力（或转矩）的传递靠液体压力来进行，并按照帕斯卡原理来实现。在图 1-1 中，液压泵和液压缸之间无任何机械联系。若小活塞和大活塞的有效作用面积分别为 A_1 和 A_2，小活塞在外力 F 作用下，小缸中液体将产生压力 $p = F_1/A_1$。若不计各种阻力和液体自重，则这个压力便按帕斯卡原理等值地传递到密封容器中液体的各点，在大活塞上产生作用力 $W = pA_2$，实现了力的传递。若大活塞面积 A_2 很大，小活塞面积 A_1 很小，则只需很小的外力 F 便能获得很大的作用力 W，向上举起重物，可知外力经液压传动后还能改变其大小和方向。

2）速度（或转速）的传递按容积变化相等的原则进行。设图 1-1 中小活塞和大活塞的移动速度分别为 v_1 和 v_2，并认为液体没有泄漏和体积不可压缩，根据液流连续性原理，可知单位时间内液压泵输出的液体体积，一定等于液压缸接受的液体体积，单位时间内液压泵和液压缸的容积变化必然相等，即 $v_1A_1 = v_2A_2$，由于 A_1 和 A_2 不等，所以 v_1 和 v_2 必然不等。此处 $A_2 > A_1$，则 $v_2 < v_1$，可知液压传动不但能传递速度，也能改变其大小和方向。

1.1.3 两个基本参数和两个重要概念

1. 两个基本参数

液压系统的两个基本参数是压力 p 和流量 q。液压传动的工作性能、结构设计和液压元件的选择都取决于这两个参数。液体压力在单位时间内所做的功为液压功率 P，由图 1-1 可知

$$P = Wv_2 = pA_2v_2 = pq \tag{1-1}$$

即液压功率为压力和流量的乘积。

在液压传动中，通常将压力分为五级：低压（$0 < p \leqslant 2.5\text{MPa}$），中压（$2.5\text{MPa} < p \leqslant 8\text{MPa}$），中高压（$8\text{MPa} < p \leqslant 16\text{MPa}$），高压（$16\text{MPa} < p \leqslant 32\text{MPa}$），超高压（$p > 32\text{MPa}$）。

2. 两个重要概念

（1）液体压力取决于负载 由千斤顶的工作原理可知，若重物越重，即外负载越大，则阻止液体流动的阻力越大，液体压力必须相应升高才能使活塞运动；若外负载很小，则很小的液体压力就能推动活塞。这两种情况所需要的外加作用力 F 也不同。当活塞运动后，液体作用力与负载力相平衡，压力将不再增加。可知有了负载，液体才会产生压力，并且压力大小取决于负载大小。液压泵输出液体的压力并不等于铭牌压力，而是受负载的支配，工作压力将随负载而变化。负载应理解为综合阻力，它包括外负载和各种流动阻力。

（2）液压缸（或液压马达）的运动速度取决于输入流量 若不考虑液体的压缩性和泄漏损失，根据 $q = v_1A_1 = v_2A_2$，得

$$v_2 = q/A_2 \tag{1-2}$$

由此可知，当液压缸（或液压马达）几何参数不变时，其运动速度取决于输入流量的大小。理论上与压力无关，实际上压力通过对液体泄漏的影响，而对运动速度产生间接的作用。

1.1.4 液压传动系统的组成与表示方法

1. 液压传动系统组成

以磨床工作台的液压传动系统为例，如图 1-2 所示，它由油箱、过滤器、液压泵、溢流阀、开停阀、节流阀、换向阀、液压缸以及连接这些元件的油管、接头组成。其工作原理：

液压泵由电动机驱动后，从油箱中吸油。油液经过滤器进入液压泵，油液在泵腔中从低压口进入，到高压口排出，在图 1-2a 所示状态下，通过开停阀、节流阀、换向阀进入液压缸左腔，推动活塞使工作台向右移动。这时，液压缸右腔的油经换向阀和回油管 6 排回油箱。

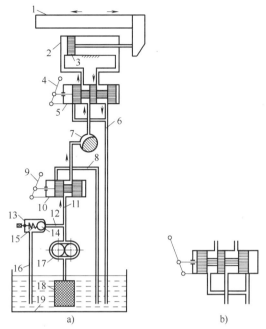

如果将换向阀手柄转换成图 1-2b 所示状态，则压力管中的油将经过开停阀、节流阀和换向阀进入液压缸右腔、推动活塞使工作台向左移动，并使液压缸左腔的油经换向阀和回油管 6 排回油箱。

工作台的移动速度是通过节流阀来调节的。当节流阀开大时，进入液压缸的油量增多，工作台的移动速度增大；当节流阀关小时，进入液压缸的油量减小，工作台的移动速度减小，这种现象正说明了液压传动的一个基本原理：液压传动的速度和流量的关系为 $q = vA$。为了克服移动工作台时所受到的各种阻力，液压缸必须产生一个足够大的推力，这个推力是由液压缸中的油液压力产生的。要克服的阻力越大，缸中的油液压力越高；反之压力就越低。这种现象正说明了液压传动的另一个基本原理——压力决定于负载。

图 1-2　磨床工作台液压传动系统工作原理图

1—工作台　2—液压缸　3—活塞　4—换向阀手柄
5—换向阀　6、8、16—回油管　7—节流阀
9—开停手柄　10—开停阀　11—压力管
12—压力支管　13—溢流阀　14—钢球　15—弹簧
17—液压泵　18—过滤器　19—油箱

从磨床工作台液压系统的工作过程可以看出，一个完整的、能够正常工作的液压系统，应该具有以下五个主要部分。

（1）动力元件　它是供给液压系统压力油，把机械能转换成液压能的装置。最常见的形式是液压泵。

（2）执行元件　它是把液压能转换成机械能以驱动工作机构的装置。其形式有做直线运动的液压缸，有做回转运动的液压马达，它们又称为液压系统的执行元件。

（3）控制元件　它是对系统中的压力、流量或流动方向进行控制或调节的装置。如溢流阀、节流阀、换向阀等。

（4）辅助元件　上述三部分之外的其他装置，例如油箱、过滤器、油管等。它们对保证系统正常工作是必不可少的。

（5）工作介质　传递能量的流体，即液压油等。

2. 液压系统的表示方法

液压系统可用结构原理图和图形符号图表示。

（1）结构原理图　结构原理图近似于实物的剖面，能直观地表示元件的工作原理和功能，利于故障分析，其绘制较麻烦，尤其是对于复杂液压系统，故已趋于淘汰。

（2）图形符号图 采用国家标准规定的图形符号绘制，凡是功能相同的元件，尽管其结构和工作原理不同，均用同一种符号表示。图形符号简洁标准，绘制方便，功能清楚，保密性强，是各国普遍采用的方法。

在绘制和阅读符号图时应注意以下几点：

1）图形符号只表示元件的职能作用和彼此的连接关系，不表示元件的具体结构和参数，也不表示具体安装位置。

2）图形符号若无特别说明，均表示元件处于静止位置或零位置。

3）图形符号在系统图中的布置，除有方向性元件符号（如油箱、仪表等）以外，均可根据具体情况，水平或垂直绘制。

4）凡标准未列入的图形符号，可根据标准的原则和所列图例的规律性进行派生，当无法直接引用及派生时，或者有必要特别说明某一元件的结构和工作原理时，允许局部采用结构简图表示。

1.2 液压传动的特点

1.2.1 液压传动的主要优点

液压传动与机械传动、电气传动相比具有以下的主要优点：

1）由于液压传动是油管连接，所以借助油管的连接可以方便灵活地布置传动机构，这是比机械传动优越的地方。

2）液压传动装置的重量轻、结构紧凑、惯性小。

3）可在大范围内实现无级调速。借助阀或变量泵、变量马达，可以实现无级调速，调速范围可达 1：2000，并可在液压装置运行的过程中进行调速。

4）传递运动均匀平稳，负载变化时速度较稳定。正因为此特点，金属切削机床中的磨床传动现在几乎都采用液压传动。

5）液压装置易于实现过载保护。借助设置溢流阀等，同时液压件能自行润滑，因此使用寿命长。

6）液压传动容易实现自动化。借助各种控制阀，特别是采用液压控制和电气控制组合使用时，能很容易地实现复杂的自动工作循环，而且可以实现遥控。

7）液压元件已实现了标准化、系列化和通用化，便于设计、制造和推广使用。

1.2.2 液压传动系统的缺点

1）液压系统中的漏油等因素，影响运动的平稳性和正确性，使得液压传动不能保证严格的传动比。

2）液压传动对油温的变化比较敏感。

3）为了减少泄漏，以及为了满足某些性能上的要求，液压元件的配合件制造精度要求较高，加工工艺较复杂。

4）液压传动要求有单独的能源，不像电源那样使用方便。

5）液压系统发生故障不易检查和排除。

总之，液压传动的优点是主要的，随着设计制造和使用水平的不断提高，有些缺点正在逐步被克服。液压传动有着广泛的发展前景。

1.3　液压流体力学基础

1.3.1　液压传动的工作介质

液压传动所用的工作介质是液压油。液压油在液压系统中的主要作用是传递能量和信号，同时它还起到润滑、冷却和防锈的作用。液压油的基本性质很多，液压系统能否可靠、有效地进行工作，在很大程度上取决于系统中所用的液压油的物理性质。下面介绍与液压传动性能密切相关的三个性质。

一、密度

单位体积液体的质量称为液体的密度，用符号 ρ 表示，即

$$\rho = \frac{m}{V}\tag{1-3}$$

液压传动
工作介质

式中　V——液体的体积（m^3）；

　　　m——液体的质量（kg）。

液压油的密度会随着液压系统中压力或温度的变化而发生变化，但其变化量一般很小，在工程计算中通常忽略不计。常用液压油的密度约为 $900kg/m^3$。

二、可压缩性

液体受压力作用后体积减小的性质，称为液体的可压缩性。液体可压缩性的大小可以用体积压缩系数来表示。若压力为 p，液体的体积为 V，当压力增加 Δp 时，液体的体积减小 ΔV，则体积压缩系数 k 表示液体在单位压力变化时的体积相对变化量，即

$$k = -\frac{1}{\Delta p}\frac{\Delta V}{V}\tag{1-4}$$

油液具有可压缩性，即液体受压后，其体积将缩小，两者变化方向相反，为保证 k 为正值，在上式等号右边加上负号。

体积压缩系数 k 的倒数为液体的体积模量，它表示液体产生单位体积相对变化量所需的压力增量，用 K 来表示，即

$$K = \frac{1}{k} = -\frac{\Delta p}{\Delta V}V\tag{1-5}$$

在常温下，纯净液压油的体积模量 $K = (1.4 \sim 2.0)\times 10^3 MPa$，数值很大，即液压油压缩性很小，一般认为不可压缩；若分析液压动态特性或压力变化很大的高压系统，则必须考虑压缩性。

液压油的体积模量与温度和压力都有关系：当温度升高时，K 值减小，在液压油正常工作温度范围内，K 值会有 $5\% \sim 25\%$ 的变化；当压力增加时，K 值增大，但是这种变化不呈线性关系，当 $p \geqslant 3MPa$ 时，K 值基本上不再增大。另外，液压油的纯净度对体积模量的影响比较大，当液压油中混入空气时，其体积模量将大大减小，抗压缩能力显著下降，并严重影响液压系统的性能。但是在液压油内，游离气泡不可能完全避免，因此，一般石油基液压油

K 的取值为 $(0.7 \sim 1.4) \times 10^3 \mathrm{MPa}$。

三、黏性

1. 黏性的定义

液体在外力作用下流动（或有流动趋势）时，分子间的内聚力将产生阻止相对运动的内摩擦力，这种特性称为液体的黏性。需要注意的是液体只有在流动（或有流动趋势）时，才会呈现出黏性；静止的液体不呈现黏性。

黏性使得液体各层间的运动速度不等，如图 1-3 所示的两个平板间充满液体，下平板固定不动，上平板以速度 u_0 向右平移。由于液体和固体壁面间的附着力，黏附于下平板的液层速度为零，黏附于上平板的液层速度为 u_0，而由于液体的黏性，使得中间各层液体的速度随着液层间距离 Δy 的变化而变化。当上平板与下平板之间距离 h 较小时，液体的速度从上到下近似呈线性递减规律变化。

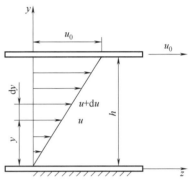

图 1-3　液体黏性示意图

通过实验得出，流动液体相邻液层之间的内摩擦力 F_f 与液层接触面积 A、液层间的速度梯度 $\mathrm{d}u/\mathrm{d}y$ 成正比关系，即

$$F_\mathrm{f} = \mu A \frac{\mathrm{d}u}{\mathrm{d}y} \qquad (1\text{-}6)$$

式中　μ——比例系数，称为黏度系数或动力黏度。

若用 τ 表示单位面积上的内摩擦力，即液层间的切应力，则上式可表示为

$$\tau = \frac{F_\mathrm{f}}{A} = \mu \frac{\mathrm{d}u}{\mathrm{d}y} \qquad (1\text{-}7)$$

式（1-7）即为牛顿液体内摩擦定律。

2. 黏性的度量——黏度

黏性的大小用黏度来度量。常用的黏度有动力黏度、运动黏度和相对黏度三种。

（1）动力黏度 μ　动力黏度又称为绝对黏度，由牛顿液体内摩擦定律可知

$$\mu = \frac{\tau}{\mathrm{d}u/\mathrm{d}y} \qquad (1\text{-}8)$$

动力黏度的物理含义是：液体以单位速度梯度流动时，液层间单位面积上所产生的内摩擦力，其单位为 $\mathrm{Pa \cdot s}$（$1\mathrm{Pa \cdot s} = 1\mathrm{N \cdot s/m^2}$）。

（2）运动黏度 ν　运动黏度为液体动力黏度与其密度的比值，用符号 ν 表示，即

$$\nu = \frac{\mu}{\rho} \qquad (1\text{-}9)$$

在液压系统的理论分析和计算中经常涉及动力黏度 μ 与密度 ρ 的比值，因而采用运动黏度来代替 μ/ρ。运动黏度的单位为 $\mathrm{m^2/s}$（$1\mathrm{m^2/s} = 10^6 \ \mathrm{mm^2/s}$），其本身没有什么特殊的物理意义，因为它的单位中只有运动学的量纲，所以称为运动黏度。

常用运动黏度来表示液压油的牌号。国家标准规定，液压油的牌号是该液压油在 40℃ 时运动黏度的平均值。例如，32 号液压油是指这种油在 40℃ 时运动黏度的平均值为 $32\mathrm{mm^2/s}$，其运动黏度范围为 $28.8 \sim 35.2 \mathrm{mm^2/s}$。

（3）相对黏度 相对黏度也称为条件黏度，是采用特定的黏度计在规定条件下测量出来的黏度。由于测量条件不同，各国所用的相对黏度也不相同。中国、德国和俄罗斯等国家采用恩氏黏度，美国用赛氏黏度，英国则用雷氏黏度。

恩氏黏度是采用恩氏黏度计测定 200mL 液压油在某温度下从黏度计流出所需的时间与同体积蒸馏水在 20℃ 流出所需时间之比，即

$$°E = \frac{t_1}{t_2} \tag{1-10}$$

式中　t_1——油流出的时间；

　　　t_2——20℃ 蒸馏水流出的时间。

恩氏黏度与运动黏度的换算关系为

$$\nu = \left(7.31°E - \frac{6.31}{°E}\right) \times 10^{-6} \tag{1-11}$$

3. 黏度与压力的关系

液压油所受压力增大时，分子间的距离将减小，内摩擦力增大，黏度也随之增大。对于一般液压系统来说，当压力低于 20MPa 时，压力对黏度的影响很小，可以忽略不计。但是当液压系统压力较高或压力变化较大时，则需要考虑压力对黏度的影响。

4. 黏度与温度的关系

液压油温度的变化对其黏度的影响较大，温度升高，液压油的黏度降低。液压油的特性随温度变化的特性称为黏温特性。不同种类的液压油有不同的黏温特性。

目前多用黏度指数（表 1-1）表示黏温特性的好坏。一般油的黏度指数越大，表示它的黏度值随温度变化越小，因而越适合用于温度多变或变化范围广的场合，该油品的黏温特性越好。黏度指数是一经验值，它是用黏度性能好（黏度指数定为 100）和黏度性能较差（黏度指数定为 0）的两种润滑油为标准油，以 40℃ 和 100℃ 的黏度为基准进行比较而得出的。

表 1-1　黏度指数的分类

分类	黏度指数范围	分类	黏度指数范围
低黏度指数	<35	高黏度指数	80~110
中黏度指数	35~80	更高黏度指数	>110

四、其他特性

液压油的其他特性包括抗燃性、抗凝性、抗氧化性、抗泡沫性、抗乳化性、防锈性、润滑性、导热性、介电性、相容性、纯净度等。

五、液压油的种类与选用

1. 液压油的分类

液压油有矿油型、合成型和乳化型三种。矿油型液压油是以原油精炼而成，再加入适当的用来改变性能的添加剂，使其黏温特性和化学稳定性得到了一定的提高。矿油型液压油具有润滑性能好，腐蚀性小，黏度较高和化学稳定性好等特点，在液压传动系统中应用广泛。合成型液压油主要有水-乙二醇液、磷酸酯液和硅油等。乳化型液压油有水包油型乳化液和油包水型乳化液。合成型和乳化型液压油的抗燃性好，主要用于有抗燃要求的液压系统。

国家标准规定，将液压油分为五个品种。

1）抗氧防锈液压油 L-HL。

2）抗磨液压油（高压、普通）L-HM。

3）低温液压油 L-HV。

4）超低温液压油 L-HS。

5）液压导轨油 L-HG。

液压油采用统一的命名方式，其一般形式为：类别-品种牌号。例如 L-HV22，其中，L 是有关产品类别代号，HV 是指低温液压油，22 是液压油的牌号。

2. 液压油的选用

（1）液压传动对液压油的性能要求　不同的工作环境和不同的设备对液压油的要求有很大的不同。为了更好地传递动力和运动，液压传动对液压油有如下要求：

1）合适的黏度，较好的黏温特性，以保证液压元件在工作压力和温度变化时得到良好的润滑和密封。

2）质地纯净，杂质少。

3）对金属和密封件有良好的相容性。

4）有良好的抗氧化性、水解性和热稳定性，长期工作不易变质。

5）抗泡沫性好，抗乳化性好，腐蚀性小，防锈性好，以防止金属表面锈蚀。

6）体积膨胀系数小，比热容大。

7）流动点和凝固点低，燃点和闪点高。

8）对人体无害，成本低。

（2）液压油的选择　液压油可根据不同的使用场合选用合适的品种，在品种确定的情况下，最主要考虑的是液压油的黏度。在确定液压油黏度时主要考虑液压系统工作压力、环境温度和工作部件的运动速度。当系统工作压力较大、环境温度较高、工作部件运动速度较低时，为了减小泄漏，宜采用黏度较高的液压油；反之，则宜选用黏度较低的液压油。

（3）液压油的使用与维护　影响液压油正常使用的因素有水、固体颗粒物、空气以及有害化学物质。如果液压油中水分超标，会使液压元件生锈，使液压油乳化变质和生成沉淀物；固体颗粒物会加剧液压元件的磨损，并且若被卡在阀芯或其他运动副中会影响整个系统的正常工作，导致机器产生故障；液压油路中如果混入了空气，会形成气蚀，使系统不能正常工作，损伤液压元件；有害化学物质会导致液压油的化学性质发生变化，使油液无法使用。因此，要对液压油进行定期的检查与保养。液压油长期使用后，可采用目测法观察液压油是否含有水分，通过观察比较使用过和未使用过的液压油的气味与外观有无明显区别，来判定液压油是否变质，是否需要更换。

此外，在使用液压油的过程中还需要注意以下情况：

1）开机前检查油位和油中是否有气泡存在。

2）应注意液压油的温度。

3）定期过滤液压油，控制油中的杂质含量。

4）定期更换液压油。

5）在机器不使用期间应罩住油箱，以免污染物进入。

1.3.2 液体静力学基础

液体静力学主要是研究液体静止时的平衡规律以及这些规律的应用。所谓"液体静止"指的是液体内部质点间没有相对运动，不呈现黏性而言，至于盛装液体的容器，不论它是静止的还是匀速、匀加速运动都没有关系。

一、液体静压力及其特性

1. 液体静压力的概念

当液体静止时，液体质点间没有相对运动，不存在摩擦力，所以静止液体的表面力只有法向力。

液体内某点处单位面积 ΔA 上所受到的法向力 ΔF 之比，称为压力 p（静压力），即

$$p = \lim_{\Delta A \to 0} \frac{\Delta F}{\Delta A} \tag{1-12}$$

若法向力 F 均匀地作用在面积 A 上，则液体静压力可表示为

$$p = F/A \tag{1-13}$$

2. 液体静压力的特性

由于液体质点间的凝聚力很小，不能受拉，只能受压，所以液体的静压力具有两个重要特性：

1）液体静压力的方向总是作用在承压面的内法线方向上。

2）静止液体内任一点的液体静压力在各个方向上都相等。

二、液体静压力基本方程

1. 基本方程式

在重力作用下的静止液体，其受力情况如图 1-4 所示。A 点所受的压力为

$$p = p_0 + \rho g h \tag{1-14}$$

式中 g——重力加速度；

ρ——液体的密度。

式（1-14）即为液体静压力的基本方程。

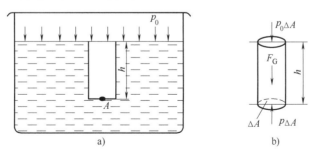

图 1-4 重力作用下的静止液体受力图

由液体静压力基本方程可知：

1）静止液体内任一点处的压力由两部分组成，一部分是液面上的压力 p_0，另一部分是 ρg 与该点离液面深度 h 的乘积。

2）同一容器中同一液体内的静压力随液体深度 h 的增加而线性地增加。

3）连通器内同一液体中深度 h 相同的各点压力都相等。由压力相等的点组成的面称为等压面，重力作用下静止液体中的等压面是一个水平面。

2. 静压力基本方程的物理意义

静止液体中单位质量液体的压力能和位能可以互相转换，但各点的总能量却保持不变，即能量守恒。

3. 帕斯卡原理

根据静压力基本方程（$p=p_0+\rho gh$），盛放在密闭容器内的液体，其外加压力 p_0 发生变化时，只要液体仍保持其原来的静止状态不变，液体中任一点的压力均将发生同样大小的变化。这就是说，在密闭容器内，施加于静止液体上的压力将以等值同时传到各点。这就是静压传递原理或称帕斯卡原理。

三、压力的表示方法及单位

1. 压力的表示方法

液压系统中的压力指的是压强，液体压力通常有绝对压力、相对压力（表压力）、真空度三种表示方法。大多数测压仪表在大气压下并不动作，这时它所表示的压力值为零。因此它们测出的压力是高于大气压的那部分压力。也就是说，它是相对于大气压（即以大气压为基准零值时）所测量得到的一种压力，称为相对压力或表压力。另一种是以绝对真空为基准零值时所测得的压力，称为绝对压力。当绝对压力低于大气压时，习惯上称为出现真空。因此，某点的绝对压力比大气压小的那部分数值称为该点的真空度。绝对压力、相对压力（表压力）和真空度的关系如图 1-5 所示。用关系式表示为

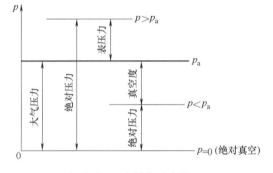

图 1-5 压力的表示方法

$$绝对压力 = 相对压力（表压力）+大气压力$$
$$相对压力（表压力）= 绝对压力-大气压力$$
$$真空度 = 大气压力-绝对压力$$

2. 压力的单位

我国法定压力单位为帕斯卡，简称帕，符号为 Pa，$1Pa = 1\ N/m^2$。由于 Pa 太小，工程上常用 MPa 来表示：$1MPa = 10^6\ Pa$。

压力单位及其他非法定计量单位的换算关系为

1at（工程大气压）$= 1kgf/cm^2 = 9.8\times10^4\ Pa$

$1mH_2O$（米水柱）$= 9.8\times10^3\ Pa$

1mmHg（毫米汞柱）$= 1.33\times10^2\ Pa$

1bar（巴）$= 10^5 Pa \approx 1.02kgf/cm^2$

四、液体静压力对固体壁面的作用力

静止液体和固体壁面相接触时，固体壁面上各点在某一方向上所受静压力的总和，便是液体在该方向上作用于固体壁面上的力。在液压传动计算中，质量力可以忽略，静压力处处相等，所以可以认为作用于固体壁面上的压力是均匀分布的。

当固体壁面是曲面时，作用在曲面上各点的液体静压力是不平行的，曲面上液压作用力在某一方向上的分力等于静压力和曲面在该方向的垂直面内投影面积的乘积，如图 1-6 所示。

由此得出

$$F = pA = p \frac{\pi d^2}{4} \qquad (1\text{-}15)$$

式中 d——承压部分曲面投影圆的直径。

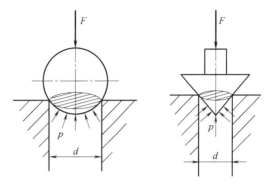

图 1-6 液压力作用在曲面上的力

1.3.3 液体动力学基础

液体动力学主要研究液体运动和引起运动的原因，即研究液体流动时流速和压力之间的关系（或液压传动两个基本参数的变化规律）。流动液体的连续性方程、伯努利方程、动量方程是描述流动液体力学规律的三个基本方程式。前两个方程反映了液体的压力、流速与流量之间的关系，动量方程用来解决流动液体与固体壁面间的作用力问题，在此主要介绍连续性方程和伯努利方程。

一、基本概念

1. 理想液体和恒定流动

研究流动的液体时，必须考虑黏性的影响。由于分析过程较复杂，所以在开始分析时，可以假设液体没有黏性，然后再利用实验验证的方法对理想结论加以补充或修正。一般把既无黏性又不可压缩的液体称为理想液体。

液体流动时，若液体中任何一点的压力、速度和密度都不随时间的变化而变化，则这种流动称为恒定流动，也称为定常流动或非时变流动。反之，如果压力、速度或密度中有一个参数随时间变化，就称为非恒定流动，或称非定常流动、时变流动。

2. 流线、流管、流束和通流截面

流线是指某一瞬时液流中各处质点运动状态的一条条曲线。在流线上，各点的瞬时液流方向与该点的切线方向是重合的，如图 1-7 所示。由于液流中的每一点在每一瞬间只有一个速度，因而流线既不能相交，也不能转折，它是一条条光滑的曲线。

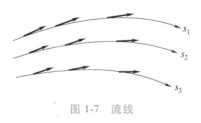

图 1-7 流线

在流场中画一不属于流线的任意封闭曲线，沿该封闭曲线上的每一点作流线，由这些流线组成的表面称为流管，如图 1-8a 所示。流管内的流线群称为流束，如图 1-8b 所示。

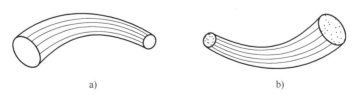

a) b)

图 1-8 流管与流束
a）流管（空心） b）流束（实心）

流束中与所有流线正交的截面称为通流截面，如图 1-9 所示的 A 面和 B 面。截面上每点处的流动速度都垂直于这个面。

3. 流量和平均流速

单位时间内通过某一通流截面的液体的体积称为体积流量，用 q 表示，单位为 m^3/s 或 L/min。

由于流动液体黏性的作用，整个通流截面上各点的速度一般是不相等的，计算流量很不方便，所以在实际应用中，通常用平均流速来进行计算。平均流速是指通过整个通流截面的流量 q 与通流截面积 A 的比值，即

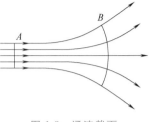

图 1-9 通流截面

$$v = q/A \qquad (1-16)$$

需要注意的是，用平均流速代替实际流速，只有在计算流量时是合理而精确的，在计算其他物理量时可能会产生误差。

二、连续性方程

连续性方程是质量守恒定律在流体力学中的应用。理想液体在管道中恒定流动时，根据质量守恒定律，液体在管道内既不能增多，也不能减少，因此单位时间内流入液体的质量应恒等于流出液体的质量。如图 1-10 所示，液体在管内做恒定流动，任取 1、2 两个通流截面，则在单位时间内流过两个截面的液体流量相等，即

$$\rho_1 v_1 A_1 = \rho_2 v_2 A_2$$

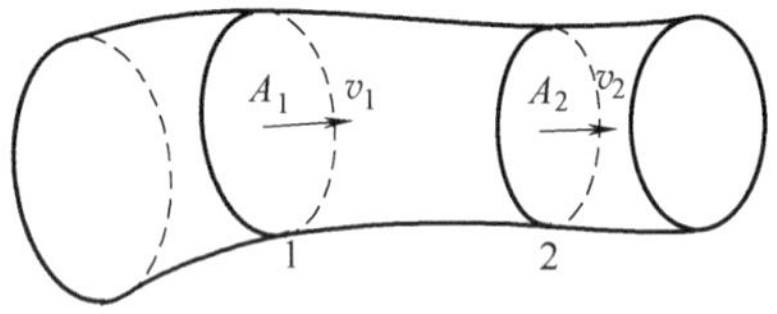

不考虑液体的压缩性，则得

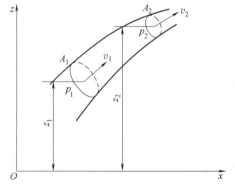

图 1-10 液流的连续性原理

$$q = v_1 A_1 = v_2 A_2 = 常量 \qquad (1-17)$$

式（1-17）称为不可压缩液体做定常流动时的连续性方程。它说明：

1）做定常流动、不可压缩液体在无分流、合流时，流经任一通流截面的流量相等。

2）液体的流速与管道通流截面积成反比。

3）在具有分歧的管路中具有 $q_1 = q_2 + q_3$ 的关系，这也是液压速度调节的基本原理。

三、伯努利方程

伯努利方程是能量守恒定律在流体力学中的应用。理想液体在管道中恒定流动时，根据能量守恒定律，同一管道内任一截面上的总能量应该相等，如图 1-11 所示，液体流过 A_1 截面的能量与流过 A_2 截面的能量相等，即

$$p_1 + \rho g z_1 + \frac{\rho v_1^2}{2} = p_2 + \rho g z_2 + \frac{\rho v_2^2}{2} \qquad (1-18)$$

图 1-11 理想液体的伯努利方程示意图

式（1-18）称为理想液体的伯努利方程，由瑞士科学家伯努利于 1738 年首先导出。伯努利方程物理意义是：在密闭管道内做恒定流动的理想液体具有三种形式的能量，即压力能、位能和动能。在流动过程中，三种能量可以互相转化，但各个通流截面上三种能量之和恒为定值。

1.4　液体流动时的压力损失

在液压传动中，实际液体具有黏性，流动时会有阻力产生，为了克服阻力，流动液体需要损耗一部分能量，即能量损失。能量损失主要表现为压力损失。压力损失使液压能转变为热能，导致系统温度升高。因此，在设计液压系统时，要尽量减少压力损失。

液压系统中的压力损失可以分为沿程压力损失和局部压力损失。

1）沿程压力损失。油液沿等直径直管流动时所产生的压力损失，这类压力损失是由液体流动时的内、外摩擦力所引起的。

2）局部压力损失是油液流经局部障碍（如弯管、接头、管道截面突然扩大或收缩）时，由于液流的方向和速度的突然变化，在局部形成旋涡引起油液质点间，以及质点与固体壁面间相互碰撞和剧烈摩擦而产生的压力损失。

1.4.1　流态、雷诺数

一、流态

实际液体具有黏性，是产生流动阻力的根本原因。然而流动状态不同，则阻力大小也是不同的。液体的流动有两种状态，即层流和湍流。液体流动的物理现象可以通过雷诺实验来观察。

图1-12所示为雷诺实验装置，实验时保持水箱中水位恒定和平静，然后将阀A微微开启，使少量水流流经玻璃管，即玻璃管内平均流速很小。这时，如将颜色水容器的阀B也微微开启，使颜色水也流入玻璃管内，可以在玻璃管内看到一条细直而鲜明的颜色流束，而且不论颜色水放在玻璃管内的任何位置，它都能呈直线状。这说明管中的液流是分层的，层与层之间互不干扰，水流都是安定地沿轴向运动。液体质点没有垂直于主流方向的横向运动，所以颜色水和周围的液体没有混杂，这种运动状态称为层流。如果把阀A缓慢开大，管中流量和它的平均流速也将逐渐增大，直至平均流速增加至某一数值时，颜色流束开始弯曲颤动，这说明玻璃管内液体质点不再保持安定，开始发生脉动，不仅具有横向的脉动速度，还具有纵向的脉动速度。如果阀A继续开大，脉动加剧，颜色水就完全与周围液体混杂而不再维持流束状态，这种运动状态称为湍流。

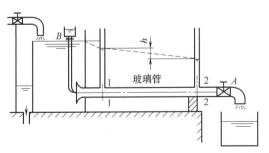

雷诺实验

图1-12　雷诺实验装置

通过实验可以得出：

层流状态的特点：液体质点互不干扰，液体的流动呈线性或层状，且平行于管道轴线；

层流时，液体流速较低，质点受黏性制约，不能随意运动，黏性力起主导作用。

湍流状态的特点：液体质点的运动杂乱无章，除了平行于管道轴线的运动以外，还存在着剧烈的横向运动；湍流时，液体流速较高，黏性的制约作用减弱，惯性力起主导作用。

二、雷诺数

液体流动时究竟是层流还是湍流，需用雷诺数来判别。

实验证明，液体在圆管中的流动状态不仅与管内的平均流速 v 有关，还和管径 d、液体的运动黏度 ν 有关。但是，真正决定液流状态的，却是这三个参数所组成的一个称为雷诺数 Re 的无量纲纯数。

$$Re = \frac{vd}{\nu} \tag{1-19}$$

由式（1-19）可知，如果液流的雷诺数相同，则它的流动状态也相同。当液流的实际流动雷诺数 Re 小于临界雷诺数时，液流为层流；反之，液流则为湍流。常见的液流管道的临界雷诺数可由实验求得。雷诺数的物理意义：影响液体流动的力主要有惯性力和黏性力，雷诺数就是惯性力对黏性力的比值。常见的液流管道的临界雷诺数由实验求得，见表 1-2。

表 1-2　常见液流管道的临界雷诺数（Re_{cr}）

管道的材料与形状	Re_{cr}	管道的材料与形状	Re_{cr}
光滑的金属圆管	2000~2320	带槽装的同心环状缝隙	700
橡胶软管	1600~2000	带槽装的偏心环状缝隙	400
光滑的同心环状缝隙	1100	圆柱形滑阀阀口	260
光滑的偏心环状缝隙	1000	锥状阀口	20~100

1.4.2　液体在直管中流动时的压力损失

液压系统中的压力损失

液体在直管中流动时的压力损失为沿程压力损失。它主要取决于管路的长度和内径及液体的流速和黏度等。液体的流态不同，沿程压力损失也不同。

一、层流时的压力损失

在液压传动中，液体的流动状态多数是层流流动，在这种状态下液体流经直管的压力损失可以通过理论计算求得。

如图 1-13 所示，层流流动时，液体流经直管的沿程压力损失可由式（1-20）求得

$$\Delta p = \frac{32\mu l v}{d^2} \tag{1-20}$$

由式（1-20）可看出，层流状态时，液体流经直管的压力损失 Δp 与动力黏度 μ、管长 l、流速 v 成正比，与管径 d 的平方成反比。

在实际计算压力损失时，式（1-20）可简化为

$$\Delta p = \frac{64}{Re}\rho g \, \frac{l}{d} \, \frac{v^2}{2g} = \lambda \, \frac{l}{d} \, \frac{\rho v^2}{2} \tag{1-21}$$

式中　λ——沿程阻力系数，它的理论值为 $\lambda = 64/Re$，而实际由于各种因素的影响，对光滑金属管取 $\lambda = 75/Re$，对橡胶管取 $\lambda = 80/Re$。

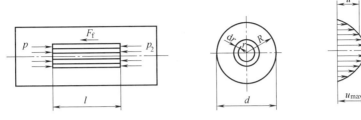

图 1-13 圆管中的层流

二、湍流时的压力损失

层流流动中各质点有沿轴向的规则运动，而无横向运动。湍流的重要特性之一是液体各质点不再是有规则地轴向运动，而是在运动过程中互相渗混和脉动。这种极不规则的运动，引起质点间的碰撞，并形成旋涡，使湍流能量损失比层流大得多。

由于湍流流动现象的复杂性，完全用理论方法加以研究至今，尚未获得令人满意的成果，故仍用实验的方法加以研究，再辅以理论解释。因而湍流状态下液体流动的压力损失仍用式（1-21）来计算，式中的 λ 值不仅与雷诺数 Re 有关，而且与管壁表面粗糙度 Δ 有关，具体的 λ 值见表 1-3。

表 1-3 圆管湍流时的 λ 值

雷诺数 Re		λ 值计算公式
$Re < 22\left(\dfrac{d}{\Delta}\right)^{\frac{8}{7}}$	$3000 < Re < 10^5$	$\lambda = 0.3164/Re^{0.25}$
	$10^5 < Re < 10^8$	$\lambda = 0.308/(0.842 - \lg Re)^2$
$32\left(\dfrac{d}{\Delta}\right)^{\frac{8}{7}} < Re < 597\left(\dfrac{d}{\Delta}\right)^{\frac{9}{8}}$		$\lambda = \left[1.14 - 2\lg\left(\dfrac{d}{\Delta} + \dfrac{21.25}{Re^{0.9}}\right)\right]^{-2}$
$Re > 597\left(\dfrac{d}{\Delta}\right)^{\frac{9}{8}}$		$\lambda = 0.11\left(\dfrac{d}{\Delta}\right)^{0.25}$

1.4.3 局部压力损失

局部压力损失是液体流经阀口、弯管、变化的通流截面等所引起的压力损失。液流通过这些地方时，由于液流方向和速度均发生变化，形成旋涡（图 1-14），使液体的质点间相互撞击，从而产生较大的能量损耗。

局部压力损失的计算式可以表达成

$$\Delta p = \zeta \rho v^2 / 2 \qquad (1-22)$$

式中 ζ——局部阻力系数，其值仅在液流流经突然扩大的截面时可以用理论推导方法求得，其他情况均须通过实验来确定；

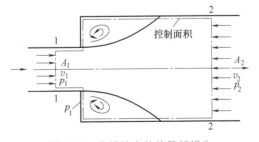

图 1-14 突然扩大处的局部损失

v——液体的平均流速，一般情况下指局部阻力下游处的流速。

1.4.4 管路系统中的总压力损失

管路系统的总压力损失等于所有沿程压力损失和所有局部压力损失之和，即

$$\Delta p_{总} = \sum \Delta p_{沿} + \sum \Delta p_{局} = \sum \lambda \frac{l}{d} \frac{\rho v^2}{2} + \sum \zeta \frac{\rho v^2}{2} \qquad (1\text{-}23)$$

1.4.5 压力损失的影响及其减小措施

一、压力损失的影响

1) 导致压力效率低。

2) 温升影响工作性能。

二、减小压力损失的措施

1) 减小管道长度。

2) 使管道内壁光滑。

3) 降低液压油的黏度。

4) 提高通流截面积与流速。

1.5 空穴现象和液压冲击

1.5.1 空穴现象

1. 定义

在液压系统中，如果某处的压力低于空气分离压时，原先溶解在液体中的空气就会分离出来，导致液体中出现大量气泡的现象，称为气穴现象。

2. 产生部位

（1）节流部位气穴　在孔口或阀口处液流形成高速射流，而造成该局部绝对压力下降，产生气穴。

（2）泵入口处气穴　泵吸入不畅或泵吸入管过长，则其吸入管道中压降较大，此外泵安装过高，则泵入口出压力过低，而产生气穴。

3. 气穴造成的危害

1) 使流动性能变差。

2) 产生振动和噪声。

3) 产生局部高温，使液体加速变质。

4) 产生气蚀（油液中混入了一定量的空气，随着压力的逐渐升高，油液当中的气体会变成气泡，当压力升高到某一极限值时，这些气泡在高压的作用下就会发生破裂，从而将高温、高压的气体迅速作用到零件的表面上，导致液压缸产生气蚀，造成零件的腐蚀性损坏。这种现象称为气蚀现象），造成机件破坏。

4. 预防和减少气穴的措施

1) 限制泵吸油口离油面的高度，泵吸油口要有足够的管径，过滤器压力损失要小，自吸能力差的泵用辅助泵供油。

2）管路密封性要好，防止空气渗入。

3）节流口压降要小，一般控制节流口前后压力比小于3.5。

1.5.2 液压冲击

1. 定义

在液压系统中，由于某种原因，系统的压力在某一瞬间会突然急剧上升，形成很高的压力峰值，这种现象称为液压冲击。

2. 液压冲击产生的原因

1）阀门突然关闭或换向。

2）运动部件突然制动或换向。

3）某些液压元件动作失灵或不灵敏。

3. 减小液压冲击的措施

压力冲击的危害很大，发生液压冲击时，管路中的冲击压力往往急增很多倍。从而使按工作压力设计的管道破裂。此外，所产生的液压冲击波会引起液压系统的振动和冲击噪声。因此，在设计液压系统时要考虑这些因素，应当尽量减小液压冲击的影响。为此，一般可采取如下措施。

1）延长阀门关闭和运动部件制动换向的时间。

2）限制管道流速及运动部件速度。

3）适当加大管道直径，尽量缩短管路长度。

4）在冲击区附近安装蓄能器等缓冲装置。

5）采用软管，以增加系统的弹性。

习　题

1. 流体传动有哪两种形式？它们的主要区别是什么？

2. 什么叫液压传动？液压传动所用的工作介质是什么？

3. 液压传动系统由哪几部分组成？各组成部分的作用是什么？

4. 液压传动的主要优缺点是什么？

5. 液压油有哪些特性？

6. 什么叫空穴现象？

7. 液压冲击是如何产生的？怎样减小液压冲击？

第2章

液压系统元件

章节概述

任何一个液压系统都是由基本的液压元件组成的，液压系统的元件包括动力元件、执行元件、控制调节元件和辅助元件，本章介绍液压系统常用的各种液压元件。

章节目标

掌握液压元件的结构组成、工作原理、特点及应用；掌握液压元件常见故障及排除方法。

章节导读

1）液压动力元件。

2）液压执行元件。

3）液压控制元件。

4）液压辅助元件。

5）液压元件拆装实训（见本书配套资源）。

2.1　液压动力元件

液压动力元件指的是液压泵，它把液压油从油箱中吸出并送入液压系统。液压传动系统中使用的液压泵都是容积式液压泵，它是依靠周期性变化的密闭容积和配流装置来工作的，其主要形式有齿轮泵、叶片泵和柱塞泵。

认识液压
能源装置

2.1.1　液压泵概述

一、液压泵的工作原理

液压泵由原动机驱动，把输入的机械能转换为油液的压力能，再以压力、流量的形式输入到系统中去，为执行元件提供动力，它是液压传动系统的核心元件，其性能好坏将直接影响系统是否正常工作。

液压泵都是依靠密封容积变化的原理来进行工作的，图2-1所示的是一单柱塞液压泵的工作原理图，图中柱塞2装在缸体3中，形成一个密封容积 a ，柱塞在弹簧6的作用下始终压紧在偏心轮1上。原动机驱动偏心轮1旋转使柱塞2做往复运动，使密封容积 a 的大小发生周期性的交替变化。当 a 由小变大时就形成部分真空，使油箱中油液在大气压作用下，经吸油管顶开单向阀4进入油腔 a 而实现吸油；反之，当 a 由大变小时， a 腔中吸满的油液将顶开单向阀5流入系统而实现压油。这样液压泵就将原动机输入的机械能转换成液体的压力能，原动机驱动偏心轮不断旋转，液压泵就不断地吸油和压油。

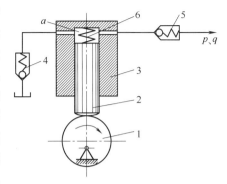

图2-1　单柱塞液压泵工作原理图
1—偏心轮　2—柱塞　3—缸体
4、5—单向阀　6—弹簧

容积式液压泵的基本特点：

1）具有若干个密封且又可以周期性变化空间。液压泵输出流量与此空间的容积变化量和单位时间内的变化次数成正比，与其他因素无关。这是容积式液压泵的一个重要特性。

2）油箱内液体的绝对压力必须恒等于或大于大气压力。这是容积式液压泵能够吸入油液的外部条件。因此，为保证液压泵正常吸油，油箱必须与大气相通，或采用密闭的充压油箱。

3）具有相应的配流机构，将吸油腔和排油腔隔开，保证液压泵有规律且连续地吸、排液体。液压泵的结构原理不同，其配流机构也不相同。如图2-1中的单向阀4、5就是配流机构。

容积式液压泵中的油腔处于吸油时称为吸油腔。吸油腔的压力决定于吸油高度和吸油管路的阻力，吸油高度过高或吸油管路阻力太大，会使吸油腔真空度过高而影响液压泵的自吸能力；油腔处于压油时称为压油腔，压油腔的压力则取决于外负载和排油管路的压力损失。从理论上讲，排油压力与液压泵的流量无关。

容积式液压泵排油的理论流量取决于液压泵的有关几何尺寸和转速，而与排油压力无关。但排油压力会影响泵的内泄露和油液的压缩量，从而影响泵的实际输出流量，所以液压泵的实际输出流量随排油压力的升高而降低。

液压泵按其结构形式不同可分为叶片泵、齿轮泵、柱塞泵、螺杆泵等；按其输出流量能否改变，又可分为定量泵和变量泵；按其工作压力不同还可分为低压泵、中压泵、中高压泵和高压泵等；按输出液流的方向，又有单向泵和双向泵之分。

液压泵的类型很多，其结构不同，但是它们的工作原理相同，都是依靠密闭容积的变化来工作的，因此都称为容积式液压泵。

常用的液压泵的图形符号如图2-2所示。

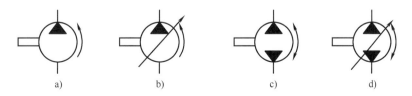

图2-2　液压泵图形符号
a）单向定量泵　b）单向变量泵　c）双向定量泵　d）双向变量泵

二、液压泵的主要性能参数

（一）液压泵的压力

1. 工作压力 p

液压泵工作时输出油液的实际压力称为工作压力，其取决于负载。

2. 额定压力 p_n

液压泵在正常工作条件下，按试验标准规定连续运转的最高压力称为液压泵的额定压力。

3. 最高允许压力 p_{max}

在超过额定压力的条件下，根据试验标准规定，允许液压泵短暂运行的最高压力值，称为液压泵的最高允许压力。

（二）液压泵的排量和流量

1. 排量 V

在没有泄漏的情况下，液压泵每转一周，由其密封容积几何尺寸变化计算而得到的排出液体的体积称为液压泵的排量。排量可调节的液压泵称为变量泵；排量为常数的液压泵则称为定量泵。

2. 理论流量 q_{Vt}

理论流量是指在不考虑液压泵的泄漏流量的情况下，在单位时间内所排出的液体体积的平均值。显然，如果液压泵的排量为 V，其主轴转速为 n，则该液压泵的理论流量 q_{Vt} 为

$$q_{Vt} = Vn \tag{2-1}$$

3. 实际流量 q_V

液压泵在某一具体工况下，单位时间内所排出的液体体积称为实际流量，它等于理论流量 q_{Vt} 减去泄漏流量 Δq_V，即

$$q_V = q_{Vt} - \Delta q_V \tag{2-2}$$

4. 额定流量 q_{Vn}

液压泵在正常工作条件下，按试验标准规定（如在额定压力和额定转速下）必须保证的流量。

（三）液压泵的功率与效率

1. 液压功率与压力及流量的关系

功率是指单位时间内所做的功，在液压缸系统中，忽略其他能量损失，若进油腔的压力为 p，流量为 q_V，活塞的面积为 A，则液体作用在活塞上的推力 $F = pA$，活塞的移动速度 $v = q_V/A$，所以液压功率为

$$P = Fv = pAq_V/A = pq_V \tag{2-3}$$

由式（2-3）可见，液压功率 P 等于液体压力 p 与液体流量 q_V 的乘积。

2. 泵的输入功率 P_i

原动机（如电动机等）对泵的输出功率即为泵的输入功率，它表现为原动机输出转矩 T 与泵输入轴转速 ω（$\omega = 2\pi n$）的乘积。即

$$P_i = 2\pi nT \tag{2-4}$$

3. 泵的输出功率 P_o

P_o 为泵实际输出液体的压力 p 与实际输出流量 q_V 的乘积。即

$$P_o = pq_V \tag{2-5}$$

4. 液压泵的功率损失与效率

如果不考虑液压泵在能量转换过程中的损失，则输入功率等于输出功率。实际上，液压泵在能量转换过程中是有损失的，因此输出功率总是比输入功率小，两者之差值即为功率损失。功率损失可分为容积损失和机械损失。

（1）容积损失与容积效率　容积损失是指液压泵在流量上的损失，使得液压泵的实际输出流量总是小于其理论流量。容积损失的主要原因是由于液压泵内部高压腔的泄漏、油液的压缩以及在吸油过程中由于吸油阻力太大、油液黏度大以及液压泵转速高等原因而导致油液不能全部充满密封工作腔。液压泵容积损失用容积效率 η_V 来表示，它等于液压泵实际流量 q_V 与理论流量 q_{Vt} 之比，即

$$\eta_V = q_V / q_{Vt} = q_V / Vn \tag{2-6}$$

由式（2-6）可得到，已知排量为 V（mL/r）和转速 n（r/min）时，实际流量为 q_V（L/min）的计算公式。即

$$q_V = Vn\eta_V \times 10^3 \tag{2-7}$$

（2）机械损失与机械效率　机械损失是指液压泵在转矩上的损失。液压泵的实际输入转矩 T_i 总是大于理论上所需要的转矩 T_t，其主要原因是由于液压泵体内相对运动部件之间因机械摩擦而引起的摩擦转矩损失以及液体的黏性引起的摩擦损失。液压泵的机械损失用机械效率 η_m 来表示，它等于液压泵的理论转矩 T_t 与实际输入转矩的 T_i 比值，即

$$\eta_m = T_t / T_i \tag{2-8}$$

（3）液压泵的总效率　液压泵的总效率是指液压泵的实际输出功率 P_o 与输入功率 P_i 之比，即

$$\eta = P_o / P_i \tag{2-9}$$

不计能量损失时，泵的理论功率 $P_t = pq_t = 2\pi nT_t$，所以

$$\eta = \frac{P}{P_i} = \frac{pq}{2\pi nT_i} = \frac{pq_t\eta_V}{2\pi nT_i} = \eta_V \eta_m \tag{2-10}$$

由式（2-10）可知，液压泵的总效率等于其容积效率与机械效率的乘积。

（4）液压泵所需电动机功率的计算　在液压系统设计时，如果已选定了泵的类型，并计算出了所需泵的输出功率 P_o。则可用公式 $P_i = P_o / \eta$ 计算泵所需要的输入功率 P_i。

在实用中，可直接用以下两个公式之一计算。

$$P_i = pq_V / 1000\eta \tag{2-11}$$

其中，p 单位为 Pa；q_V 单位为 m^3/s；P_i 单位为 kW。

$$P_i = pq_V / 60\eta \tag{2-12}$$

其中，p 单位为 MPa；q_V 单位为 L/min；P_i 单位为 kW。

例如，已知某液压系统所需泵输出油的压力为 4.5MPa，流量为 10L/min，泵的总效率为 0.7，则泵所需要的输入功率 $P_i = 4.5 \times 10 / 60 \times 0.7$ kW $= 1.07$ kW。

这样，即可从电动机产品样本中查取功率为 1.1kW 的电动机。

三、液压泵的特性曲线

液压泵的特性曲线是在一定的介质、转速和温度下，通过试验得出的。它表示液压泵的

工作压力 p 与容积效率 η_V（或实际流量）、总效率 η 与输入功率 P_i 之间的关系。图 2-3 所示为某一液压泵的性能曲线。

由性能曲线可以看出，实际流量随工作压力的升高而减少。当压力 $p=0$ 时（空载），泄漏量 $\Delta q_V \approx 0$，实际流量近似等于理论流量。总效率 η 随工作压力增高而增大，且有一个最高值。

图 2-3　液压泵的特性曲线

2.1.2　齿轮泵

齿轮泵是液压系统中广泛采用的一种液压泵，一般做成定量泵。它是依靠齿轮的轮齿啮合空间的容积变化来输送液体的。按结构不同，齿轮泵可以分为外啮合齿轮泵和内啮合齿轮泵，其中外啮合齿轮泵应用最广。现在以外啮合式齿轮泵为例来介绍齿轮泵的特点。

齿轮泵

一、齿轮泵的结构及工作原理

外啮合齿轮泵结构与工作原理如图 2-4 和图 2-5 所示。它是由泵体、一对外啮合齿轮和两个端盖等主要零件组成的。泵体、两端盖和齿轮的各个齿槽之间形成许多密封腔，并由齿轮啮合线把密封腔划分为两部分，即吸油腔和压油腔。两齿轮分别用键固定在由滚针轴承支承的主动轴和从动轴上，主动轴由电动机带动旋转。主动齿轮随电动机一起旋转并带动从动齿轮跟着旋转。

当齿轮按图 2-5 所示方向旋转时，右侧吸油腔相互啮合的轮齿逐渐脱开，密封工作容积逐渐增大，形成部分真空，因此油箱中的油液在外界大气压的作用下，经吸油管进入吸油腔，将齿槽间充满。随着齿轮旋转，油液被带到左侧压油腔内。在压油腔内，由于轮齿逐渐进入啮合，密封工作容积不断减小，齿槽间的油液便被挤出，通过泵的出口输出到压力管路中去。主动齿轮和从动齿轮不停地旋转，泵就能连续不断地吸入和排出油液。

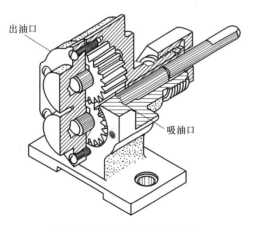

图 2-4　外啮合齿轮泵结构图

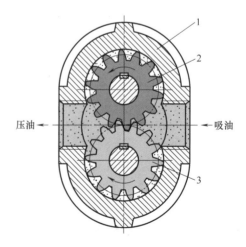

图 2-5　外啮合齿轮泵的工作原理

1—泵体　2—主动齿轮　3—从动齿轮

在齿轮泵的工作过程中，只要两齿轮的旋转方向不变，其吸油腔和排油腔的位置也就确定不变，这里啮合点处的齿面接触线一直分隔高、低压两腔，起着配流作用，因此在外啮合齿轮泵中不需要设置专门的配流机构，这是与其他类型容积式液压泵的不同之处。

二、齿轮泵的特点及应用

1. 齿轮泵的结构特点

（1）困油现象

1）产生原因。齿轮泵要平稳地工作，齿轮啮合的重叠系数必须大于1，也就是要求前一对轮齿尚未脱离啮合，后一对轮齿已进入啮合，即在齿轮啮合的任何瞬间，至少有一对以上的轮齿同时啮合，因此，在工作过程中，就有一部分油液被围困在两对轮齿所形成的封闭空间内，这一封闭空间既不与吸油腔连通，也不与压油腔连通，如图2-6所示。当齿轮旋转时，这个密封容积的大小会发生变化。由图2-6a到图2-6b，密封容积逐渐减小；由图2-6b到图2-6c，密封容积逐渐增大。密封容积减小时，被困油液受挤压，产生很高的压力，油液将从缝隙中挤出，导致油液发热，并使轴承等零件受到附加冲击载荷的作用；而密封容积增大时，形成部分真空，溶于油液中的气体会析出，形成气泡，产生气穴现象，使液压泵产生强烈的噪声，这就是齿轮泵的困油现象。

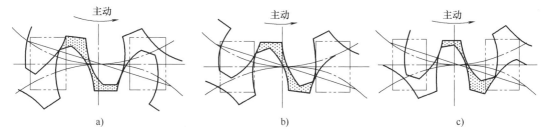

图2-6 困油现象与卸荷槽

2）消除措施。困油现象使齿轮泵产生强烈的噪声，并引起振动和汽蚀，降低泵的容积效率，影响其工作平稳性和使用寿命，因此要加以消除。消除困油的方法通常是在泵的两端盖板上加工出两条卸荷槽（如图2-6中的双点画线所示）。当密封容积减小时，通过左边的卸荷槽使其与压油腔相通，避免压力急剧升高；当密封容积增大时，通过右边的卸荷槽使其与吸油腔相通，避免形成局部真空。需要注意，两个卸荷槽必须保持合适的间距，使泵的吸油腔和压油腔始终被分隔开，避免增大泵的泄漏。

（2）泄漏

1）齿轮泵的泄漏部位。齿轮泵存在着三个可能产生泄漏的部位：一是齿轮两侧面和两端盖之间的轴向间隙；二是泵体内孔和齿顶圆间的径向间隙；三是齿轮啮合线处的齿侧间隙。这三个部位中，对泄漏影响最大的是齿轮两侧面和两端盖之间的轴向间隙，可占总泄漏量的75%~80%，其原因是该部位泄漏途径短，泄漏面积大。轴向间隙过大，泄漏量多，会使泵的容积效率降低；但间隙过小，会使齿轮两侧面和端盖间的机械摩擦加剧，降低泵的机械效率。因此必须严格控制泵的轴向间隙大小。

2）减小泄漏提高压力的措施。要提高齿轮泵的压力和容积效率，实现齿轮泵的高压，必须采取一定的措施消除泄漏，尤其是要减小端面泄漏。解决问题的关键是在齿轮泵长期工作时，如何控制齿轮两侧面和端盖侧面之间的间隙。在中、高压齿轮泵中，一般采用轴向间隙自动补偿的办法，通用的装置有浮动轴套式或弹性侧板式两种。其原理是引入压力油，使轴套或侧板紧贴在齿轮端面上，压力越高，间隙越小，可自动补偿端面磨损和减小间隙。如图 2-7 所示为齿轮泵轴向间隙自动补偿原理。利用特制的通道把泵内压油腔的油液引入到浮动轴套的外侧，产生液压力，使轴套压向齿轮端面。这个力必须大于齿轮端面作用在轴套内侧的作用力，才能保证在不同压力下，轴套始终自动贴紧在齿轮端面，减小泵内的轴向泄漏，达到提高压力的目的。

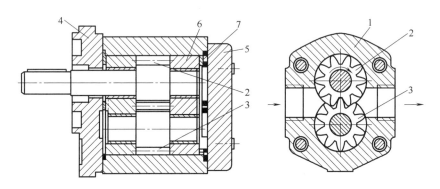

图 2-7 齿轮泵轴向间隙自动补偿原理

1—壳体 2—主动齿轮 3—从动齿轮 4—前端盖 5—后端盖 6—浮动轴套 7—压力盘

（3）径向不平衡力

1）产生原因。在齿轮泵中，油液作用在齿轮外缘的压力是不均匀的。从低压腔到高压腔，压力沿齿轮旋转的方向逐齿递增，其合力相当于给齿轮轴一个径向作用力，此力称为径向不平衡力。工作压力越高，径向不平衡力也越大。径向不平衡力很大时，能使轴弯曲，齿顶和泵体内表面产生摩擦，同时也加剧轴承的磨损，降低轴承的使用寿命。

2）消除措施。为了减小径向不平衡力的影响，常采用缩小压油口的办法，使压油腔的压力仅作用在一个齿到两个齿的范围内，以减小作用在轴承上的径向力。同时适当增大径向间隙，在压力油的作用下，齿顶不会与泵体内表面产生摩擦。

2. 齿轮泵的优缺点和应用

齿轮泵具有结构简单，制造方便，造价低，外形尺寸小，重量轻，自吸能力强，对油液污染不敏感，工作可靠等优点，但有流量不均匀、噪声高、径向不平衡力和排量不可调节等缺点。

齿轮泵应用比较广泛，主要用于负载小和功率小的液压设备以及机床润滑和夹紧等精度要求不高及环境恶劣的场合。

2.1.3 叶片泵

叶片泵较齿轮泵复杂，它具有输出流量均匀、运转平稳、噪声小、寿命长等优点，被广泛应用于各种机床、工程机械和冶金设备等中低压系统中。但其结构复杂，自吸性能差，对油液的污染比较敏感。

叶片泵

根据各密封工作容积在转子旋转一周吸、排油次数的不同，叶片泵分为单作用叶片泵和双作用叶片泵两类。单作用叶片泵多用于变量泵，双作用叶片泵均为定量泵。

一、单作用叶片泵

1. 单作用叶片泵结构及工作原理

单作用叶片泵的工作原理如图2-8所示，它由转子1、定子2、叶片3、配流盘和端盖等组成。定子具有圆柱形内表面，定子和转子中心不重合，有一定的偏心距 e。叶片装在转子槽中，并可在槽内灵活滑动。当转子转动时，由于离心力的作用，使叶片紧靠在定子内壁。配流盘上各有一个腰形的吸油窗口和压油窗口，这样在定子、转子、叶片和两侧配流盘间就形成若干个密封的工作容积。当转子按图2-8所示的方向回转时，右半部分的叶片逐渐向外伸出，叶片间的工作容积逐渐增大，形成局部真空，于是通过吸油口和配流盘上的吸油窗口将油吸入，这是吸油腔。左半部分的叶片被定子内壁逐渐压进槽内，工作容积逐渐缩小，工作腔内的油液经

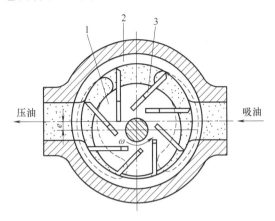

图2-8 单作用叶片泵的工作原理
1—转子 2—定子 3—叶片

配流盘压油窗口和泵的压油口输出到系统中去，这是压油腔。这种叶片泵在转子每转一周，叶片在槽中往复滑动一次，密封工作容积增大和减小各一次，完成一次吸油和压油，因此称为单作用叶片泵。转子不停地旋转，泵就不断地吸油和排油。

2. 单作用叶片泵特点及应用

1）单作用叶片泵的流量有脉动。理论研究表明，泵内叶片越多，流量脉动率越小，奇数叶片泵的脉动率比偶数叶片泵的脉动率小，一般取13~15片叶片。

2）单作用叶片泵的转子上承受径向液压不平衡力，轴承负载较大，一般不宜用于高压系统。

3）通过变量机构来改变定子和转子的偏心距 e，就可以改变泵的排量，改变偏心的方向，吸油压油方向也改变，所以，单作用叶片泵可以用作变量泵。

4）为了使叶片在离心力的作用下可靠地压紧在定子内表面上，可采用特殊处理的沟槽使压油腔一侧的叶片底部与压油腔相通，吸油腔一侧的叶片底部与吸油腔相通。

总之，单作用叶片泵结构复杂、轮廓尺寸大、相对运动部件多、泄漏量大、噪声大、效率低和存在径向不平衡力，但是单作用叶片泵能够根据负载大小进行变量调节（限压式变量叶片泵）。一般用于负载较大并有快速和慢速工作行程的液压设备中，如组合机床、工程机械等液压系统。

二、双作用叶片泵

1. 双作用叶片泵的结构与工作原理

如图2-9所示，双作用叶片泵也是由定子1、转子2、叶片3和配流盘等组成。定子和转子中心重合，定子内表面近似为椭圆柱形，该椭圆形由两段长半径、两段短半径和四段过渡曲线所组成。叶片装在转子的矩形槽内，且可以径向滑动。

当转子转动时，叶片在离心力和根部压力油（建压后）的作用下，在转子槽内做径向移动而压向定子内表面，由叶片、定子的内表面、转子的外表面和两侧配流盘间形成若干个

密封容积。当转子按图示方向旋转时，处在小圆弧上的密封容积经过渡曲线而运动到大圆弧的过程中，叶片外伸，密封工作容积增大，要吸入油液；再从大圆弧经过渡曲线运动到小圆弧的过程中，叶片被定子内壁逐渐压进槽内，密封工作容积变小，将油液从压油口压出。因而，当转子每转一周，每个工作空间要完成两次吸油和两次压油，所以称为双作用叶片泵。

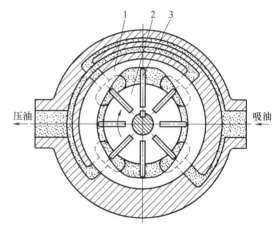

图 2-9　双作用叶片泵的工作原理
1—定子　2—转子　3—叶片

双作用叶片泵由于有两个吸油腔和两个压油腔，并且各自的中心夹角是对称的，所以作用在转子上的液压力相互平衡，因此双作用叶片泵又称为平衡式叶片泵，为了要使径向力完全平衡，密封空间数（即叶片数）应当是偶数。

2. 双作用叶片泵特点及应用

双作用叶片泵结构紧凑、流量均匀、冲动平稳、噪声小，但是结构复杂、自吸能力差、对油液污染敏感。目前多用于功率较小、精度较高的液压设备，如磨床液压系统。

2.1.4　柱塞泵

柱塞泵是依靠柱塞在缸体内往复运动，使密封工作容腔容积发生变化来实现吸、压油的。由于柱塞与缸体内孔均为圆柱表面，因此加工方便，配合精度高，密封性能好。同时，柱塞泵主要零件处于受压状态，使材料强度性能得到充分利用，故柱塞泵常做成高压泵。此外，只要改变柱塞的工作行程，就能改变泵的排量，易于实现单向或双向变量。

柱塞泵

柱塞泵按柱塞排列方向的不同，可分为轴向柱塞泵和径向柱塞泵两类。柱塞轴向布置的泵称为轴向柱塞泵，柱塞沿径向放置的泵称为径向柱塞泵。轴向柱塞泵应用比较广泛，以下主要介绍轴向柱塞泵。

一、轴向柱塞泵的原理

为了构成柱塞的往复运动条件，轴向柱塞泵都具有倾斜结构，所以，轴向柱塞泵根据其倾斜结构的不同分为斜盘式（直轴式）和斜轴式（摆缸式）两种形式。

图 2-10 所示为斜盘式轴向柱塞泵的工作原理，这种泵主要由缸体 1、配流盘 2、柱塞 3 和斜盘 4 等组成。几个柱塞沿圆周均匀分布在缸体内。斜盘轴线与缸体轴线倾斜一角度，柱塞靠机械装置或在低压油（图中为弹簧）作用下压紧在斜盘上，配流盘 2 和斜盘 4 固定不转，当原动机通过传动轴使缸体转动时，由于斜盘的作用，迫使柱塞在缸体内做往复运动，并通过配流盘的配流窗口进行吸油和压油。

如图 2-10 中所示，当柱塞运动到下半圆范围（$\pi \sim 2\pi$）内时，柱塞将逐渐向缸套外伸出，柱塞底部的密封工作容积将增大，通过配流盘的吸油窗口进行吸油；而在 $0 \sim \pi$ 范围内时，柱塞被斜盘推入缸体，使密封容积逐渐减小，通过配流盘的压油窗口压油。缸体每转一周，每个柱塞各完成一次吸油和压油。

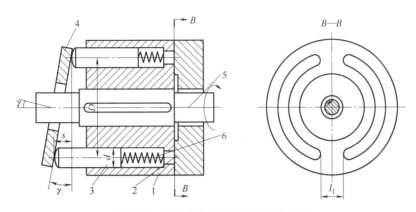

图 2-10　斜盘式轴向柱塞泵的工作原理

1—缸体　2—配流盘　3—柱塞　4—斜盘　5—传动轴　6—弹簧

改变斜盘倾角 γ 的大小，就可以改变柱塞的行程，也就改变了泵的排量；改变斜盘倾角 γ 的方向，就可以改变吸油和压油的方向，所以，轴向柱塞泵可以用作双向变量泵。

二、轴向柱塞泵的特点及应用

柱塞泵具有压力高、结构紧凑、效率高及流量调节方便等优点，常用于需要高压大流量和流量需要调节的液压传动系统中，如龙门刨床、拉床、液压机、起重机械等设备的液压传动系统。

2.1.5　螺杆泵

螺杆泵实质上一种外啮合的摆线齿轮泵，泵内的螺杆可以有 2 个，也可以有 3 个。图 2-11 所示为三螺杆泵的工作原理。3 个相互啮合的双头螺杆装在壳体内，主动螺杆 4 为凸螺杆，从动螺杆 5 是凹螺杆。3 个螺杆的外圆与壳体的对应弧面保持着良好的配合。在横截面内，它们的齿廓由几对摆线共轭曲线组成。螺杆的啮合线把主动螺杆和从动螺杆的螺旋槽分隔成多个相互隔离的密封工作腔。随着螺杆的旋转，这些密封工作腔一个接一个地在左端形成，不断地从左向右移动（主动螺杆每旋转一周，每个密封工作腔移动一个螺旋导程），并在右端消失。密封工作腔形成时，它的容积逐渐增大，进行吸油；消失时容积逐渐缩小，

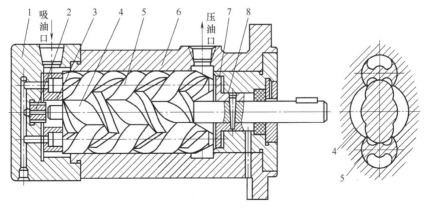

图 2-11　三螺杆泵工作原理图

1—端盖　2—铜垫　3、8—铜套　4—凸螺杆　5—凹螺杆　6—泵体　7—透盖

将油压出，螺杆泵的螺杆直径越大，螺旋槽越深，排量就越大；螺杆越长，吸油口和压油口之间的密封层次越多，密封越好，泵的额定压力越高。

螺杆泵结构简单、紧凑，体积小，重量轻，运动平稳，输油均匀，噪声小，容许采用高转速，容积效率较高（达 90%～95%），对油液的污染不敏感，因此它在一些精密车床的液压系统中得到了应用。螺杆泵的主要缺点是螺杆形状复杂，加工较困难，不易保证精度。

2.1.6　液压泵的选用

液压泵的选用

选择液压泵的主要原则是主机设备的类型；选择液压泵时要考虑的因素主要有结构形式、工作压力、流量、转速、效率、定量或变量、变量方式、寿命、原动机的类型、噪声、压力脉动率、自吸能力、与液压油的相容性、尺寸、质量、经济性、维修性等。

选用液压泵类型时应考虑系统运行工况、系统工作压力和流量、工作环境等几个方面。

1. 根据系统运行工况选择

当执行元件速度恒定时，选择定量泵；快速和慢速运行工况，可选择双联泵或多联泵；变速运行又要求保压时，可选择变量泵。

2. 根据系统工作压力和流量选择

高压大流量工况可选择柱塞泵；中低压工况可选择齿轮泵或叶片泵。

3. 根据工作环境选择

野外作业或环境较差时，可选择齿轮泵或柱塞泵；室内或固定设备或环境好时，可选择叶片泵、齿轮泵或柱塞泵。

液压泵的类型确定后，再根据系统所要求的压力、流量大小确定其规格型号。

各类液压泵的性能及应用见表 2-1。

表 2-1　各类液压泵的性能及应用

类型	齿轮泵	双作用叶片泵	限压式变量叶片泵	轴向柱塞泵	径向柱塞泵	螺杆泵
工作压力/MPa	<2	6.3～21	≤7	20～35	10～20	<10
容积效率（%）	0.70～0.95	0.80～0.95	0.80～0.90	0.90～0.98	0.85～0.95	0.75～0.95
总效率（%）	0.60～0.85	0.75～0.85	0.70～0.85	0.85～0.95	0.75～0.92	0.70～0.85
流量调节	不能	不能	能	能	能	不能
流量脉动率	大	小	中等	中等	中等	很小
自吸性能	好	较差	较差	较差	差	好
对油液的污染敏感性	不敏感	敏感	敏感	敏感	敏感	不敏感
噪声	大	小	较大	大	大	很小
单位功率造价	低	中等	较高	高	高	较高
应用范围	机床、工程机械、农机、航空、船舶、一般机械	机床、注塑机、液压机、起重运输机械、工程机械、飞机	机床、注塑机	工程机械、锻压机械、锻压机械、起重运输机械、矿山机械、冶金机械、船舶、飞机	机床、液压机、船舶机械	精密机床、精密机械、食品、化工、石油、纺织等机械

2.2 液压执行元件

液压传动中的执行元件是将液体的压力能转化为机械能的能量转换装置，可以驱动机构做直线运动或转动（或摆动），主要有液压缸和液压马达两大类。

2.2.1 液压缸

液压缸是利用油液的压力能来实现直线往复运动的执行元件。液压缸的输入量是液体的流量和压力，输出量是速度和力。

认识液压缸

一、液压缸的类型

液压缸有多种类型，按其结构形式不同，可分为活塞缸、柱塞缸和摆动缸三类；按作用方式不同，又可分为单作用式和双作用式两种。液压缸结构简单、工作可靠，应用十分广泛。

液压缸的种类及特点见表 2-2。

表 2-2 液压缸的种类及特点

种类	名称	图形符号	说　明
单作用液压缸	柱塞缸	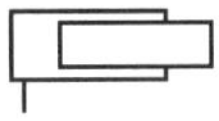	柱塞靠液压力伸出，回程靠外力
	单杆活塞缸		活塞靠液压力伸出，回程靠外力
	双杆活塞缸		活塞两侧均有活塞杆，活塞向右运动靠液压力，活塞向左运动靠外力
	伸缩缸	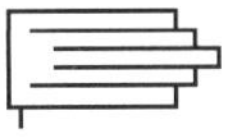	液压力使缸筒由小到大逐渐伸出，回程靠外力也由小到大缩回
双作用液压缸	单杆活塞缸	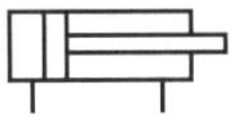	活塞的伸出和缩回都靠液压力
	双杆活塞缸		活塞两侧均有活塞杆，活塞向右和向左运动都靠液压力完成，可实现双向等速运动
	伸缩缸	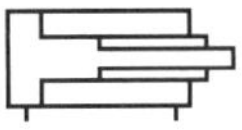	双向液压力推动，伸出由大到小，缩回由小到大
组合液压缸	弹簧复位缸	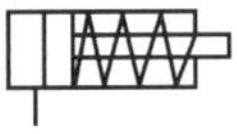	伸出靠液压力，回程靠弹簧
	串联缸	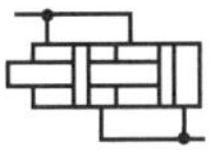	用于液压缸直径受限制、长度不受限制的场合或需要大推力的场合
	增压器		由左侧液压缸驱动，右侧液压缸输出高压力液压油
	齿条传动缸	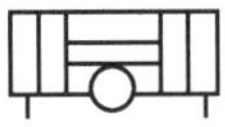	活塞往复直线运动经装在一起的齿轮齿条驱动

1. 活塞式液压缸

（1）双杆活塞缸　双杆活塞缸的活塞两端都有一根直径相等的活塞杆伸出。根据安装方式不同可分为缸筒固定式和活塞杆固定式两种。图 2-12a 所示为缸筒固定式的双杆活塞缸。它的进、出油口布置在缸筒两端，活塞通过活塞杆带动工作台移动，其工作台的运动范围为活塞有效行程的 3 倍，占地面积较大，适用于小型机械。图 2-12b 所示的活塞杆固定式的双杆活塞缸，缸体与工作台相连，活塞杆通过支架固定在机床上，动力由缸体传出，其工作台的运动范围为活塞有效行程的 2 倍，可用于较大型的机械设备。

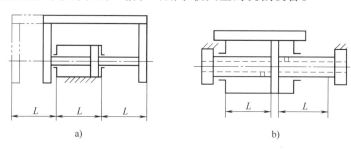

图 2-12　双杆活塞缸

a）缸筒固定式　b）活塞杆固定式

由于双杆活塞缸的活塞杆直径相等，当工作压力和输入流量相同时，两个方向上输出的推力 F 和速度 v 是相等的，即

$$F = (p_1 - p_2) A \eta_{\mathrm{m}} = (p_1 - p_2) \frac{\pi}{4} (D^2 - d^2) \eta_{\mathrm{m}} \tag{2-13}$$

$$v = \frac{q_{\mathrm{V}}}{A} \eta_{\mathrm{V}} = \frac{4 q_{\mathrm{V}} \eta_{\mathrm{V}}}{\pi (D^2 - d^2)} \tag{2-14}$$

式中　A——活塞的有效面积；

D、d——活塞和活塞杆的直径；

q——输入流量；

p_1、p_2——液压缸的进口和出口压力；

η_{m}、η_{V}——液压缸的机械效率和容积效率。

（2）单杆活塞缸　图 2-13 所示为单杆活塞缸，活塞只有一端带活塞杆。单杆活塞缸也有缸体固定和活塞杆固定两种形式，它们的工作台移动范围都是活塞有效行程的两倍。

由于只在活塞的一端有活塞杆，使液压缸两腔的有效工作面积不等，因此在两腔分别输

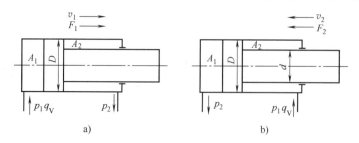

图 2-13　单杆活塞缸

a）无杆腔进油（向右运动）　b）有杆腔进油（向左运动）

入流量相等的情况下，活塞的往复运动速度不相等。

图 2-13a 所示单杆活塞缸无杆腔进油时，其推力和速度计算公式为

$$F_1 = (p_1 A_1 - p_2 A_2)\eta_m = \frac{\pi}{4}\left[(p_1 - p_2)D^2 + p_2 d^2\right]\eta_m \left.\vphantom{\frac{4q_V\eta_V}{\pi D^2}}\right\}$$

$$V_1 = \frac{q_V}{A_1}\eta_V = \frac{4q_V\eta_V}{\pi D^2} \qquad\qquad\qquad (2\text{-}15)$$

图 2-13b 所示单杆活塞缸有杆腔进油时，其推力和速度计算公式为

$$F_2 = (p_1 A_2 - p_2 A_1)\eta_m = \frac{\pi}{4}\left[(p_1 - p_2)D^2 - p_1 d^2\right]\eta_m \left.\vphantom{\frac{4q_V\eta_V}{\pi(D^2-d^2)}}\right\}$$

$$v_2 = \frac{q_V}{A_2}\eta_V = \frac{4q_V\eta_V}{\pi(D^2 - d^2)} \qquad\qquad (2\text{-}16)$$

单杆活塞缸的左右两腔同时接通压力油的连接方法，称为差动连接，如图 2-14 所示，此液压缸称为差动液压缸。差动液压缸左、右腔压力相等，但左、右腔有效面积不相等，因此，活塞向右运动。差动连接时，因回油腔的油液进入左腔，使左腔流量增加，从而提高活塞的运动速度，其推力和速度计算公式为

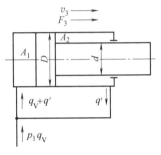

$$F_3 = p_1(A_1 - A_2)\eta_m = p_1 \frac{\pi d^2}{4}\eta_m \qquad (2\text{-}17)$$

由图 2-14 可知

图 2-14 差动连接

$$v_3 = \frac{q_V + q'}{A_1} = \frac{q_V + \frac{\pi}{4}(D^2 - d^2)v_3}{\frac{\pi}{4}D^2} \qquad (2\text{-}18)$$

可推导出

$$v_3 = \frac{4q_V}{\pi d^2} \qquad\qquad (2\text{-}19)$$

考虑容积效率，可得

$$v_3 = \frac{4q_V}{\pi d^2}\eta_V \qquad\qquad (2\text{-}20)$$

显然，差动连接时活塞运动速度较快，产生的推力较小，可使在不加大油源流量的情况下得到较快的运动速度，所以差动连接常用于空载快进场合。

2. 柱塞缸

图 2-15 所示为单柱塞缸，它只能实现一个方向的液压传动，反向运动要靠外力。若需要实现双向运动，则必须成对使用，如图 2-15b 所示。这种液压缸中的柱塞和缸筒不接触，运动时由缸盖上的导向套来导向，因此缸筒的内壁不需精加工，它特别适用于行程较长的场合。

柱塞缸输出的推力和速度为

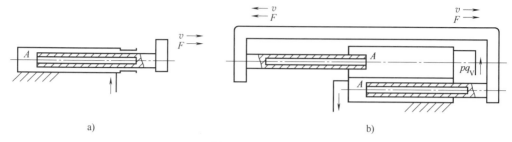

图 2-15　单柱塞缸

$$
\left.\begin{aligned}
F &= pA\eta_{\mathrm{m}} = p\,\frac{\pi}{4}d^2\eta_{\mathrm{m}} \\[2mm]
v &= \frac{q_{\mathrm{V}}\eta_{\mathrm{V}}}{A} = \frac{4q_{\mathrm{V}}\eta_{\mathrm{V}}}{\pi d^2}
\end{aligned}\right\}
\tag{2-21}
$$

3. 伸缩缸

伸缩缸由两个或多个活塞缸套装而成，前一级活塞缸的活塞杆内孔是后一级活塞缸的缸筒，伸出时可获得很长的工作行程，缩回时可保持很小的结构尺寸。当安装空间受限制而应用场合又需要长行程时，伸缩缸是最佳的解决方案。

伸缩缸可以是如图 2-16a 所示的单作用式，也可以是如图 2-16b 所示的双作用式，前者靠外力回程，后者靠液压回程。图 2-16c 所示的是双作用式伸缩缸结构示意图。

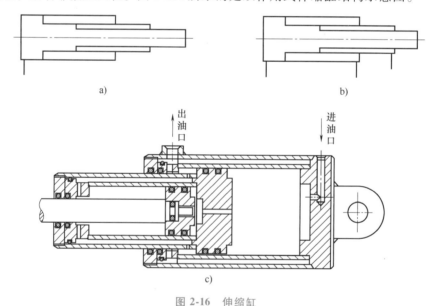

图 2-16　伸缩缸
a）单作用式　b）双作用式　c）双作用式伸缩缸结构示意图

伸缩缸的外伸动作是逐级进行的。先是最大直径的缸筒以最低的油液压力开始外伸，当到达行程终点后，稍小直径的缸筒开始外伸，直径最小的末级最后伸出。随着工作级数变大，外伸缸筒直径越来越小，输出推力逐渐减小，工作速度逐渐加大。

4. 齿轮缸

齿轮缸由两个柱塞缸和一套齿条传动装置组成，如图 2-17 所示。液压油推动柱塞做直线运动，经齿轮齿条传动装置将直线运动变成齿轮的转动，用于实现工作部件的往复摆动或间歇进给运动。

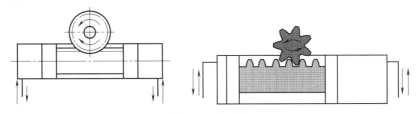

图 2-17 齿轮缸

二、液压缸典型结构与组成

图 2-18 所示为较常用的双作用单活塞杆液压缸。它由缸底 1、缸筒 11、缸盖 15、活塞 8、活塞杆 12、导向套 13 和密封装置等零部件组成。缸筒一端与缸底焊接，另一端缸盖与缸筒用螺钉连接，以便拆装检修，两端设有油口 A 和 B。活塞 8 与活塞杆 12 利用半环 5、挡环 4 和弹簧卡圈 3 组成的半环式结构连在一起。活塞与缸孔的密封采用的是一对 Y 形聚氨酯密封圈 6，由于活塞与缸孔有一定间隙，采用由尼龙制成的耐磨环（又叫支承环）9 定心导向。活塞杆 12 和活塞 8 的内孔由 O 形密封圈 10 密封。较长的导向套 13 则可保证活塞杆不偏离中心，导向套外径由 O 形密封圈 14 密封，而其内孔则由 Y 形密封圈 16 和防尘圈 19 分别防止油外漏和灰尘带入缸内。缸通过杆端销孔与外界连接，销孔内有尼龙衬套抗磨。

液压缸的典型结构

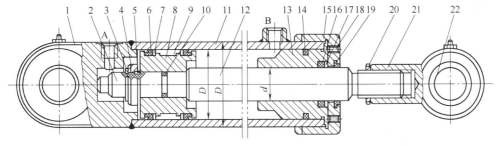

图 2-18 双作用单活塞杆液压缸

1—缸底　2—缓冲柱塞　3—弹簧卡圈　4—挡环　5—半环　6、10、14、16—密封圈　7、17—挡圈
8—活塞　9—耐磨环　11—缸筒　12—活塞杆　13—导向套　15—缸盖　18—锁紧螺钉
19—防尘圈　20—锁紧螺母　21—耳环　22—耳环衬套圈

从图 2-18 可知，液压缸的结构可分为缸筒和缸盖、活塞和活塞杆、密封装置、缓冲装置和排气装置五个部分。

1. 缸筒和缸盖

一般来说，缸筒和缸盖的结构形式和其使用的材料有关：工作压力 $p < 10$ MPa 时，使用铸铁；$p < 20$ MPa 时，使用无缝钢管；$p > 20$ MPa 时，使用铸钢或锻钢。

缸筒和缸盖的连接形式有以下几种：

（1）法兰连接式　法兰连接式结构简单，容易加工，也容易装拆，但外形尺寸和重量都较大，常用于铸铁制的缸筒，如图 2-19a 所示。

（2）半环连接式　半环连接式容易加工和装拆，重量较轻，但缸筒壁部因开了环形槽而削弱了强度，为此有时要加厚缸壁，常用于无缝钢管或锻钢制的缸筒上，如图 2-19b 所示。

（3）螺纹连接式　螺纹连接式外形尺寸和重量都较小，但缸筒端部结构复杂，外径加工时要求保证内外径同轴，装拆要使用专用工具，常用于无缝钢管或铸钢制的缸筒上，如图 2-19c 所示。

（4）拉杆连接式　拉杆连接式结构的通用性好，容易加工和装拆，但外形尺寸较大，且较重，如图 2-19d 所示。

（5）焊接连接式　焊接连接式结构简单，尺寸小，但缸底处内径不易加工，且可能引起变形，如图 2-19e 所示。

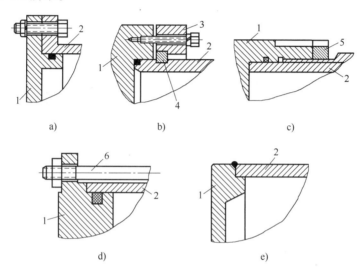

图 2-19　缸筒和缸盖结构

a）法兰连接式　b）半环连接式　c）螺纹连接式　d）拉杆连接式　e）焊接连接式

1—缸盖　2—缸筒　3—压板　4—半环　5—防松螺母　6—拉杆

2. 活塞和活塞杆

常把活塞和活塞杆分开制造，然后再连接成一体。常见的活塞和活塞杆的连接与密封形式如下：

（1）螺母连接　结构简单，安装方便可靠，但在活塞杆上车螺纹将削弱其强度，它适用负载较小，受力无冲击的液压缸中，如图 2-20a 所示。

（2）卡环式连接　图 2-20b、c 所示为卡环式连接。图 2-20b 中，活塞杆 3 上开有一个环形槽，槽内装有两个半环 6 以夹紧活塞 1，半环 6 由轴套 5 套住，而轴套 5 的轴向位置用弹簧卡圈 4 来固定；图 2-20c 中的活塞杆，使用了两个半环 6，它们分别由两个密封圈座 7 套住，半圆形的活塞 1 安放在密封圈座的中间。卡环式连接方式拆装不便，但强度高。

（3）销式连接　图 2-20d 所示是一种径向销式连接结构，用锥销 8 把活塞 1 固连在活塞杆 3 上。这种连接方式特别适用于双出杆式活塞。

3. 缓冲装置

液压缸一般都设置有缓冲装置，特别是对大型、高速或要求高的液压缸，为了防止活塞在行程终点时和缸盖相互撞击，引起噪声和冲击，则必须设置缓冲装置。

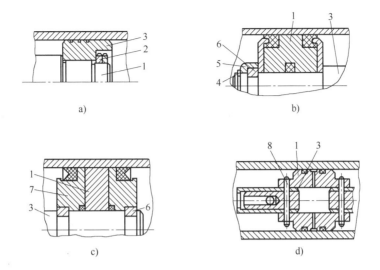

图 2-20 活塞和活塞杆的连接与密封形式

a）螺母连接 b）、c）卡环式连接 d）销式连接

1—活塞 2—螺母 3—活塞杆 4—弹簧卡圈 5—轴套 6—半环 7—密封圈座 8—锥销

缓冲装置的工作原理是利用活塞或缸筒在其走向行程终端时封住活塞和缸盖之间的部分油液，强迫它从小孔或细缝中挤出，以产生很大的阻力，使工作部件受到制动，逐渐减慢运动速度，达到避免活塞和缸盖相互撞击的目的。如图 2-21a 所示，当缓冲柱塞进入与其相配的缸盖上的内孔时，孔中的液压油只能通过间隙 δ 排出，使活塞速度降低。由于配合间隙不变，故随着活塞运动速度的降低，起缓冲作用。当缓冲柱塞进入配合孔之后，油腔中的油只能经节流阀排出，如图 2-21b 所示。由于节流阀 1 是可调的，因此缓冲作用也可调节，但仍不能解决速度降低后缓冲作用减弱的缺点。如图 2-21c 所示，在缓冲柱塞上开有三角槽，随着柱塞逐渐进入配合孔中，其节流面积越来越小，解决了在行程最后阶段缓冲作用过弱的问题。

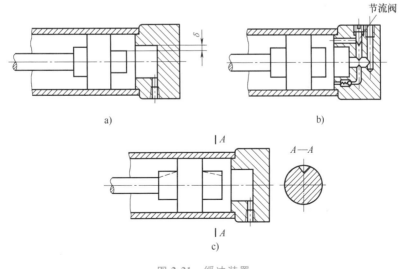

图 2-21 缓冲装置

4. 排气装置

液压缸在安装过程中或长时间停放后重新工作时,液压缸里和管道系统中会渗入空气,为了防止执行元件出现爬行、噪声和发热等不正常现象,需把缸中和系统中的空气排出。一般可在液压缸的最高处设置进出油口把空气带走,也可在最高处设置如图2-22a所示的放气孔或如图2-22b、c所示的放气阀。

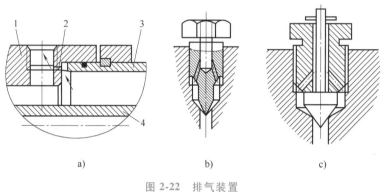

图 2-22 排气装置
1—缸盖 2—放气小孔 3—缸体 4—活塞杆

2.2.2 液压马达

液压马达是将液体的压力能转换成旋转运动机械能的转换元件。在液压系统中,它是靠输入的压力油产生转矩,实现连续旋转运动,驱动工作机构做功。所以,液压马达在液压系统中属于液压执行元件。

在结构上,液压马达和液压泵基本相同,从原理上是可逆的,个别液压马达还可以当液压泵使用,一般情况下还是不能互换的。液压马达按结构形式分为齿轮马达、叶片马达和柱塞马达;按排量是否可调分为变量马达和定量马达,变量马达还可以分为单向变量马达和双向变量马达。

液压马达的图形符号如图2-23所示。

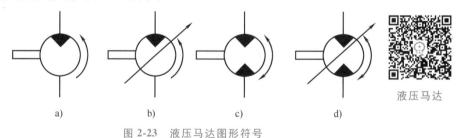

液压马达

图 2-23 液压马达图形符号
a) 单向定量马达 b) 单向变量马达 c) 双向定量马达 d) 双向定量马达

一、液压马达的结构与工作原理

1. 齿轮马达

图2-24所示为外啮合齿轮马达的工作原理图。图中Ⅰ为输出转矩的齿轮,Ⅱ为空转齿轮,当高压油输入马达高压腔时,处于高压腔的所有齿轮均受到液压油的作用(如中箭头所示,凡是齿轮两侧面受力平衡的部分均未画出),其中互相啮合的两个齿的齿面,只有一

部分处于高压腔。设啮合点 c 到两个齿轮齿根的距离分别为 a 和 b，由于 a 和 b 均小于齿高 h，因此两个齿轮上就各作用一个使它们产生转矩的作用力。在这两个力的作用下，两个齿轮按图示方向旋转，由转矩输出轴输出转矩。随着齿轮的旋转，油液被带到低压腔排出。

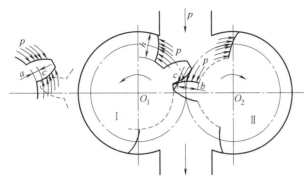

图 2-24　外啮合齿轮马达的工作原理图

齿轮马达的结构与齿轮泵相似，但是内于马达的使用要求与泵不同，二者是有区别的。例如，为适应正反转要求，马达内部结构以及进出油道都具有对称性，并且有单独的泄漏油管，将轴承部分泄漏的油液引到壳体外面去，而不能向泵那样由内部引入低压腔。这是因为马达低压腔油液是由齿轮挤出来的，所以低压腔压力稍高于大气压。若将泄漏油液由马达内部引到低压腔，则所有与泄漏油道相连部分均承受回油压力，而使轴端密封容易损坏。

齿轮马达密封性能差，容积效率较低，不能产生较大的转矩，且瞬时转速和转矩随啮合点而变化，因此仅用于高速小转矩的场合，如工程机械、农业机械及对转矩均匀性要求不高的设备。

2. 叶片马达

图 2-25 所示为叶片马达的工作原理图。当压力为 p 的油液从进油口进入叶片 1 和叶片 3 之间时，叶片 2 因两面均受液压油的作用，所以不产生转矩。叶片 1 和叶片 3 的一侧作用高压油，另一侧作用低压油。并且叶片 3 伸出的面积大于叶片 1 伸出的面积，因此使转子产生顺时针方向的转矩。同样，当液压油进入叶片 5 和叶片 7 之间时，叶片 7 伸出面积大于叶片 5 伸出的面积，也产生顺时针方向的转矩，从而把油液的压力能转换成机械能，这就是叶片马达的工作原理。为保证叶片在转子转动前就要紧密地与定子内表面接触，通常是在叶片根部加装弹簧，弹簧的作用力使叶片压紧在定子内表面上。叶片马达一般均设置单向阀为叶片根部配油。为适应正反转的要求，叶片沿转子径向安置。

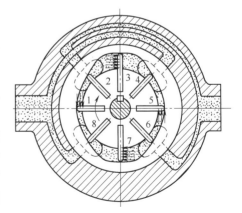

图 2-25　叶片马达的工作原理图

叶片式液压马达体积小，转动惯量小，动作灵敏，可适用于换向频率较高的场合，但是泄漏量较大，低速工作时不够稳定，适用于转矩小、转速高、机械性能要求不严格的场合。

3. 轴向柱塞马达

轴向柱塞马达包括斜盘式和斜轴式两类。由于轴向柱塞马达和轴向柱塞泵的结构基本相同，工作原理是可逆的，所以大部分产品既可作为泵使用也可以作为马达使用。图 2-26 所示为轴向柱塞式液压马达的工作原理。斜盘 1 和配流盘 4 固定不动，缸体 2 和马达轴 5 相连接，并可一起旋转。当液压油经配流窗口进入缸体孔作用到柱塞端面上时，液压油将柱塞顶出，对斜盘产生推力，斜盘则对处于压油区一侧的每个柱塞都要产生一个法向反力 F，这个力的水平分力 F_x 与柱塞上的液压力平衡，而垂直分力 F_y 则使每个柱塞都对转子中心产生一个转矩，使缸体和马达轴做逆时针方向旋转。如果改变液压马达液压油的输入方向，马达轴就可做顺时针方向旋转。

轴向柱塞马达可用作变量马达。改变斜盘倾角，不仅影响马达的转矩，而且影响它的转速和转向。斜盘倾角越大，产生的转矩越大，转速越低。

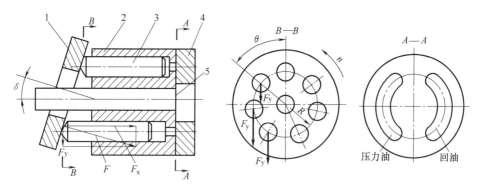

图 2-26 轴向柱塞式液压马达的工作原理图
1—斜盘　2—缸体　3—柱塞　4—配流盘　5—马达轴

二、液压马达的主要性能参数

1. 工作压力和额定压力

（1）工作压力 p_M　工作压力是指马达在实际工作时，入口压力值与出口压力值之差。一般情况下，马达的出口直接与油箱相通，可以认为马达的入口压力就是马达的工作压力，也就是输入马达的油液的实际压力，其大小决定于马达的负载。

（2）额定压力 p_{EM}　额定压力是指马达在正常工作条件下，按试验标准规定连续运转的最高压力。与泵相同，马达的额定压力也受泄漏和零件强度的制约，超过此值时就会过载。

2. 排量和流量

（1）排量 V_M　马达的排量是指在没有泄漏的情况下，马达轴每转一周，由其密封容腔几何尺寸变化计算而得的所需输入的液体的体积。

（2）流量 q_{VtM}　理论流量是指在没有泄漏的情况下，马达密封容腔容积变化所需要的流量，它等于液压马达的排量和转速的乘积。

实际流量 q_{VM} 是指马达入口处所需的流量。

由于系统存在泄漏，马达的实际流量大于理论流量，实际流量与理论流量之差即为马达的泄漏量。

3. 转速与容积效率

马达的理论输出转速 n 等于马达的理论流量 q_{VtM} 与排量 V_M 的比值，即

$$n = \frac{q_{VtM}}{V_M} \tag{2-22}$$

因在实际工作中，马达存在泄漏，由实际流量 q_{VM} 计算转速 n 时，应考虑到马达的容积效率 η_{VM}。当液压马达的泄漏量为 q_1 时，马达的实际流量为 $q_{VM} = q_{VtM} + q_1$。这时，马达的容积效率为

$$\eta_{VM} = \frac{q_{VtM}}{q_{VM}} = \frac{q_{VM} - q_1}{q_{VM}} = 1 - \frac{q_1}{q_{VM}} \tag{2-23}$$

则马达的实际输出转速为

$$n = \frac{q_{VM}}{V} \eta_{VM} \tag{2-24}$$

4. 转矩与机械效率

设马达的出口压力为零，入口压力即工作压力 p_M，排量为 V_M，则马达的理论输出转矩 T_{tM} 为

$$T_{tM} = \frac{p_M V_M}{2\pi} \tag{2-25}$$

因马达实际上存在着机械摩擦，故在计算实际输出转矩时应考虑机械效率 η_{mM}。当液压马达的转矩损失为 T_1，则马达的实际转矩为 $T_M = T_{tM} - T_1$，这时，马达的机械效率为

$$\eta_{mM} = \frac{T_M}{T_{tM}} = \frac{T_{tM} - T_1}{T_{tM}} = 1 - \frac{T_1}{T_{tM}} \tag{2-26}$$

马达的实际输出转矩为

$$T_M = T_{tM} \eta_{mM} = \frac{p_M V_M}{2\pi} \eta_{mM} \tag{2-27}$$

5. 功率和总效率

（1）输入功率 马达的输入功率为驱动马达运动的液压功率，它等于马达的输入压力与输入流量的乘积，即

$$P_{iM} = p_M q_{VM} \tag{2-28}$$

（2）输出功率 马达的输出功率为马达带动外负载所需的机械功率，它等于马达的输出转矩与角速度的乘积，即

$$P_{oM} = T_M \omega = 2\pi n T_M \tag{2-29}$$

（3）马达的总效率 马达的总效率为输出功率与输入功率的比值，即

$$\eta_M = \frac{P_{oM}}{P_{iM}} = \frac{2\pi n T_M}{p_M q_{VM}} = \eta_{VM} \eta_{mM} \tag{2-30}$$

2.3 液压控制元件

在液压系统中，液压控制元件用来控制液流的压力、流量和方向，保证执行元件按照要

求进行工作，属于控制调节元件，通常称作液压控制阀或者液压阀。

液压阀包括阀芯、阀体和驱动阀芯运动的装置等基本结构。驱动装置可以是人力操纵装置（如把手及手轮、踏板等）、机械操纵装置（如弹簧、挡块、液压、起动等）、电动操纵装置（如电磁铁等）。液压控制阀是利用阀芯在阀体内作相对运动来控制阀口的通断及阀口的大小，以实现压力、流量和方向的控制。

液压阀的基本要求如下：

1）动作灵敏，使用可靠，工作时冲击和振动要小。

2）阀口全开时，液流压力损失要小；阀口关闭时，密封性能要好。

3）所控制的参数（压力或流量）要稳定，受外部干扰时变化量要小。

认识液压阀

4）结构紧凑，安装、调试、维护方便，通用性要好。

液压阀按功能分类有方向控制阀、压力控制阀和流量控制阀三大类。

2.3.1　方向控制阀

方向控制阀用在液压系统中控制液流的方向，它包括单向阀和换向阀。

一、单向阀

单向阀的作用是控制油液单向流动，而不许反向流动。单向阀有普通单向阀和液控单向阀。

1. 普通单向阀

图 2-27a 所示是一种管式普通单向阀的结构。压力油从阀体 1 左端的通口 P_1 流入时，克服弹簧 3 作用在阀芯 2 上的力，使阀芯 2 向右移动，打开阀口，并通过阀芯 2 上的径向孔 a、轴向孔 b 从阀体右端的通口流出。当压力油从阀体 1 右端的通口 P_2 流入时，它和弹簧力一起使阀芯 2 压紧在阀座上，使阀口关闭，油液无法通过。图 2-27b 所示为单向阀的图形符号。

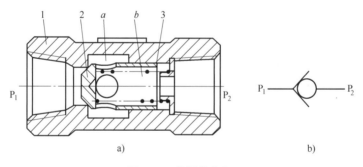

图 2-27　普通单向阀
a）结构图　b）图形符号
1—阀体　2—阀芯　3—弹簧

普通单向阀应用：

① 安装在泵的出口，一方面防止压力冲击影响泵的正常工作，另一方面防止泵不工作时系统油液倒流经泵回油箱。

② 用来分隔油路，以防止高低压干扰。

③ 与其他的阀组成复合阀，如单向节流阀、单向减压阀、单向顺序阀等，使油液一个

方向流经单向阀，另一个方向流经其他阀。

④ 安装在执行元件的回油路上，使回油具有一定背压。

2. 液控单向阀

液控单向阀结构如图 2-28a 所示，它比普通单向阀多一个控制口 K，当控制口无压力油通过时，它和普通单向阀一样，液压油只能从 P_1 流向 P_2，不能反向流动。当控制口接通控制油液时，即可推动控制活塞 1，顶杆 2 顶开单向阀的阀芯 3，使反向截止作用得到解除，液体即可在两个方向自由通流。图 2-28b 所示为液控单向阀的图形符号。

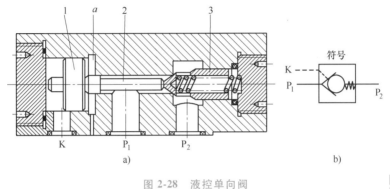

图 2-28 液控单向阀

a）结构图 b）图形符号

1—控制活塞 2—顶杆 3—阀芯

换向阀

液控单向阀一般用于保压回路和锁紧回路中。

二、换向阀

换向阀是利用阀芯在阀体内做相对运动，使油路接通或切断而改变液流方向的阀。换向阀的种类很多，分类方式也各不相同，按结构形式可分为滑阀式、转阀式、球阀式；按阀体连通的油路数可分为两通、三通、四通和五通等；按阀芯在阀体内的工作位置可分为两位、三位、四位等；按操作阀芯运动的方式可分为手动、机动、电磁动、液动、电液动等；按阀芯定位方式分为钢球定位式和弹簧复位式。

1. 换向阀的工作原理

换向阀是利用阀芯与阀体的相对工作位置改变，使油路连通、断开或变换油流的方向，从而控制执行元件的起动、停止或换向。换向阀换向部分结构如图 2-29 所示。当液压缸两腔不通液压油时，阀体上的油口 P、T、A、B 不同，活塞处于停机状态。若使换向阀的阀芯左移，则油口 P 和 A 连通、B 和 T 连通。这时，液压油经 P、A 进入液压缸左腔，右腔油液经 B、T 回油箱，活塞向右运动。反之，若使阀芯右移，则 P 和 B 连通，A 和 T 连通，活塞便向左运动。

2. 换向阀的图形符号

当换向阀阀芯处于不同的工作位置时，阀体上的油路有不同的连通方式，其图形符号如

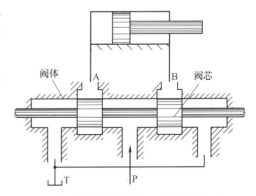

图 2-29 换向阀的工作原理图

图 2-30 所示。换向阀图形符号的表示方法为：

1）用方框来表示阀芯的工作位置，符号中有几个方框，就表示有几"位"。

2）方框内的箭头表示油路处于接通状态，箭头方向不一定表示实际液流的方向。

3）方框内 ⊥ 和 ⊤ 两个截止符号表示油路不通。

4）方框外部连接的接口数有几个，就表示几"通"。

5）一般来说，阀与系统供油路连接的进油口用字母 P 表示，阀与系统回油路连通的回油口用 T 表示，而阀与执行元件连接的油用 A、B 表示。

6）常态位为阀芯不受外力时所处的工作位置，绘制系统图时，油路一般应连接在换向阀的常态位上，所以常态位要画出头。

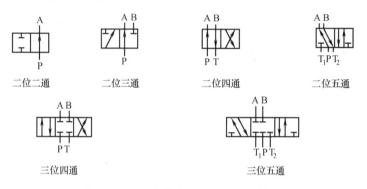

图 2-30　换向阀的位和通路的图形符号

换向阀阀芯相对于阀体的运动需要由外力来操纵，常用的操纵方式有手动、机动、电磁动、液动和电液动等，其符号如图 2-31 所示。不同的操纵方式与换向阀的位和通路组合，就可以得到不同的换向阀，如二位二通机动换向阀、三位四通电磁换向阀等。

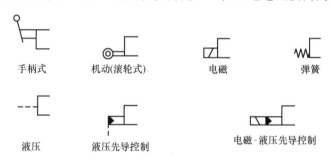

图 2-31　换向阀操纵方式图形符号

3. 常见换向阀

（1）手动换向阀　手动换向阀是用手动杠杆操纵阀芯换位的换向阀。图 2-32 所示的是手动换向阀的图形符号。按换向定位方式的不同，分为钢球定位式（图 2-32a）和弹簧复位式（图 2-32b）两种。当操纵手柄的外力取消后，前者因钢球卡在定位沟槽中，可保持阀芯处于换向位置，后者则在弹簧力作用下使阀芯自动回复到初始位置。

图 2-32　手动换向阀的图形符号

a）钢球定位式　b）弹簧复位式

手动换向阀结构简单，动作可靠，但由于需要人工操纵，故只适用于间歇动作而且要求人工控制的场合。在使用时必须将定位装置或弹簧腔的泄漏油排除，否则由于漏油的积聚而产生阻力影响阀的操纵，甚至不能实现换向动作。如推土机、汽车起重机、叉车等油路的控制都是手动换向的。

（2）机动换向阀　机动换向阀又称为行程阀。它必须安装在液压缸附近，由运动部件上安装的挡块或凸轮压下阀芯使阀换位。图 2-33 所示为二位四通机动换向阀的结构原理及图形符号。机动换向阀通常是弹簧复位式的二位阀，其结构简单，动作可靠，换向位置精度高，通过改变挡块的迎角 α 和凸轮外形，可使阀芯获得合适的换位速度，以减少换向冲击。

（3）电磁换向阀　电磁换向阀是利用电磁铁吸力操纵阀芯换位的换向阀。图 2-34 所示为三位四通电磁换向阀的结构原理及图形符号。阀的两端各有一个电磁铁和一个对中弹簧，阀芯在常态时处于中位。当右端电磁铁通电吸合时，衔铁通过推杆将阀芯推至左端，换向阀就在右位工作；反之，左端电磁铁通电吸合时，换向阀就在左位工作。

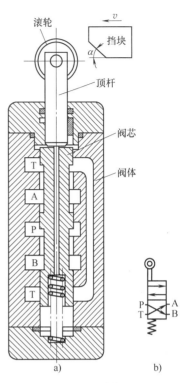

图 2-33　机动换向阀

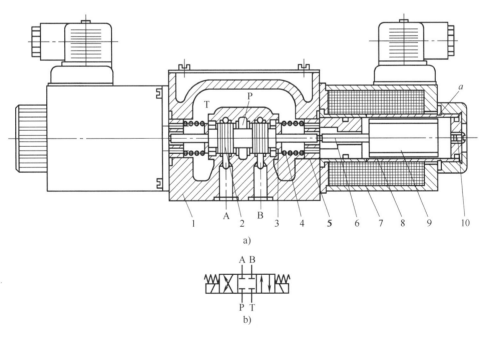

图 2-34　电磁换向阀

1—阀体　2—阀芯　3—弹簧座　4—弹簧　5—挡块

6—推杆　7—线圈　8—密封导磁套　9—衔铁　10—防气螺钉

电磁铁按使用电源的不同,可分为交流和直流两种。交流电磁铁使用方便,起动力大,但换向时间短,换向冲击大,噪声大,换向频率低(约 30 次/min),而且当阀芯被卡住或电压低等原因吸合不上时,易烧坏线圈。直流电磁铁换向时间长,换向冲击小,换向频率高达 240 次/min,工作可靠性高,但需有直流电源,成本较高。电磁换向阀易于实现自动化,主要用于小流量的场合。

(4)液动换向阀 液动换向阀是利用液压油来推动阀芯移动的换向阀。液动换向阀的结构原理及图形符号如图 2-35 所示。当控制液压油从控制口 K_2 输入时,K_1 接通回油,阀芯在液压油的作用下压缩弹簧,向左移动,使油口 P 与 B 连通,A 与 T 连通;当 K_1 接通液压油,K_2 接回油时,阀芯向右移动,使 P 与 A 连通,B 与 T 连通;当 K_1、K_2 都接通回油时,阀芯在两端弹簧和定位套作用下处于中间位置。

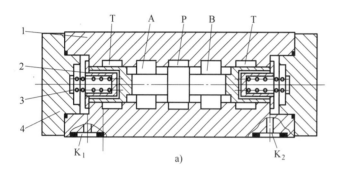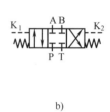

图 2-35 液动换向阀
1—阀体 2—阀芯 3—弹簧 4—端盖

液动换向阀的特点是:

① 换向速度易于控制,结构简单、动作平稳可靠。

② 由于液压驱动力大,适用于高压、大流量的场合。

③ 其控制油路必须有开关或换向装置。

(5)电液换向阀 电磁换向阀布置灵活,易于实现自动化,但电磁铁吸力有限,难于切换大的流量;而液动换向阀一般较少单独使用,需用一个小换向阀来改变控制油液的流向,故标准元件通常将电磁阀与液动阀组合在一起组成电液换向阀。电磁阀(称为先导阀)用于改变控制油的流动方向,从而导致液动阀(称为主阀)换向,改变主油路的通路状态。

图 2-36 所示为电液换向阀。其中,图 2-36a 所示为两端带主阀芯行程调节机构的结构图。工作原理可结合图 2-36b 带双点画线方框的组合阀图形符号加以说明。常态时,先导阀和主阀都处于中位,控制油路和主油路均不进油。当左端电磁铁通电时,先导阀处于左位工作,控制油自 P′经先导阀作用在主阀左腔 K_1,使主阀换向处于左位工作,主阀右端油腔 K_2 经先导阀回油至油箱,此时,主油路 P 与 B、同时 A 与 T 相通。反之,当先导阀左电磁铁断电,右电磁铁通电时,则主油路油口换接,此时,P 与 A、B 与 T 相通,实现了换向。图 2-36c 所示为电液换向阀的简化符号,在回路中常以简化符号表示。

(6)转阀式换向阀 转阀式换向阀通过手动或机动使阀芯旋转换位,从而改变油路的状态。图 2-37a 所示的是三位四通 O 型转阀的结构。在图示位置时,P 通过环槽 c 和阀芯上的轴向槽 b 与 A 相通,B 通过阀芯上的轴向槽 e 和环槽 a 与 T 相通。若将手柄 2 顺时针方向

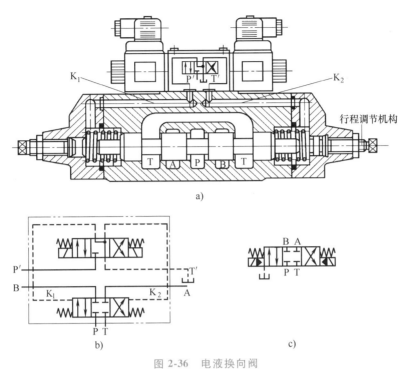

图 2-36 电液换向阀

a）电液换向阀结构图 b）组合阀图形符号 c）简化符号

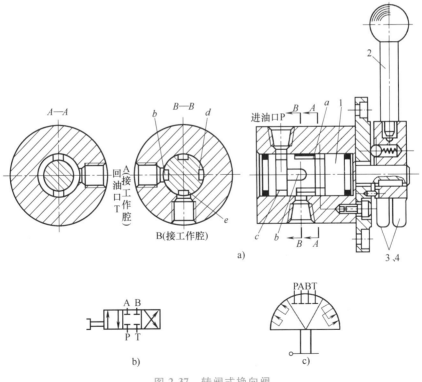

图 2-37 转阀式换向阀

a）结构 b）、c）图形符号

1—阀芯 2—手柄 3、4—挡块拨动杆

转动 90°，则 P 通过槽 c 和 d 与 B 相通，A 通过槽 e 和 a 与 T 相通。如果将手柄转动 45° 至中位，则 4 个油口全部关闭。通过挡块拨动杆 3、4 可使转阀机动换向。由于转阀密封性差，径向力不易平衡及结构尺寸受到限制，一般用于压力较低、流量较小的场合。转阀式换向阀的图形符号如图 2-37b、c 所示。

4. 换向阀的中位机能

三位换向阀的阀芯在中间位置时，各油口间有不同的连通方式，可以满足不同的使用要求。这种连通方式称为换向阀的中位机能。三位四通换向阀常见的中位机能见表 2-3。

表 2-3　三位四通换向阀的中位机能

滑阀机能	符　号	中位油口状况、特点
O 型	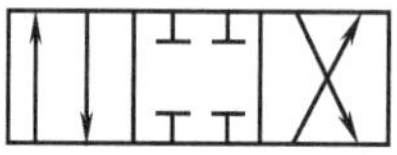	P、A、B、T 4 口全封闭，液压泵不卸荷，液压缸闭锁。工作机构回油腔中充满油液，可以缓冲，从停止至起动比较平稳，制动时液压冲击较大。可用于多个换向阀的并联工作
H 型	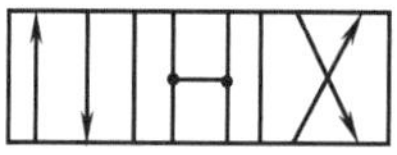	4 口全串通，活塞处于浮动状态，在外力作用下可移动（如手摇机构），泵卸荷。从停止到起动有冲击。不能保证单杆双作用液压缸的活塞停止
Y 型	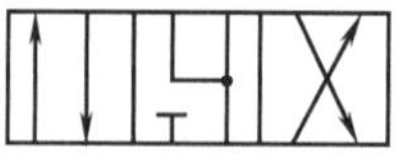	P 口封闭，A、B、T 3 口相通，活塞浮动在外力作用下可移动，泵不卸荷。从停止至起动有冲击、制动性能在 O 型与 H 型之间
K 型	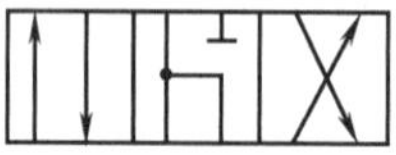	P、A、T 相通，B 口封闭，活塞处于闭锁状态，泵卸荷。两个方向换向时性能不同
M 型	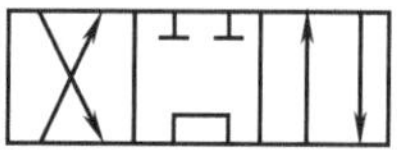	P、T 相通，A 与 B 均封闭，活塞闭锁不动，泵卸荷。不可用手摇装置，停止至起动较平衡，制动时液压冲击较大，可多个并联工作
X 型		4 个油口因节流口而处于半开启状态，泵基本上卸荷，但仍保持一定压力。避免换向冲击，换向性能介于 O 型与 H 型之间
P 型	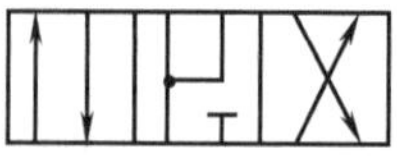	P、A、B 相通，T 封闭；泵与缸两腔相通，可组成差动回路。从停止至起动比较平稳
J 型	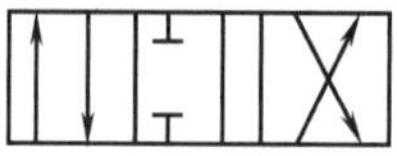	P 与 A 封闭，B 与 T 相通，活塞停止，但在外力作用下可向一边移动，泵不卸荷
C 型	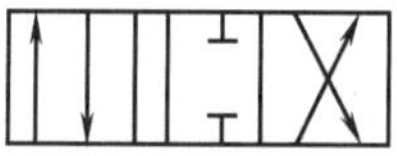	P 与 A 相通，B 与 T 皆封闭，活塞处于停止位置。液压泵不卸荷。从停止至起动比较平稳，制动时有较大冲击
N 型		P 和 B 皆封闭，A 与 T 相通，与 J 型机能相似，只是 A 与 B 互换了，功能也类似
U 型	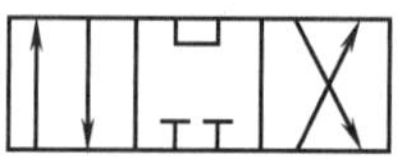	P 和 T 都封闭，A 与 B 相通，活塞浮动，在外力作用下可移动，泵不卸荷。从停止至起动、制动比较平衡

在分析和选择阀的中位机能时，通常考虑以下几点：

1）系统保压。当P口被堵塞时，系统保压，液压泵能用于多缸系统。

2）系统卸荷。H型、K型或M型的三位换向阀处于中位时，泵输出的油液直接流回油箱，构成卸荷回路，实现节能，这种方法比较简单，但是不适用于一个液压泵驱动两个或两个以上执行元件的液压系统。

3）起动平稳性。阀在中位时，液压缸某腔如通油箱，则起动时该腔内因无油液起缓冲作用，起动不太平稳。

4）液压缸"浮动"状态。利用H型、Y型中位机能实现液压缸的浮动。阀在中位，当A、B两口互通时，卧式液压缸呈"浮动"状态，可利用其他机构移动工作台，调整其位置。

5）液压缸制动或锁紧。

为了使运动着的工作机构在任意需要的位置上停下来，并防止其停止后因外界影响而发生移动，可以采用制动回路。M型或O型的换向阀可使执行元件迅速停止运动。

2.3.2　压力控制阀

认识压力控制阀

压力控制阀是用来控制液压系统中油液压力或通过压力信号实现控制的阀类。压力控制阀包括溢流阀、减压阀、顺序阀和压力继电器。其共同点都是通过作用于阀芯上的液压力与弹簧力相平衡的原理进行工作的。

一、溢流阀

溢流阀的主要作用是调压和稳压以及安全保护（限压）。根据结构不同，溢流阀可分为直动式和先导式两类。

1. 直动式溢流阀

直动式溢流阀结构原理如图2-38a所示，由阀芯、阀体、弹簧、上盖、调节杆、调节螺母等零件组成。阀体上的进油口旁接在泵的出口，出口接油箱。原始状态，阀芯在弹簧力的作用下处于最下端位置，进出油口隔断。进口油液经阀芯径向孔、轴向孔作用在阀芯底端面，当液压力小于弹簧力时，阀芯不动作，阀口关闭；当液压力等于或大于弹簧力时，阀芯上移，阀口开启，进口液压油经阀口溢流回油箱。图2-38b所示为直动式溢流阀的图形符号。

直动式溢流阀的特点：

1）对应调压弹簧一定的预压缩量，阀的进口压力基本为一定值。

2）弹簧腔的泄漏油经阀内泄油通道至阀的出口引回油箱，若阀的出口压力不为零，则背压将作用在阀芯上端，使阀的进口压力增大。

3）对于高压大流量的压力阀，要求调压弹簧具有很大的弹簧力，这样不仅使阀的调节性能变差，结构上也难以实现。所以直动式溢流阀一

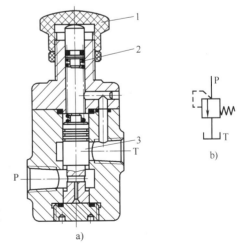

图2-38　直动式溢流阀

a）结构原理　b）图形符号

1—调节螺母　2—调压弹簧　3—阀芯

般用于低压小流量场合。

2. 先导式溢流阀

先导式溢流阀结构原理如图2-39a所示，液压油从进油口P进入，通过主阀芯上的阻尼孔e后作用在先导阀上，当进油口压力较低，先导阀上的液压作用力不足以克服先导阀右边弹簧的作用力时，先导阀关闭，此时没有油液流过阻尼孔，所以主阀芯两端压力相等，在较软的主阀弹簧作用下主阀芯处于最下端位置，溢流阀进油口和出油口隔断，没有溢流。当进油口压力升高到作用在先导阀上的液压力大于先导阀弹簧作用力时，先导阀打开，液压油就可通过阻尼孔，经先导阀流回油箱，由于阻尼孔的作用，使主阀芯上端的液压力小于下端压力，当这个压差作用在主阀芯上的力等于或超过主阀弹簧力时，主阀芯开启，油液从进油口流入，经主阀阀口由出油口流回油箱，实现溢流。需要注意，只有少量的流量经先导阀后流向出油口，大部分则经主阀节流口流向出油口。

遥控口K可调节溢流阀主阀芯上端的液压力，从而对溢流阀的溢流压力实现远程调压。但是，远程调压阀所能调节的最高压力不得超过溢流阀本身先导阀的调整压力。

相对于直动式溢流阀来说，先导式溢流阀的调压偏差比直动式溢流阀的调压偏差小，调压精度更高。图2-39b所示为先导式溢流阀的图形符号。

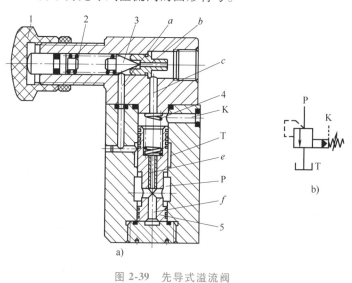

图 2-39　先导式溢流阀

a）结构原理　b）图形符号

1—调整螺母　2—调压弹簧　3—锥阀芯　4—平衡弹簧　5—主阀芯

先导式溢流阀特点：

1）先导阀和主阀阀芯均受力平衡。阀的进口压力值主要由先导阀调压弹簧的预压缩量确定，主阀弹簧起复位作用。

2）通过先导阀的流量很小，因此其尺寸很小，即使是高压阀，其弹簧刚度也不大，阀的调节性能好。

3）主阀芯开启是利用液流流经阻力孔形成的压差。阻力孔一般为细长孔，孔径很小，孔长较长。

4）先导阀前腔有一控制口K，用于卸荷和远程调压。

二、减压阀

减压阀是利用液流流过缝隙产生压力损失，使其出口压力低于进口压力的压力控制阀。减压阀也有直动式和先导式之分，先导式减压阀应用较多。按调节要求不同，减压阀又分为定值减压阀、定差减压阀、定比减压阀三种类型。其中定值减压阀应用最广，简称减压阀。

减压阀和
顺序阀

1. 减压阀的结构与工作原理

图 2-40a 所示为先导式减压阀的结构原理图，它在结构上与先导式溢流阀相似，也是由先导阀和主阀两部分组成。液压油从阀的进油口进入进油腔 P_1，经减压阀口 x 减压后，再从出油腔 P_2 和出油口流出。出油腔液压油经小孔 f 进入主阀芯 5 的下端，同时经阻尼小孔 e 流入主阀芯上端，再经孔 c 和 b 作用于锥阀芯 3 上。当出油口压力较低时，先导阀关闭，主阀芯两端压力相等，主阀芯被平衡弹簧 4 压在最下端（图示位置），减压阀口开度为最大，压差为最小，减压阀不起减压作用。当出油口压力达到先导阀的调定压力时，先导阀开启，此时腔 P_2 的部分压力油经孔 e、c、b、先导阀口、孔 a 和泄漏口 L 流回油箱。由于阻尼小孔 e 的作用，主阀芯两端产生压差，主阀芯便在此压差作用下克服平衡弹簧的弹力上移，减压阀口减小，使出油口压力降低至调定压力。由于外界干扰（如负载变化）使出油口压力变化时，减压阀将会自动调整减压阀口的开度以保持出油压力稳定。调定螺母 1 即可调节调压弹簧 2 的预压缩量，从而调定减压阀的出油口压力。图 2-40b 所示为直动式减压阀图形符号，也是减压阀的一般符号，图 2-40c 所示先导式减压阀图形符号。

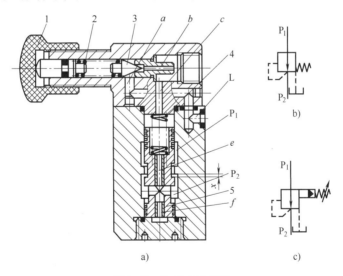

图 2-40　先导式减压阀

a）结构原理图　b）减压阀的一般符号　c）先导式减压阀的图形符号

1—调定螺母　2—调压弹簧　3—锥阀芯　4—主阀弹簧　5—主阀芯

2. 减压阀的特点

与先导式溢流阀相比较，减压阀有以下几点不同：

1）阀在工作时，减压阀保持出口压力基本不变，而溢流阀保持进口压力基本不变。

2）阀在不工作时，减压阀进出口互通，而溢流阀进出口不通。

3）减压阀弹簧腔的泄漏油需要通过泄油口单独外接油箱（外泄），而溢流阀弹簧腔的泄漏油可以经阀体内的通道和出油口连接（内泄），不必单独外接油箱。

3. 减压阀的应用

减压阀用在液压系统中获得压力低于系统压力的二次油路上，如夹紧回路、润滑回路和控制回路。必须说明，减压阀出口压力还与出口负载有关，若负载压力低于调定压力时，出口压力由负载决定，此时减压阀不起减压作用。

三、顺序阀

顺序阀的作用是利用油液压力作为控制信号，控制油路通断，从而实现液压系统执行元件的顺序动作。顺序阀也有直动式和先导式之分，根据控制压力来源不同，它还有内控式和外控式之分。顺序阀还可用作背压阀、卸荷阀和平衡阀等。

直动式顺序阀的结构原理图如图 2-41a 所示。油液从进油口 P_1 进入，当进油腔压力较低时，阀芯在弹簧的作用下处于下端位置，进油口和出油口不相通。当作用在阀芯下端的油液的作用力大于弹簧的预紧力时，阀芯向上移动，阀口打开，油液便经阀口从出油口 P_2 流出，从而操纵其他液压元件工作。通过改变上盖或底盖的装配位置可得到内控外泄、外控外泄、外控内泄、内控内泄四种结构类型。其图形符号如图 2-41b、c、d 所示。

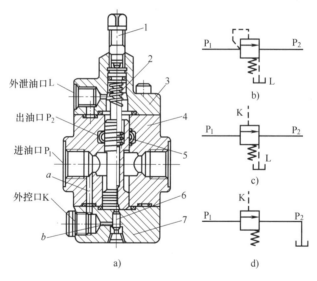

图 2-41　直动式顺序阀

a）结构原理图　b）内控外泄顺序阀图形符号　c）外控外泄顺序阀图形符号　d）外控内泄顺序阀图形符号
1—调节螺钉　2—弹簧　3—阀盖　4—阀体　5—阀芯　6—控制活塞　7—端盖

顺序阀与溢流阀的结构基本相似，但顺序阀的出油口通向系统的另一压力油路，而溢流阀的出油口通油箱。另外顺序阀的泄漏油口必须单独接回油箱。

四、压力开关

压力开关是将油液压力信号转换成电信号的电液控制元件。

图 2-42a 所示为柱塞式压力开关的结构原理图，主要组成包括柱塞 1、调节螺钉 2 和微动开关 3。液压油作用在柱塞下端，液压力直接与弹簧力比较。当液压力大于或等于弹簧力时，柱塞向上移压微动开关触点，接通或断开电气线路。反之，微动开关触点复位。图 2-42b 所示为压力开关的图形符号。

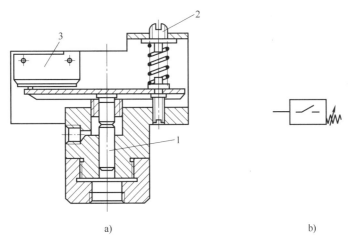

图 2-42　柱塞式压力开关

a）结构原理图　b）压力开关图形符号

1—柱塞　2—调节螺钉　3—微动开关

2.3.3　流量控制阀

流量控制阀通过改变节流口通流面积或通流通道的长短来改变局部阻力的大小，从而实现对流量的控制，进而改变执行机构的运动速度。常用的流量控制阀主要有节流阀和调速阀。

一、节流阀

节流阀的结构与图形符号如图 2-43 所示。液压油从进油口流入，经节流从出油口流出。节流口的形式为轴向三角槽式。当调节节流阀的手轮时，通过顶杆带动节流阀芯上下移动；节流阀芯的上下移动改变着节流口的开口量，从而实现对流体流量的调节。

在液压系统中，节流阀除了具有节流调速功能外，还有压力缓冲和负载阻尼等作用。节流阀结构简单，制造容易，体积小，但是负载变化对流量的稳定性影响较大，因此仅用于负载和温度变化不大或对速度稳定性要求不高的液压系统中。

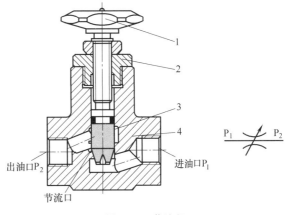

图 2-43　节流阀

1—调节手轮　2—螺母　3—阀芯　4—阀体

出油口P_2　进油口P_1　节流口

二、调速阀

调速阀是由定差减压阀与节流阀串连而成，在负载变化的情况下，可以保证流量不变。

调速阀的结构及图形符号如图 2-44 所示。液压油进入调速阀后，先经过定差减压阀的阀口（压力由 p_1 减至 p_2），然后经过节流阀阀口流出，出口压力为 p_3。从图中可以看到，

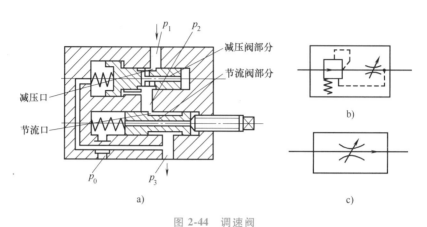

图 2-44 调速阀

a）结构原理　b）一般图形符号　c）简化图形符号

节流阀进出口压力 p_2、p_3 经过阀体上的通道被引到定差减压阀阀芯的两端（p_3 引到阀芯弹簧端，p_2 引到阀芯无弹簧端），只要将弹簧力固定，就可以通过定差减压阀保证节流阀进出口压差为一确定值，若油温不变化，输出流量即可固定。

2.3.4　其他控制阀

一、叠加阀

1. 叠加阀特点与分类

叠加阀是在板式阀集成化的基础上发展起来的一种新型液压元件，但它在配置形式上和板式阀、插装阀截然不同。叠加阀安装在板式换向阀和底板之间，由有关的压力、流量和单向控制阀组成的集成化控制回路。每个叠加阀除了具有液压阀的功能外，还起油路通道的作用。因此，由叠加阀组成的液压系统，阀与阀之间不需要另外的连接体，而是以叠加阀阀体作为连接体，直接叠合再用螺栓结合而成。叠加阀因其结构形状而得名。同一通径的各种叠加阀的油口和螺钉孔的大小、位置、数量都与相匹配的板式换向阀相同。因此，同一通径的叠加阀，只要按一定次序叠加起来，加上电磁控制换向阀，即可组成各种典型液压系统，通常一组叠加阀的液压回路只控制一个执行元件。若将几个安装底板块（也都具有相互连通的通道）横向叠加在一起，即可组成控制几个执行元件的液压系统。

图 2-45 所示为控制两个执行元件（液压缸和液压马达）的叠加阀及其液压回路。

叠加阀的工作原理与板式阀基本相同，但在结构和连接方式上有其特点，因而自成体系。如板式溢流阀，只在阀的底面上有 P 和 T 两个进、出主油口；而叠加式溢流阀，除了 P 口和 T 口外，还有 A、B 油口，这些油口自阀的底面贯通到阀的顶面，而且同一通径的各类叠加阀的 P、A、B、T 油口间的相对位置是和相匹配的标准板式换向阀相一致的。叠加阀的连接尺寸及高度尺寸已有相应标准，因此具有更广的通用性及互换性。

根据工作功能的不同，叠加阀通常分为单功能叠加阀和复合功能叠加阀两大类型，如图 2-46 所示。

2. 工作原理与典型结构

（1）单功能叠加阀　单功能叠加阀的一个阀体中有 P、A、B、T 四条通路，因此各阀根据其控制点，可以有许多种不同的组合。这一点和普通单功能液压阀有很大差异。单功能

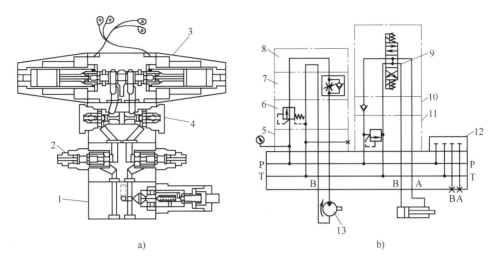

图 2-45 控制两个执行元件（液压缸和液压马达）的叠加阀及其液压回路

a）叠加阀 b）回路

1—叠加式溢流阀 2—叠加式流量阀 3—电磁换向阀 4—叠加式单向阀 5—压力表安装板 6—顺序阀
7—单向进油节流阀 8—顶板 9—换向阀 10—单向阀 11—溢流阀 12—备用回路盲板 13—液压马达

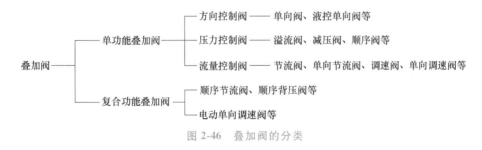

图 2-46 叠加阀的分类

叠加阀的工作原理及结构与三大类普通液压阀相似。单功能叠加阀中的各种阀的结构可参看有关产品型谱系列。

（2）复合功能叠加阀 复合功能叠加阀是在一个控制阀芯中实现两种以上控制机能的液压阀。

1）叠加式顺序节流阀。叠加式顺序节流阀是由顺序阀和节流阀复合而成的复合阀，它具有顺序阀和节流阀两种功能。其结构如图 2-47a 所示，它采用整体式结构，由阀体 1、阀芯 2、节流阀调节杆 3 和顺序阀弹簧 4 等零件组成。顺序阀和节流阀共用一个阀芯，将三角槽形的节流口开设在顺序阀阀芯的控制边上。阀的节流口随着顺序阀控制口的开闭而开闭。节流口的开、闭，取决于顺序阀控制油路 A 的压力大小。当油路 A 的压力大于顺序阀的设定值时，节流口打开；而当油路 A 的压力小于顺序阀的设定值时，节流口关闭。此阀可用于多回路集中供油的液压系统中，以解决备执行器工作时的压力干扰问题。

以多缸液压系统为例，系统工作时各缸相互间产生的压力干扰，主要是由于工作过程中，当任意一个液压缸由工作进给转为快退时，引起系统供油压力的突然降低而造成其余执行器进给力不足，这种压力干扰会影响加工精度。但在这样的系统中，如采用顺序节流阀，则当液压缸由工作进给转为快退时，在换向阀转换的瞬间，而油路 P 与 B 接通之前，由于油路 A 压力降低，使顺序节流阀的节流口提前迅速关闭，保持高压油源 P_1 压力不变，从而不影响其他液压缸的正常工作。图 2-47b 所示为其图形符号。

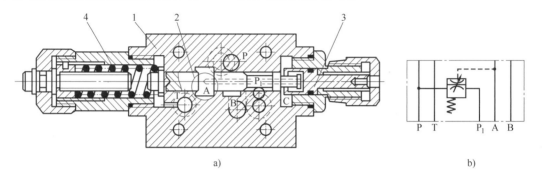

图 2-47 叠加式顺序节流阀

a) 结构图　b) 图形符号

1—阀体　2—阀芯　3—节流阀调节杆　4—顺序阀弹簧

2）叠加式电动单向调速阀。叠加式电动单向调速阀的结构原理如图 2-48a 所示。此阀由板式连接的调速阀部分Ⅰ、叠加阀的主体部分Ⅱ、板式结构的先导阀部分Ⅲ三部分组合而成。阀的总体结构采用组合式结构，调速阀部分Ⅰ可用一般的单向调速阀的通用件，通用化程度较高。主阀体 9 中的锥阀 10 与先导阀 12 用于回路做快速前进、工作进给、停止或再快速退回的工作循环中。

快进时，电磁铁通电，先导阀 12 左移，将 d 腔与 e 腔切断，接通 e 腔与 f 腔。锥阀弹簧腔 b 的油液经 e 腔、f 腔与叠加阀回油路 T 接通而卸荷。此时锥阀 10 在 a 腔压力油作用下被打开，压力油由 A_1 经锥阀到 A，使回路快进。

工作进给时，电磁铁断电，先导阀复位（图 2-48a 中所示位置），油路 A_1 的压力油经 d、e 腔到 b 腔，将锥阀阀口关闭。此时，由 A_1 进入的压力油只能经调速阀部分到 A，使回路处于工作进给状态。当回路转为快退时，压力油由 A 进入该阀，锥阀可自动打开，实现快速退回。图 2-48b 所示为叠加式电动单向调速阀的图形符号。

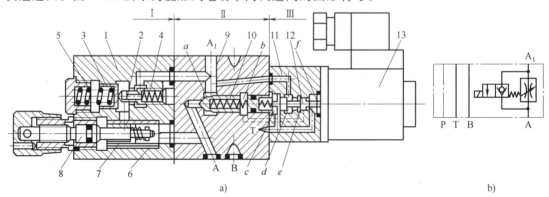

图 2-48 叠加式电动单向调速阀

a) 结构原理　b) 图形符号

1—调速阀阀体　2—减压阀　3—平衡阀　4、5—弹簧　6—节流阀套　7—节流阀芯　8—节流阀调节杆　9—主阀体
10—锥阀　11—先导阀体　12—先导阀　13—直流湿式电磁铁　a、b、c、d、e、f—腔

3. 使用场合与注意事项

（1）使用场合　叠加阀可根据其不同的功能组成不同的叠加阀液压系统。由叠加阀组成的液压系统除具有标准化、通用化特点外，还具有集成化程度高，设计、加工、装配周期短、重量轻、占地面积小等优点。尤其在液压系统需改变而增减元件时，将其重新组装既方便又迅速。叠加阀可集中配置在液压站上，也可分散安装在设备上，配置形式灵活。同时，因为它具有无管连接的结构，消除了因油管、管接头等引起的漏油、振动和噪声。叠加阀系统使用安全可靠，易维修，外形整齐美观。

叠加阀组成的液压系统的主要缺点是回路形式较少，通径较小，不能满足较复杂和大功率的液压系统的需要。

（2）注意事项　在选择叠加阀并组成叠加阀液压系统时，应注意如下问题：

1）通径及安装连接尺寸。一组叠加阀回路中的换向阀、叠加阀和底板的通径规格及安装连接尺寸必须一致，并符合标准规定。

2）液控单向阀和单向节流阀组合。如图 2-49a 所示，使用液控单向阀 3 与单向节流阀 2 组合时，应使单向节流阀靠近液压缸 1。反之，如果按图 2-49b 所示配置，则当 B 口进油、A 口回油时，由于单向节流阀 2 的节流效果，在回油路的 a-b 段会产生压力，当液压缸 1 需要停位时，液控单向阀 3 不能及时关闭，并有时还会反复关、开，使液压缸产生冲击。

3）减压阀和单向节流阀组合。图 2-50a 所示为 A、B 油路都采用单向节流阀 2，而 B 油路采用减压阀 3 的系统。这种系统节流阀应靠近液压缸 1。如果按图 2-50b 所示配置，则当 A 口进油、B 口回油时，由于节流阀的节流作用，使液压缸 B 腔与单向节流阀之间这段油路的压力升高。这个压力又去控制减压阀，使减压阀减压口关小，出口压力变小，造成供给液压缸的压力不足。当液压缸的运动趋于停止时，液压缸 B 腔压力又会降下来，控制压力随之降低，减压阀口开度加大，出口压力又增加。这样反复变化，会使液压缸运动不稳定，还会产生振动。

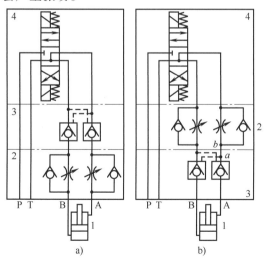

图 2-49　液控单向阀与单向节流阀组合
a）正确　b）错误
1—液压缸　2—单向节流阀　3—液控单向阀
4—三位四通电磁换向阀

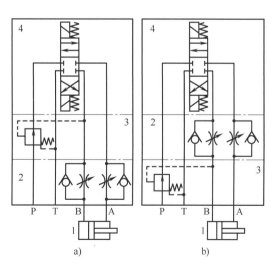

图 2-50　减压阀和单向节流阀组合
a）正确　b）错误
1—液压缸　2—单向节流阀　3—减压阀
4—三位四通电磁换向阀

4）减压阀和液控单向阀组合。图2-51a所示系统为A、B油路采用液控单向阀2、B油路采用减压阀3的系统。这种系统中的液控单向阀应靠近执行元件。如果按图2-51b所示布置，由于减压阀3的控制油路与液压缸B腔和液控单向阀之间的油路接通，这时液压缸B腔的油可经减压阀泄漏，使液压缸在停止时的位置无法保证，失去了设置液控单向阀的意义。

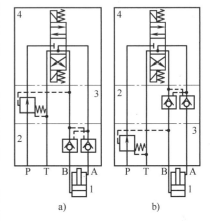

图2-51　减压阀和液控单向阀组合
a）正确　b）错误
1—液压缸　2—液控单向阀　3—减压阀　4—三位四通电磁换向阀

5）回油路上调速阀、节流阀、电磁节流阀的位置。回油路上的出口调速阀、节流阀、电磁节流阀等，其安装位置应紧靠主换向阀，这样在调速阀等之后的回路上就不会有背压产生，有利于其他阀的回油或泄漏油畅通。

6）压力测定。在系统中，若需要测压力，需采用压力表开关，压力表开关应安放在一组叠加阀的最下面，与底板块相连。单回路系统设置一个压力表开关；集中供液的多回路系统并不需要每个回路均设压力表开关。在有减压阀的回路中，可单独设置压力表开关，并置于该减压阀回路中。

7）安装方向。叠加阀原则上应垂直安装，尽量避免水平安装方式。叠加阀叠加的元件越多，质量越大，安装用的贯通螺栓越长。水平安装时，在重力作用下，螺栓发生拉伸和弯曲变形，叠加阀间会产生渗油现象。

（3）绘制叠加阀液压系统原理图的注意事项　绘制采用叠加阀的液压系统原理图时应注意以下几点：

1）首先要确定系统中各种阀的功能、压力通径等。一叠阀中相连块之间的通径和连接尺寸必须一致。

2）在一叠阀中，系统中的主换向阀（主换向阀不是叠加阀，是标准的板式元件）安装在最上面，与执行部件连接用的底板块放在最下面，叠加阀均安装在主换向阀和底板块之间，其顺序按系统的动作要求而定。

3）每个叠加阀和底板块上的接口都有不同字母，表示不同的含义，绘制原理图时，应注意以上字母的标识位置。

4）压力表开关的位置应紧靠底板块。

5）有些叠加阀的相互安装位置有制约性，不可随意改动。

二、插装阀

插装阀是插装阀基本组件（阀芯、阀套、弹簧和密封圈）插到特别设计加工的阀体内，配以盖板、先导阀组成的一种多功能的复合阀。因每个插装阀基本组件有且只有两个油口，故被称为二通插装阀，早期又称为逻辑阀。

1. 二通插装阀的特点

二通插装阀的特点是：流通能力大，压力损失小，适用于大流量液压系统；主阀芯行程短，动作灵敏，响应快，冲击小；抗油污能力强，对油液过滤精度无严格要求；结构简单，维修方便，故障少，寿命长；插件具有一阀多能的特性，便于组成各种液压回路，工作稳定可靠；插件具有通用化、标准化、系列化程度很高的零件，可以组成集成化系统。

2. 二通插装阀的组成

二通插装阀由插装元件、控制盖板、先导控制元件和插装块体四部分组成。图 2-52 所示为二通插装阀的典型结构。

控制盖板用以固定插装件，安装先导控制阀，内装棱阀、溢流阀等。控制盖板内有控制油通道，配有一个或多个阻尼螺塞。通常盖板有五个控制油孔：X、Y、Z_1、Z_2 和中心孔 a（图 2-53）。由于盖板是按通用性来设计的，具体运用到某个控制油路上有的孔可能被堵住不用。为防止将盖板装错，盖板上的定位孔，起标定盖板方位的作用。另外，拆卸盖板之前就必须看清、记牢盖板的安装方法。

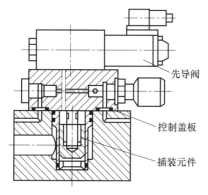

图 2-52　二通插装阀的典型结构

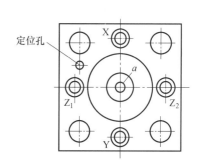

图 2-53　盖板控制油孔

先导控制元件称作先导阀，是小通径的电磁换向阀。块体是嵌入插装元件，安装控制盖板和其他控制阀、沟通主油路与控制油路的基础阀体。

插装元件由阀芯、阀套、弹簧以及密封件组成，如图 2-54 所示。每只插件有两个连接

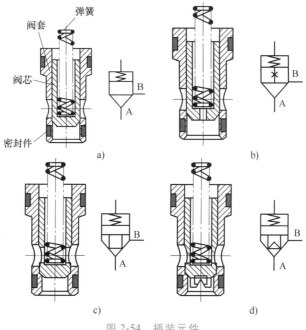

图 2-54　插装元件

主油路的通口，阀芯的正面称为 A 口；阀芯环侧面的称作 B 口。阀芯开启，A 口和 B 口沟通；阀芯闭合，A 口和 B 口之间中断。因而插装阀的功能等同于二位二通阀。故称二通插装阀，简称插装阀。

根据用途不同分为方向阀组件、压力阀组件和流量阀组件。同一通径的三种组件安装尺寸相同，但阀芯的结构形式和阀套座直径不同。三种组件均有两个主油口 A 和 B、一个控制口 X，如图 2-55 所示。

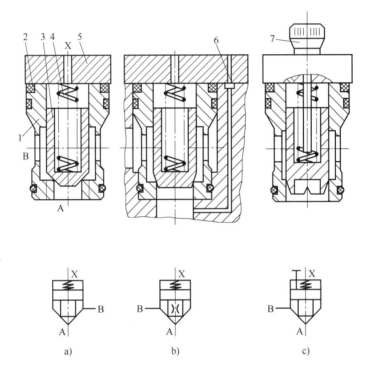

图 2-55　插装阀基本组件
a）方向阀组件　b）压力阀组件　c）流量阀组件
1—阀套　2—密封件　3—阀芯　4—弹簧　5—盖板　6—阻尼孔　7—阀芯行程调节杆

三、分流集流阀

分流集流阀是用来保证多个执行元件速度同步的流量控制阀，又称为同步阀。它包括分流阀、集流阀和分流集流阀三种控制类型。同步阀主要是应用于双缸及多缸同步控制的液压系统中。分流集流阀的同步是速度同步，当两液压缸或多个液压缸分别承受不同的负载时，分流集流阀仍能保证其同步运动。采用分流集流阀同步控制液压系统具有结构简单、成本低、制造容易、可靠性强等许多优点，因而在液压系统中得到了广泛的应用。

1. 分流阀

分流阀的作用是使液压系统中由同一个油源向两个以上执行元件供应相同的流量（等量分流），或按一定比例向两个执行元件供应流量（比例分流），以实现两个执行元件的速度保持同步或定比关系。

分流阀的结构如图 2-56 所示。工作时，设阀的进口油液压力为 p_0，流量为 q_0，进入阀后分两路，分别通过两个面积相等的固定节流孔 1、2，分别进入减压阀芯环形槽 a 和 b，然后由两减压阀口（可变节流孔）3、4 经出油口 Ⅰ 和 Ⅱ 通往两个执行元件，两执行元件的负载流量分别为 q_1、q_2，负载压力分别为 p_3、p_4。如果两执行元件的负载相等，则分流阀的出口压力 $p_3 = p_4$，因为阀中两支流道的尺寸完全对称，所以输出流量也对称，$q_1 = q_2 = q_0/2$，且 $p_1 = p_2$。当由于负载不对称而出现 $p_3 \neq p_4$，且设 $p_3 > p_4$ 时，q_1 必定小于 q_2，导致固定节流孔 1、2 的压差 $\Delta p_1 < \Delta p_2$，$p_1 > p_2$，此压差反馈至减压阀芯 6 的两端后使

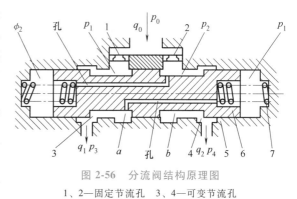

图 2-56　分流阀结构原理图

1、2—固定节流孔　3、4—可变节流孔

5—阀体　6—阀芯　7—弹簧

阀芯在不对称液压力的作用下左移，使可变节流孔 3 增大，可变节流孔 4 减小，从而使 q_1 增大，q_2 减小，直到 $q_1 \approx q_2$ 为止，阀芯才在一个新的平衡位置上稳定下来。即输往两个执行元件的流量相等，当两执行元件尺寸完全相同时，运动速度将同步。

2. 集流阀

图 2-57 所示为等量集流阀的工作原理图，它与分流阀的反馈方式基本相同，不同之处如下：

1）集流阀装在两执行元件的回油路上，将两路负载的回油流量汇集在一起回油。

2）分流阀的两流量传感器共进口压力 p_0，流量传感器的通过流量 q_1（或 q_2）越大，其出口压力 p_1（或 p_2）反而越低；集流阀的两流量传感器共出口，流量传感器的通过流量 q_1（或 q_2）越大，其进口压力 p_1（或 p_2）则越高。因此集流阀的压力反馈方向正好与分流阀相反。

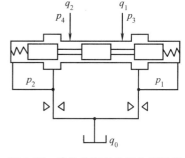

3）集流阀只能保证执行元件回油时同步。

图 2-57　等量集流阀的工作原理图

3. 分流集流阀

分流集流阀又称为同步阀，它同时具有分流阀和集流阀两者的功能，能保证执行元件进油、回油时均能同步。

图 2-58 所示为挂钩式分流集流阀的结构原理图。分流时，因 $p_0 > p_1$（或 $p_0 > p_2$），此压差将两挂钩阀芯推开，处于分流工况，此时的分流可变节流口由挂钩阀芯的内棱边和阀套的外

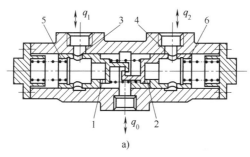

a)

图 2-58　挂钩式分流集流阀结构原理图

a）结构图

1、2—固定节流孔　3、4—可变节流孔　5、6—挂钩阀芯

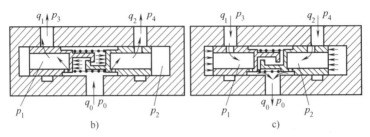

图 2-58 挂钩式分流集流阀结构原理图（续）

b）分流时工作原理 c）集流时工作原理

棱边组成；集流时，因 $p_0 < p_1$（或 $p_0 < p_2$），此压差将挂钩阀芯合拢，处于集流工况，此时的集流可变节流口由挂钩阀芯的外棱边和阀套的内棱边组成。

2.4 液压辅助元件

液压辅助元件是指除液压动力元件、执行元件和控制元件以外的其他各类组成元件。在液压系统中，油箱、蓄能器、过滤器、管件等元件都属于辅助元件。这些元件结构比较简单，功能也较单一，但对于液压系统的工作性能、噪声、温升、可靠性等，都有重要的影响，因此是液压系统不可缺少的组成部分，它们对保证液压系统有效地传递力和运动，提高液压系统的工作性能起着重要的作用。

液压辅助元件

在液压辅助元件中，大部分元件都已标准化，并有专业厂家生产，设计时选用即可。只有油箱等少量非标准件，品种较少，要求也有较大的差异，有时需要根据液压设备的要求自行设计。

2.4.1 油箱

一、油箱的功用

油箱的主要用途是储油、散热和分离液压油中的空气、杂质等。

油箱设计的好坏直接影响到液压元件和液压系统的可靠性，尤其对泵的寿命有决定性的影响。控制好油液的流动性能（吸油、回油和油液在油箱内的流动），可以显著减少空气的混入和气蚀的产生。

二、油箱的类型

1）按结构不同，油箱可分为整体式油箱和分离式油箱两种。

整体式油箱是利用主机中较大的铸件箱体或者焊接件箱体来储油。这种油箱结构比较紧凑，不影响设备外形，但是维修困难，并且散热性能差，另外油温变化会造成设备热变形，进而对设备精度造成影响。

分离式油箱是一个单独的油箱，与主机分开，其散热性、维护和维修性均好于整体式油箱，但须增加占地面积。目前精密设备多采用分离式油箱。

2）按形状不同，油箱可以分为矩形油箱和圆筒形油箱。

矩形油箱由于制造方便，能够充分利用空间，应用最为普遍。圆筒形油箱常用于容量较大的场合，多为卧式。

3）按油箱内油液是否与大气直接接触，油箱可分为开式油箱和增压油箱（闭式油箱）。

开式油箱应用最广，普通的液压系统都可以使用。油液直接与大气相通。一般在油箱通气处安装空气过滤器，以防止外界杂质随空气进入油箱，多用于各种固定设备。在高海拔地区或一些特殊场合，为保证液压泵的吸油，防止液压泵吸油口因压力较低产生气蚀，可采用增压油箱，其油箱中的油液与大气是隔绝的，多用于行走设备及车辆。

三、油箱结构

油箱一般采用钢板焊接而成，为防止钢板生锈和液压油腐蚀钢板，油箱焊接好后要在内部涂防锈耐油涂料。油箱的结构简图与图形符号如图 2-59 所示。图中 1 是吸油管，4 是回油管，油箱中间有两个隔板 7 和 9，隔板 7 用于防止杂质沉淀物进入吸油管，隔板 9 用于阻挡泡沫进入吸油管。8 是放油阀，在清洗油箱和杂质时先将液压油从此阀放油。3 是空气过滤器，用于通气，以平衡油箱内外气压，并防止空气中的杂质进入油箱。6 是液位计，用于指示油液高度。

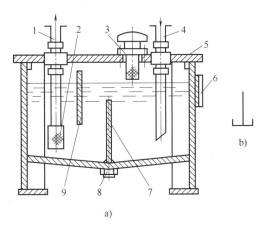

图 2-59 油箱结构简图
a）结构简图 b）图形符号
1—吸油管 2—过滤网 3—空气过滤器 4—回油管
5—油箱上盖 6—液位计 7、9—隔板 8—放油阀

四、设计油箱时的注意事项

1）油箱容积应足够大，这样既能满足散热要求，又能在液压系统停止和工作时容纳所有液压油，并保证一定液位高度。

2）箱体要有足够的强度和刚度。油箱一般用 2.5~8mm 的钢板焊接而成，尺寸大者要加焊加强筋。

3）泵的吸油管上应安装 100~200 目的网式过滤器，过滤器与箱底间的距离不应小于 20mm，过滤器不允许露出油面，防止泵卷吸空气产生噪声。系统的回油管要插入油面以下，防止回油冲溅产生气泡。

4）吸油管与回油管应隔开，二者间的距离尽量远些，应当用几块隔板隔开，以增加油液的循环距离，使油液中的污物和气泡充分沉淀或析出。隔板高度一般取油面高度的 3/4。

5）防污密封。为防止油液污染，盖板及窗口各连接处均需加密封垫，各油管通过的孔都要加密封圈。

6）油箱底部应有坡度，箱底与地面间应有一定距离，箱底最低处要设置放油塞。

7）油箱内壁表面要做专门处理。为防止油箱内壁涂层脱落，新油箱内壁要经喷丸、酸洗和表面清洗，然后可涂一层与工作液相容的塑料薄膜或耐油清漆。

五、油箱清洗操作规范

1）油箱底部加盛油容器，打开放油阀，将箱内的液压油全部放出。

2）把液压系统和油箱之间的管路从油箱的接口处拆开，放出管路内的油液，拆下过滤器。

3）用低颗粒脱落的长纤维织物蘸清洁的煤油清洗油箱中的油泥、锈、油漆剥落片等，对油箱内残油与杂质要用海绵吸干净或医用纱布擦净，不可用棉纱或棉质纤维布类。必要时用干净液压油浸泡过的面粉团将油箱边角处铁屑等杂质清除。

4）清洗吸油过滤器及滤筒，必要时更换回油过滤器与压力过滤器的滤芯。

5）用低颗粒脱落的长纤维织物蘸清洁的煤油，清洗各处连接螺纹的油口，并用压缩空气吹干，及时用清洁的螺塞封堵各油口。

6）按顺序安装油箱盖板、过滤器及连接液压管路，注意保证油箱密封性。

7）用高精度（5μm）滤油机为油箱加注液压油，如果是旧液压油必须经过检测，确定其不变质方可加注，否则加注新液压油。

8）加油完毕后，将空气过滤器顶盖盖好并锁紧。

2.4.2 过滤器

一、过滤器的作用与基本要求

在液压系统中，由于清洗不干净、外界污染、元件磨损等原因，工作介质中难免含有各种杂质，这些杂质可能会使液压元件中的节流孔或缝隙堵塞，或使液压元件表面划伤、工作介质变质。为了保证液压系统的正常工作，提高元件的寿命，液压系统中必须使用过滤器。过滤器的作用是净化油液中的杂质，控制油液的污染。图 2-60 所示为过滤器的图形符号。

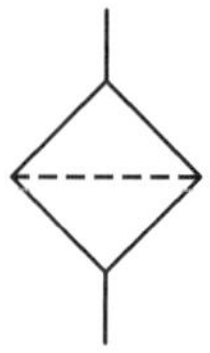

对过滤器的基本要求是：

1）能满足液压系统对过滤精度的要求，即能阻挡一定尺寸的杂质进入系统。过滤精度是指过滤器能够过滤污垢颗粒直径 d 的大小。粒度越小，精度越高。过滤器按照过滤精度可分为粗过滤器（$d \geqslant 100\mu m$）、普通过滤器（$d = 10 \sim 100\mu m$）、精过滤器（$d = 5 \sim 10\mu m$）和特精过滤器（$d = 1 \sim 5\mu m$）。

图 2-60 过滤器图形符号

2）滤芯应有足够强度，不会因压力而损坏。

3）通流能力大，压力损失小。

4）易于清洗或更换滤芯。

二、过滤器的类型与特点

按滤芯的材料和结构形式，过滤器可分为网式过滤器、线隙式过滤器、纸质滤芯式过滤器、烧结式过滤器及磁性过滤器等。按过滤器安放的位置不同，还可以分为吸滤器、压滤器和回油过滤器，考虑到泵的自吸性能，吸油过滤器多为粗过滤器。

1. 网式过滤器

网式过滤器的滤芯以铜网（过滤作用由几何面实现）为过滤材料，其结构是在周围开有很多孔的塑料或金属筒形骨架上，包裹一层或两层铜丝网，其过滤精度取决于铜网层数和网孔的大小。滤芯表面与液压介质接触，把杂质颗粒阻留在其表面上。这种过滤器结构简单，通流能力大，清洗方便，但过滤精度低，属于粗过滤器，一般用于液压泵的吸油口和回油粗过滤中。

2. 线隙式过滤器

线隙式过滤器是用钢线或铝线密绕在筒形骨架的外部来组成滤芯，依靠线间的微小间隙滤除混入液体中的杂质，其结构如图 2-61 所示。其特点是结构简单、通流能力大、过滤精度比网式过滤器高，但不易清洗。线隙式过滤器多为回油过滤器。

3. 纸质滤芯式过滤器

纸质过滤器的滤芯为微孔滤纸制成的纸芯（滤芯为多孔可透性材料），将纸芯围绕在带孔的镀锡铁做成的骨架上，以增大强度，其结构如图 2-62 所示。为增加过滤面积，纸芯一般做成折叠形。其过滤精度较高，一般用于油液的精过滤，但堵塞后无法清洗，需经常更换滤芯。

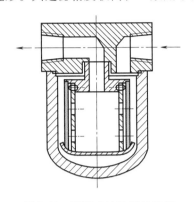 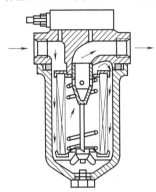

图 2-61 线隙式过滤器的结构　　　　　　图 2-62 纸质滤芯式过滤器的结构

4. 烧结式过滤器

烧结式过滤器的滤芯用金属粉末烧结而成，利用颗粒间的微孔来挡住油液中的杂质通过，其结构如图 2-63 所示。其滤芯能承受高压，耐蚀性好，过滤精度高，适用于要求精过滤的高压、高温液压系统。

三、过滤器的选型原则

1. 进出口通径

原则上过滤器的进出口通径不应小于相配套的泵的进口通径，一般与进口管路口径一致。

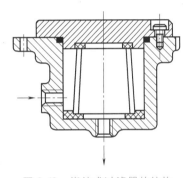

图 2-63 烧结式过滤器的结构

2. 公称压力

按照过滤管路可能出现的最高压力确定过滤器的压力等级。

3. 孔目数的选择

主要考虑需拦截的杂质粒径，依据介质流程工艺要求而定。各种规格的丝网可拦截杂质的粒径可通过查相关手册得到。

四、过滤器的安装

1. 泵入口的吸油粗过滤器

粗过滤器用来保护泵，使其不致吸入较大的机械杂质。为了不影响泵的吸油性能，防止发生气穴现象，过滤器的过滤能力应为泵流量的两倍以上，压力损失不得超过 0.035MPa。

2. 泵出口油路上的高压过滤器

主要用来滤除进入液压系统的污染杂质，一般采用过滤精度 $10\sim15\mu m$ 的过滤器。它应能承受油路上的工作压力和冲击压力，其压力损失应小于 0.35MPa，并应有安全阀或堵塞状态发信装置，以防泵过载和滤芯损坏。

3. 系统回油路上的低压过滤器

因回油路压力很低，可采用滤芯强度不高的精过滤器，并允许过滤器有较大的压力损失。

4. 安装在系统以外的旁路过滤系统

大型液压系统可专设一液压泵和过滤器构成的滤油子系统，滤除油液中的杂质，以保护主系统。

五、过滤器的维护保养

1. 粗过滤器

1）过滤器的核心部位是过滤器芯件，过滤芯由过滤器框和不锈钢钢丝网组成，不锈钢钢丝网属易损件，需特别保护。

2）当过滤器工作一段时间后，滤芯内沉淀了一定的杂质，这时压力损失增大，流速会下降，应及时清除滤芯内的杂质。

3）清洗杂质时，要特别注意滤芯上的不锈钢钢丝网不能变形或损坏，否则，过滤后介质的纯度达不到设计要求，压缩机、泵、仪表等设备会遭到破坏。

4）如发现不锈钢钢丝网变形或损坏，需马上更换。

2. 精过滤器

1）精过滤器的核心部位是滤芯，滤芯由特殊的材料组成，属易损件，需特别保护。

2）当精过滤器工作一段时间后，滤芯拦截了一定量的杂质，这时压力损失增大，流速会下降，应及时清除过滤器内的杂质，同时要清洗滤芯。

3）在清除杂质时，要特别注意滤芯不得变形或损坏，否则，过滤后介质的纯度达不到设计要求。

4）某些滤芯不能多次反复使用，如袋式滤芯、聚丙烯滤芯等。

5）如发现滤芯变形或损坏，须马上更换。

2.4.3 蓄能器

一、蓄能器的功用

蓄能器在液压系统中是储存和释放液压能的元件。它的主要作用如下。

1. 作辅助能源

如果液压系统是间歇运行或者一个工作循环内速度（流量）差别很大时，会对液压泵供油量的要求差别很大。因此在这样的液压系统中加装蓄能器，作为辅助动力源。当液压系统需要流量较小时，液压泵多余的液压油进入蓄能器，进行蓄能；当液压系统需要的流量较大时，蓄能器快速释放储存的液压油，和液压泵同时为系统供油。另外，在有些场合，蓄能器可作为应急动力源短期使用。

2. 保压和补偿泄漏

如果执行元件需要长时间保压，采用蓄能器来补偿泄漏，保持压力在一定范围内。

3. 吸收压力脉动、缓和冲击

液压泵的压力脉动导致液压系统也产生压力脉动，进而影响液压元件工作平稳性。如果将蓄能器安装在液压泵出口处，蓄能器会吸收压力脉动，将脉动降低到允许范围；对于换向阀突然换向、液压泵或者执行元件突然停止时，会使液流速度和方向发生急剧变化，产生液压冲击，如果在控制阀或者冲击源前安装蓄能器，可以吸收和缓和这种冲击。

4. 补油

可用蓄能器补充由于泄漏、降温或油液体积变化引起的油液损失。

二、蓄能器的类型和结构

蓄能器主要有重力式、弹簧式和充气式三种类型，目前最常用的是充气式蓄能器，它可分为活塞式、囊式和隔膜式三种。

充气式蓄能器利用气体的压缩和膨胀来储存和释放能量，为保证安全，所充气体一般为惰性气体或氮气。常用的充气式蓄能器有活塞式和气囊式两种。

1. 活塞式蓄能器

图 2-64a 所示为活塞式蓄能器结构图，利用活塞 1 将壳体中液压油和气体隔开，活塞上装有密封圈，活塞的凹部面向气体，气体通过充气阀 3 充入。压力油从 a 口进入，推动活塞 1，压缩活塞上腔的气体而储存能量；当系统压力低于蓄能器内压力时，气体推动活塞，释放压力油，满足系统需要。这种蓄能器具有结构简单、工作可靠、维修方便等特点，但由于缸体的加工精度要求较高，活塞密封易磨损，活塞的惯性及摩擦力的影响，使之存在造价高、易泄漏、反应灵敏程度差等缺陷。

2. 囊式蓄能器

图 2-64b 所示为囊式蓄能器结构图，由图可知，气囊 5 安装在壳体 6 内，充气阀 7 为气囊充入氮气，液压油从入口顶开限位阀 4 进入蓄能器压缩气囊，气囊内的气体被压缩而储存能量；当系统压力低于蓄能器压力时，气囊膨胀，液压油输出，蓄能器释放能量。限位阀的作用是防止气囊膨胀时从蓄能器油口处凸出而损坏。这种蓄能器的特点是气体与油液完全隔开，气囊惯性小、反应灵敏、结构尺寸小、重量轻、安装方便，是目前应用最为广泛的蓄能器之一。图 2-64c 所示为蓄能器的图形符号。

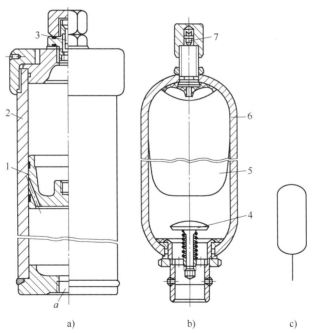

a)　　　　　　　　　b)　　　　　　　　　c)

图 2-64　充气式蓄能器

a）活塞式蓄能器　b）囊式蓄能器　c）图形符号

1—活塞　2、6—壳体　3、7—充气阀　4—限位阀　5—气囊

三、蓄能器的选择、安装和使用

1. 蓄能器的选择

选择蓄能器时，首先应考虑工作压力及耐压要求、公称容积及允许的充液量或气体腔容

积、允许的工作介质及介质温度；其次还要考虑蓄能器的重量、体积、价格、质量、寿命和维修方便性等。

2. 蓄能器的安装

1）蓄能器安装位置应便于检查、维修，并远离热源。蓄能器必须牢固地固定在托架上，防止蓄能器从固定位置脱开而发生事故。

2）囊式蓄能器应当垂直安装，倾斜安装或水平安装会使蓄能器的气囊与壳体磨损，影响蓄能器的使用寿命。

3）吸收压力脉动或冲击的蓄能器应该安装在振源附近。

4）安装在管路中的蓄能器必须用支架或挡板固定，以承受因蓄能器蓄能或释放能量时所产生的动量反作用力。

5）蓄能器与管道之间应安装截止阀，以用于充气或检修。蓄能器与液压泵间应安装单向阀，以防止停泵时液压油倒流。

3. 蓄能器的使用

不能在蓄能器上进行焊接、铆焊及机械加工。蓄能器充氮气，绝对禁止给蓄能器充氧气，以免引起爆炸。不能在充油的情况下拆卸蓄能器。

2.4.4 管件

液压元件需要用油管和管接头连接起来，才能构成一个完整的液压系统。油管的性能、管接头的结构对液压系统的工作状态有直接的影响。在此介绍常用的液压油管及管接头的结构，供设计液压装置选用连接件时参考。

一、油管种类及材料

在液压系统中，所使用的油管种类较多，有钢管、铜管、尼龙管、塑料管、橡胶软管等，在选用时要考虑液压系统压力的高低、液压元件安装的位置、液压设备工作的环境等因素。

1. 钢管

钢管分为无缝钢管和焊接钢管两类。前者一般用于高压系统，后者用于中低压系统。钢管的特点是承压能力强，价格低廉，强度高、刚度好，但装配和弯曲较困难。目前在各种液压设备中，钢管应用最为广泛。

2. 铜管

铜管分为黄铜管和纯铜管两类，多用纯铜管。铜管局有装配方便、易弯曲等优点，但也有强度低、抗振能力差、材料价格高、易使液压油氧化等缺点，一般用于液压装置内部难装配的地方或压力在 0.5~10MPa 的中低压系统，如仪表和控制装置的小直径油管。

3. 尼龙管

尼龙管是一种乳白色半透明的管材，承压能力为 2.5~8MPa。尼龙管具有价格低廉、弯曲方便等特点，但寿命较短，多用于低压系统替代铜管使用。

4. 塑料管

塑料管价格低，安装方便，但承压能力低，一般不超过 0.5MPa，易老化，目前只用于泄漏管和回油路使用。

5. 橡胶软管

橡胶软管一般用于有相对运动的部件间的连接。它装配方便，能够吸收液压冲击和振动。缺点是制造困难，成本高，寿命短，刚性差。这种油管有高压和低压两种，高压软管是一层或多层钢丝编织层为骨架或钢丝缠绕层为骨架的耐油橡胶管，钢丝层越多，油管耐压能力越高，可用于压力回路，最高工作压力可达40MPa。低压软管是以麻线或棉线纺织层为骨架的耐油橡胶管，多用于压力较低的回路。

二、管接头

在液压系统中，对于外径大于50mm的管路一般采用法兰连接方式，对于小直径的管路普遍采用管接头连接方式。管接头是连接油管与液压元件或阀板的可拆卸连接件。

管接头应满足拆装方便、密封性好、连接牢固、外形尺寸小、抗振动、压力损失小、工艺性好等要求。

按油管与管接头的连接方式不同可分为扩口式、焊接式、卡套式、扣压式和快换式等。

1. 扩口式管接头

图2-65所示为扩口式管接头，它利用油管管端的扩口受管套的压紧作用进行密封。这种管接头结构简单，适用于铜管、薄壁钢管、尼龙管和塑料管的连接，工作压力一般小于8MPa。

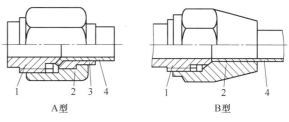

图2-65 扩口式管接头

1—接头体 2—螺母 3—管套 4—油管

2. 焊接式管接头

图2-66所示为焊接式管接头，主要由接头体4、螺母2和接管1组成，在接头体和接管之间用O形密封圈3密封。当接头体4拧入机体时，采用金属垫圈或组合垫圈5实现端面密封。接管与管路系统中的钢管用焊接连接。焊接式管接头连接牢固、密封可靠，缺点是装配时需焊接，因而必须采用厚壁钢管，且焊接工作量大。

3. 卡套式管接头

图2-67所示为卡套式管接头，它是利用弹性极好的卡套2卡住油管1而密封。卡套式管接头适用于冷拔无缝钢管，不适用于热轧钢管。卡套式管接头具有结构简单、性能良好、质量轻、体积小、使用方便、不用焊接、钢管轴向尺寸要求不严等优点，且抗振性能好，工作压力可达31.5MPa，是液压系统中较为理想的管路连接件。

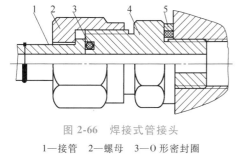

图2-66 焊接式管接头

1—接管 2—螺母 3—O形密封圈
4—接头体 5—组合垫圈

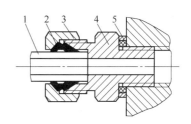

图2-67 卡套式管接头

1—油管 2—卡套 3—螺母
4—接头体 5—组合垫圈

4. 橡胶软管接头

橡胶软管接头有可拆式和扣压式两种，各有A、B、C三种形式，分别与焊接式、卡套式和扩口式管接头使用。

图 2-68 所示为扣压式管接头，这种管接头由外套和接头体组成。在胶管上剥去一段外层胶，将外套套在胶管上，再将接头体拧入，最后在专门胶管扣压设备上将外套进行挤压收缩，使外套变形后紧紧地与胶管和接头体连成一体，工作压力最高可达 40MPa。

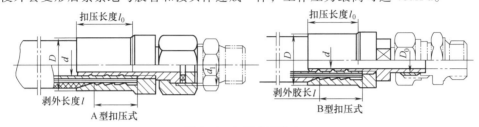

图 2-68 扣压式管接头

5. 快换接头

快换接头是一种不需要使用工具就能够实现管路迅速连通或断开的接头。

图 2-69 所示为两端开闭式快速接头的结构图。接头体 2、10 的内腔各有一个单向阀阀芯 4，当两个接头体分离时，单向阀阀芯 4 由弹簧 3 推动，使阀芯紧压在接头体的锥形孔上，关闭两端通路，使介质不能流出。当两个接头体连接时，两个单向阀阀芯 4 前端的顶杆相碰，迫使阀芯后退并压缩弹簧 3，使通路打开。两个接头体之间的连接，是利用接头体 2 上的 6 个（或 8 个）钢球落在接头体 10 上的 V 形槽内而实现的。工作时，钢珠由外套 6 压住而无法退出，外套由弹簧 7 顶住，保持在右端位置。

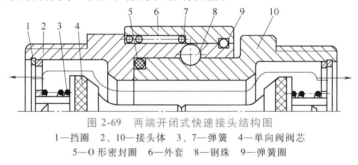

图 2-69 两端开闭式快速接头结构图
1—挡圈 2、10—接头体 3、7—弹簧 4—单向阀阀芯
5—O 形密封圈 6—外套 8—钢珠 9—弹簧圈

习 题

1. 液压泵的工作压力取决于什么？
2. 齿轮泵由哪些基本零部件组成？基本工作原理如何？
3. 叶片泵由哪些基本零部件组成？基本工作原理如何？
4. 柱塞泵由哪些基本零部件组成？基本工作原理如何？
5. 液压缸有哪些类型？各有什么特点？
6. 液压马达有哪些类型？基本工作原理如何？
7. 方向控制阀有哪些类型？基本工作原理如何？
8. 减压阀常见故障有哪些？如何处理？
9. 液压辅助元件有哪些？各具有什么功能？
10. 油箱设计时应注意什么问题？如何清理油箱？

第**3**章

液压基本回路及典型液压系统

⟩⟩ **章节概述**

　　机械设备的液压传动系统不管如何复杂，都是由一些液压基本回路组成的。本章重点介绍常见的液压基本回路，如压力控制回路、速度控制回路、方向控制回路和多缸工作回路。熟悉和掌握它们的组成、工作原理及其应用，是分析、设计和使用液压系统的基础。

⟩⟩ **章节目标**

　　掌握液压基本回路的工作原理、特点及应用；掌握典型液压系统的分析方法，能利用所学知识，设计出满足实际控制要求的液压系统。

⟩⟩ **章节导读**

　　1）液压基本回路。
　　2）组合机床动力滑台液压系统。

3.1　液压基本回路

　　基本回路是由有关的液压元件组成，用于实现液体压力、流量及方向等控制的典型回路。例如用来调节执行元件运动速度的调速回路，用来控制系统中液体压力的调压回路，用来改变执行元件运动方向的换向回路等。现代液压传动系统虽然越来越复杂，但仍然是由一些基本回路组成的。因此，掌握基本回路的构成、特点及作用原理，是设计及维护液压传动系统的基础。

　　液压回路的种类很多，按其在液压系统中的功能不同，一般可以分为四大类，即压力控制回路、速度控制回路、方向控制回路和多缸动作回路。

　　1）压力控制回路包括调压回路、减压回路、增压回路、保压回路、卸荷回路、平衡回路等。

　　2）速度控制回路包括调速回路、快速运动回路和速度换接回路等。

　　3）方向控制回路包括换向回路和锁紧回路。

　　4）多缸动作回路包括顺序动作回路、同步回路和互不干扰回路等。

3.1.1　方向控制回路

方向控制回路的作用是利用各种方向控制阀来控制液压系统中各油路油液的通、断及换向，实现执行元件的起动、停止或改变运动方向。常用的方向控制回路有换向回路和锁紧回路。

方向控制回路

一、换向回路

换向回路的作用是变换执行元件的运动方向。系统对换向回路的基本要求是换向可靠、灵敏、平稳、换向精度合适。执行元件的换向过程一般包括执行元件的制动、停留和起动三个阶段。

1. 采用换向阀的换向回路

采用普通二位或三位换向阀均可使执行元件换向，如图 3-1、图 3-2 所示。三位换向阀除了能使执行元件正反两个方向运动外，还有不同的中位滑阀机能，可使系统得到不同的性能。一般液压缸在换向过程中的制动和起动，由缸的缓冲装置来调节。换向过程中的停留时间的长短，取决于换向阀的切换时间，也可以通过电路来控制。

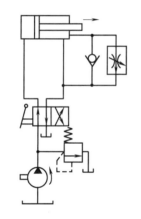

图 3-1　二位换向阀换向回路

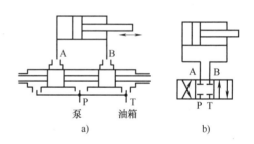

图 3-2　三位换向阀换向回路

2. 采用双向变量泵的换向回路

在闭式系统中，可采用双向变量泵控制液流的方向来实现执行元件的换向，如图 3-3 所示。

液压缸 5 的活塞向右运动时，其进油流量大于排油流量，双向变量泵 1 的吸油侧流量不足，辅助泵 2 通过单向阀 3 来补充；改变双向变量泵 1 的供油方向，活塞向左运动，排油流量大于进油流量，泵 1 吸油侧多余的油液通过由液压缸 5 进油侧压力控制的二位四通阀 4 和背压阀 6 排回油箱。溢流阀 8 限定补油压力，使泵吸油侧有一定的吸入压力。溢流阀 7 是防止系统过载的安全阀。这种回路适用压力较高、流量较大的场合。

二、锁紧回路

锁紧回路的功能是通过切断执行元件的进油、出油通道使它停在任意位置，并防止停止运动后因外界因素而发生窜动。使液压缸锁紧的最简单的方法是利用三位换向阀的 O 型或 M 型中位机能来封闭液压缸的两腔，使活塞在行程范围内任意位置停止。但由于滑阀的泄漏，不能长时间保持停止位置不动，所以锁紧精度不高，最常用的方法是采用液控单向阀作锁紧元件。

图 3-4 所示为用液控单向阀构成的锁紧回路。在液压缸的两油路上串接液控单向阀，它能在液压缸不工作时，使活塞在两个方向的任意位置上迅速、平稳、可靠且长时间地锁紧。其锁紧精度主要取决于液压缸的泄漏，而液控单向阀本身的密封性很好。两个液控单向阀做成一体时，称为双向液压锁。

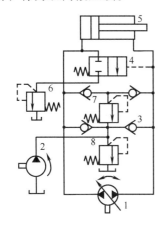

图 3-3　采用双向变量泵的换向回路

1—双向变量泵　2—辅助泵　3—单向阀　4—二位四通阀　5—液压缸　6—背压阀　7、8—溢流阀

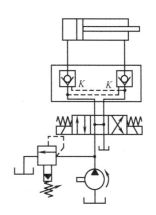

图 3-4　液控单向阀构成的锁紧回路

采用液控单向阀锁紧的回路，必须注意换向阀中位机能的选择。如图 3-4 所示，采用 H 型中位机能，换向阀中位时能使两控制油口 K 直接通油箱，液控单向阀立即关闭，活塞停止运动。如采用 O 型或 M 型中位机能，活塞运动途中换向阀中位时，由于液控单向阀控制腔的压力油被封住，液控单向阀不能立即关闭，直到控制腔的压力油卸压后，才能关闭，因而影响其锁紧的位置精度。

这种回路广泛应用于工程机械、起重运输机械等有较高锁紧要求的场合。

3.1.2　压力控制回路

压力控制回路是利用压力控制阀来控制系统中液体的压力，以满足执行元件对力或转矩的要求。这类回路包括调压、减压、卸荷、保压、平衡、增压等回路。

压力控制回路

一、调压回路

液压系统中的压力必须与载荷相适应，才能既满足工作要求又减少动力损耗。这就要通过调压回路实现。调压回路的作用是控制整个液压系统或系统局部的油液压力，使之保持恒定或限制其最高值。一般是由溢流阀来实现这一功能的。

1. 单级调压回路

在液压泵出口处并联溢流阀即可组成单级调压回路，如图 3-5 所示，这是液压系统中最为常见的回路。调速阀调节进入液压缸的流量，定量泵提供的多余油液经溢流阀流回油箱，溢流阀起溢流稳压作用，保持系统压力稳定，且不受负载变化的影响。调节溢流阀可调整系统的工作压力。当取消系统中的调速阀时，系统压力随液压缸所受负载而变，这时，溢流阀起安全阀作用，限定系统的最高工作压力，系统过载时，安全阀开启，定量泵出口的压力油经安全阀流回油箱。

2. 多级调压回路

图 3-6 所示为二级调压回路。先导式溢流阀 1 的外控口串接二位二通换向阀 2 和远程调压阀 3，构成二级调压回路。当两个压力阀的调定压力 $p_3<p_1$ 时，系统可通过换向阀的左位和右位分别获得 p_3 和 p_1 两种压力。

如果在溢流阀的外控口，通过多位换向阀的不同通油口，并联多个调压阀，即可构成多级调压回路。图 3-7 所示为三级调压回路。主溢流阀 1 的遥控口通过三位四通换向阀 4 分别接具有不同调定压力的远程调压阀 2 和 3，当换向阀左位时，压力由阀 2 调定；换向阀右位时，压力由阀 3 调定；换向阀中位

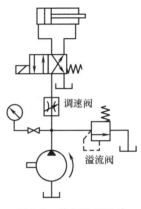

图 3-5　单级调压回路

时，由主溢流阀 1 调定系统的最高压力。调压阀的调定压力值必须小于主溢流阀 1 的调定压力值。

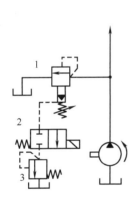

图 3-6　二级调压回路

1—先导式溢流阀　2—二位二通换向阀　3—远程调压阀

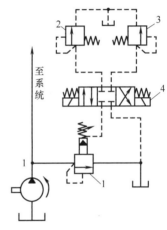

图 3-7　三级调压回路

1—主溢流阀　2、3—远程调压阀　4—三位四通换向阀

3. 无级调压回路

图 3-8 所示为无级调压回路，根据执行元件工作过程各个阶段的不同要求，可通过改变比例溢流阀的输入电流来实现无级调压，这种调压方式容易实现远距离控制和计算机控制，而且压力切换平稳。

二、卸荷回路

卸荷回路是在系统执行元件短时间不工作时，不频繁起停驱动泵的原动机，而使泵在很小的输出功率下运转的回路。所谓卸荷就是使液压泵在输出压力接近为零的状态下工作。因为泵的输出功率等于压力和流量的乘积，因此卸荷的方法有两种，一种是将泵的出口直接接回油箱，泵在零压或接近零压下工作；一种是使泵在零流量或接近零流量下工作。前者称为压力卸荷，后者称为流量卸荷。

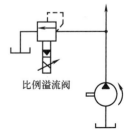

比例溢流阀

图 3-8　无级调压回路

流量卸荷仅适用于变量泵。

1. 利用换向阀中位机能的卸荷回路

定量泵利用三位换向阀的 M 型、H 型、K 型等中位机能，可构成卸荷回路。图 3-9a 所示为采用 M 型中位机能电磁换向阀的卸荷回路。当执行元件停止工作时，使换向阀处于中位，液压泵与油箱连通实现卸荷。这种卸荷回路的卸荷效果较好，一般用于液压泵流量小于 63L/min 的系统。但选用换向阀的规格应与泵的额定流量相适应。图 3-9b 所示为采用 M 型中位机能电液换向阀的卸荷回路。该回路中，在泵的出口处设置了一个单向阀，其作用是在泵卸荷时仍能提供一定的控制油压（0.5MPa 左右），以保证电液换向阀能够正常进行换向。

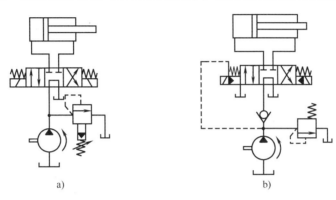

a)　　　　　　　　　　　b)

图 3-9　采用 M 型中位机能的卸荷回路

a）采用电磁换向阀的卸荷回路　b）采用电液换向阀的卸荷回路

2. 采用先导式溢流阀的卸荷回路

图 3-10 所示为采用先导式溢流阀的卸荷回路。图中，先导式溢流阀的外控口处接一个二位二通常闭型电磁换向阀。当电磁阀通电时，溢流阀的外控口与油箱相通，即先导式溢流阀主阀上腔直通油箱，液压泵输出的液压油将以很低的压力开启溢流阀的溢流口而流回油箱，实现卸荷，此时溢流阀处于全开状态。卸荷压力的高低取决于溢流阀主阀弹簧刚度的大小。通过换向阀的流量只是溢流阀控制油路中的流量，只需采用小流量阀来进行控制。因此当停止卸荷，使系统重新开始工作时不会产生压力冲击现象。这种卸荷方式适用于高压大流量系统。

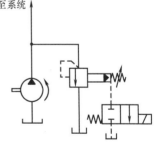

至系统

图 3-10　采用先导式溢流阀的卸荷回路

三、减压回路

减压回路的作用是使系统中的某一部分油路或某个执行元件获得比系统压力低的稳定压力，机床的工件夹紧、导轨润滑及液压系统的控制油路常需要减压回路。

图 3-11 所示为液压系统中的减压回路。最常见的减压回路是在所需低压的支路上串接定值减压阀，如图 3-11a 所示。回路中的单向阀 3 用于当主油路压力低于减压阀 2 的调定值时，防止液压缸 4 的压力受其干扰，起短时保压作用。

图 3-11b 所示为二级减压回路。在先导式减压阀 6 的遥控口上接入远程调压阀 8，当二位二通换向阀处于图示位置时，液压缸 7 的压力由先导式减压阀 6 的调定压力决定；当二位

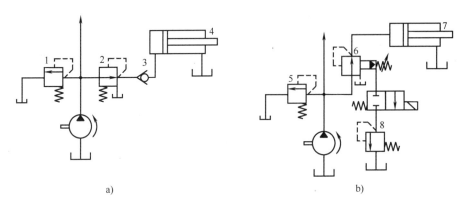

a)   b)

图 3-11　减压回路

1、5—溢流阀　2—减压阀　3—单向阀　4、7—液压缸　6—先导式减压阀　8—远程调压阀

二通换向阀处于右位时，液压缸 7 的压力由远程调压阀 8 的调定压力决定，阀 8 的调定压力必须低于阀 6。液压泵的最大工作压力由溢流阀 5 调定。

为了保证减压回路的工作可靠性，减压阀的最低调整压力不应小于 0.5MPa，最高调整压力至少比系统调整压力小 0.5MPa。由于减压阀工作时存在阀口的压力损失和泄漏口泄漏造成的容积损失，故这种回路不宜用在压力降或流量较大的场合。

必须指出的是，负载在减压阀出口处所产生的压力应不低于减压阀的调定压力，否则减压阀不可能起到减压、稳压作用。

四、增压回路

增压回路用来使系统中某一支路获得较系统压力高且流量不大的油液供应。利用增压回路，液压系统可以采用压力较低的液压泵，甚至压缩空气动力源来获得较高压力的液压油。增压回路中实现油液压力放大的主要元件是增压器，其增压比为增压器大小活塞的面积之比。

1. 单作用增压器的增压回路

图 3-12a 所示为单作用增压器的增压回路，它适用于单向作用力大、行程小、作业时间

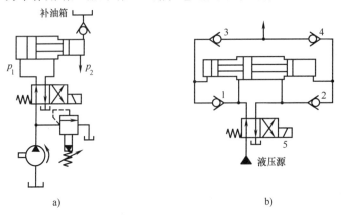

a)   b)

图 3-12　增压回路

a）单作用增压器的增压回路　b）双作用增压器的增压回路

1~4—单向阀　5—换向阀

短的场合，如制动器、离合器等。当压力为 p_1 的油液进入增压器的大活塞腔时，在小活塞腔即可得到压力为 p_2 的高压油液，增压的倍数等于增压器大小活塞的工作面积之比。当二位四通电磁换向阀右位接入系统时，增压器的活塞返回，补油箱中的油液经单向阀补入小活塞腔。这种回路只能间断增压。

2. 双作用增压器的增压回路

图 3-12b 所示为双作用增压器的增压回路，它能连续输出高压油，适用于增压行程要求较长的场合。泵输出的液压油经换向阀 5 左位和单向阀 1 进入增压器左端大、小活塞腔，右端大活塞腔的回油通油箱，右端小活塞腔增压后的高压油经单向阀 4 输出，此时单向阀 2、3 被关闭；当活塞移到右端时，换向阀 5 得电换向，活塞向左移动，左端小活塞腔输出的高压油经单向阀 3 输出。这样增压缸的活塞不断往复运动，两端便交替输出高压油，实现了连续增压。

五、保压回路

保压回路的功用是，在执行元件工作循环中的某一阶段，使系统在液压缸不动或仅有工件变形所产生的微小位移下稳定地保持工作压力，并保持一段时间。

1. 利用蓄能器的保压回路

图 3-13a 所示为采用蓄能器的保压回路。系统工作时，三位四通电磁换向阀 6 的左位通电，主换向阀左位接入系统，液压泵向蓄能器和液压缸左腔供油，并推动活塞右移，压紧工件后，进油路压力升高，升至压力继电器调定值时，压力继电器发出信号使二位二通电磁阀 3 通电，通过先导式溢流阀使泵卸荷，单向阀自动关闭，液压缸则由蓄能器保压。蓄能器的压力不足时，压力继电器复位使泵重新工作。保压时间的长短取决于蓄能器的容量，调节压力继电器的通断区间即可调节缸中压力的最大值和最小值。这种回路既能满足保压工作需要，又能节省功率、减少系统发热。

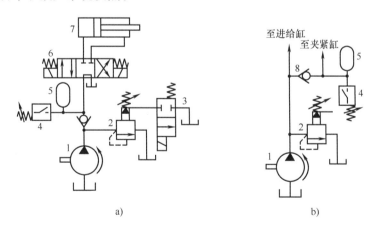

图 3-13　采用蓄能器的保压回路

a）采用蓄能器的保压回路　b）多缸系统一缸保压回路

1—液压泵　2—先导式溢流阀　3—二位二通电磁阀　4—压力继电器
5—蓄能器　6—三位四通电磁换向阀　7—液压缸　8—单向阀

图 3-13b 所示为多缸系统一缸保压回路。进给缸快进时，泵压下降，但单向阀 8 关闭，把夹紧油路和进给油路隔开。蓄能器 5 用来给夹紧缸保压并补充泄漏，压力继电器 4 的作用

是夹紧缸压力达到预定值时发出信号，使进给缸动作。

2. 利用液压泵的保压回路

图 3-14 所示为采用液压泵补油的保压回路。在回路中增设一台小流量高压补油泵 5，组成双泵供油系统。当液压缸加压完毕要求保压时，由压力继电器 4 发出信号，三位四通换向阀 2 处于中位，主泵 1 卸载，同时二位二通换向阀 8 处于左位，由小流量高压补油泵 5 向封闭的保压系统 *a* 点供油，维持系统压力稳定。由于高压补油泵只需补偿系统的泄漏量，可选用小流量泵，功率损失小。压力稳定性取决于溢流阀 7 的稳压精度。

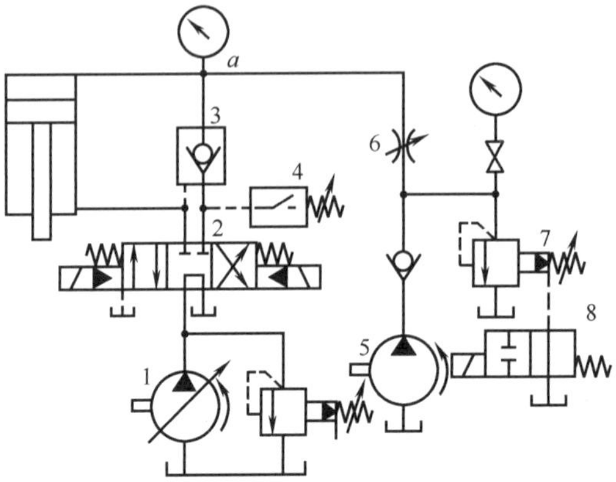

图 3-14 采用液压泵补油的保压回路

1—主泵 2—三位四通换向阀 3—液控单向阀

4—压力继电器 5—小流量高压补油泵

6—可调节流阀 7—溢流阀 8—二位二通换向阀

3. 利用液控单向阀的保压回路

图 3-15 所示为采用液控单向阀和电接触式压力表的自动补油式保压回路，当 1YA 通电时，换向阀右位接入回路，液压缸上腔压力升至电接触式压力表上触点调定的压力值时，上触点接通，1YA 断电，换向阀切换成中位，泵卸荷，液压缸由液控单向阀保压。当缸上腔压力下降至下触点调定的压力值时，压力表又发出信号，使 1YA 通电，换向阀右位接入回路，泵向液压缸上腔补油使压力上升，直至上触点调定值。这种回路用于保压精度要求不高的场合。

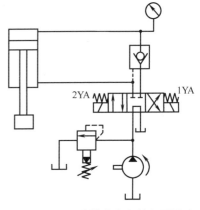

六、平衡回路

平衡回路的功能在于使执行元件的回油路上保持一定的背压值，以平衡重力负载，使之不会因自重而自行下落。

1. 采用单向顺序阀的平衡回路

图 3-15 采用液控单向阀的保压回路

图 3-16a 所示为采用单向顺序阀的平衡回路。调整顺序阀的开启压力，使液压缸向上的液压作用力稍大于垂直运动部件的重力，即可防止活塞部件因自重而下滑。活塞下行时，由于回油路上存在背压支承重力负载，因此运动平稳。当工作负载变小时，系统的功率损失将增大。由于顺序阀存在泄漏，液压缸不能长时间停留在某一位置上，活塞会缓慢下降。因此它只适用于工作部件重量不大，活塞锁住时定位要求不高的场合。

2. 采用液控顺序阀的平衡回路

图 3-16b 所示为采用液控顺序阀的平衡回路。当活塞下行时，控制压力油打开液控顺序阀，背压消失，回路效率较高。停止工作时，液控顺序阀关闭，以防止活塞和工作部件因自重下落。其优点是只有液压缸上腔进油时活塞才下行，比较安全可靠，但是活塞下行时平稳性较差，这种回路主要用于运动部件重量不大，停留时间较短的液压系统中。

必须指出，无论是平衡回路，还是背压回路，在回油管路上都存在背压力，故都需要提

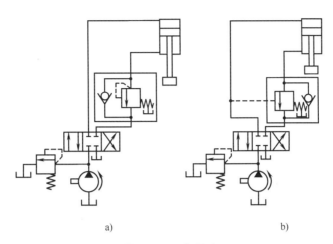

图 3-16 平衡回路

a）采用单向顺序阀的平衡回路 b）采用液控顺序阀的平衡回路

高供油压力。但这两种基本回路也有区别，主要表现在功用和背压力的大小上。背压回路主要用于提高进给系统的稳定性，提高加工精度，所具有的背压力不大。平衡回路通常是在立式液压缸情况下用以平衡运动部件的自重，以防下滑发生事故，其背压力应根据运动部件的重力而定。

3.1.3 速度控制回路

在液压传动系统中，速度控制回路包括调速回路、快速运动回路和速度换接回路等。

一、调速回路

调速是为了满足执行元件对工作速度的要求，因此是系统的核心问题。调速回路不仅对系统的工作性能起着决定性的影响，而且对其他基本回路的选择也起着决定性的作用，因此在液压系统中占有极其重要的地位。

调速回路

在液压传动系统中，执行元件主要是液压缸和液压马达。在不考虑液压油的压缩性和元件泄漏的情况下，液压缸的运动速度 v 取决于流入或流出液压缸的流量及相应的有效工作面积，即

$$v = \frac{q}{A} \tag{3-1}$$

式中 q——流入（或流出）液压缸的流量；

A——液压缸进油腔（或回油腔）的有效工作面积。

由式（3-1）可知，要调节液压缸的工作速度，可以改变输入执行元件的流量，也可以改变执行元件的有效工作面积。对于确定的液压缸来说，改变其有效工作面积是比较困难的，因此，通常改变液压缸的输入流量 q。

液压马达的转速 n_M 由进入液压马达的流量 q 和液压马达的排量 V_M 决定，即

$$n_M = \frac{q}{V_M} \tag{3-2}$$

由式（3-2）可知，改变输入液压马达的流量，或改变变量液压马达的排量 V_M 可以控制液压马达的转速。

为了改变进入执行元件的流量，可采用定量泵和溢流阀构成的恒压油源与流量控制阀的方法，也可以采用变量泵供油的方法。目前，调速回路主要有以下的三种调速方式：

1）节流调速。采用定量泵供油，通过改变流量控制阀通流面积的大小，来调节流入或流出执行元件的流量实现调速，多余的流量由溢流阀溢流回油箱。

2）容积调速。通过改变变量泵或改变变量液压马达的排量来实现调速。

3）容积节流调速。综合利用流量阀及变量泵来共同调节执行机构的速度。

（一）节流调速回路

节流调速回路是通过在液压回路上采用流量控制阀（节流阀或调速阀）来实现调速的一种回路，一般根据流量控制阀在回路中的位置不同分为进油节流调速、回油节流调速及旁路节流调速三种。

1. 进油节流调速回路

图 3-17 所示为进油节流调速回路。将节流阀串联在液压缸的进油路上，用定量泵供油，且在泵的出口处并联一个溢流阀。泵输出的油液一部分经节流阀进入液压缸的工作腔，推动活塞运动，多余的油液经溢流阀流回油箱。由于溢流阀处于溢流状态，因此泵的出口压力保持恒定。

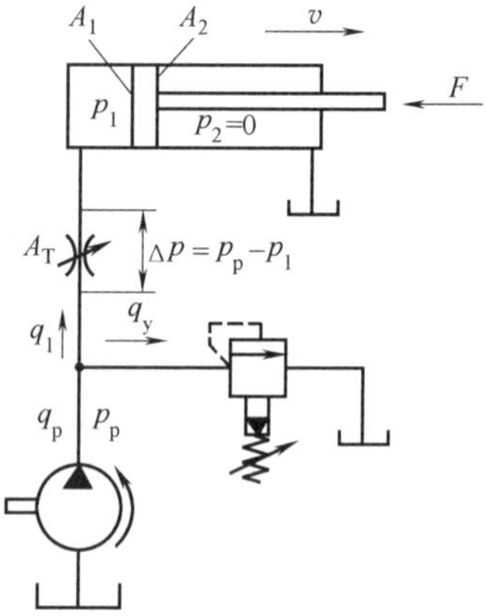

调节节流阀的通流面积，即可调节通过节流阀的流量，从而调节液压缸的工作速度。

（1）速度-负载特性　进油节流调速回路的工作原理如下：

1）液压缸要克服负载 F 而运动，其工作腔的油液必须具有一定的工作压力，即稳定工作时活塞的受力平衡方程为

$$p_1 A_1 = p_2 A_2 + F \qquad (3-3)$$

图 3-17　进油节流调速回路

式中　F——液压缸的负载；

A_1、A_2——液压缸无杆腔和有杆腔的有效面积；

p_1、p_2——液压缸进油腔、回油腔的压力。

当回油腔直接通油箱时，可设 $p_2 \approx 0$，故液压缸无杆腔压力为

$$p_1 = \frac{F}{A_1} \qquad (3-4)$$

这说明液压缸工作压力 p_1 取决于负载，随负载变化。

2）为了保证油液通过节流阀进入执行元件，节流阀上必须存在一个压差 Δp，即泵的出口压力 p_p 必须大于液压缸工作压力 p_1，即

$$p_p = p_1 + \Delta p$$

3）调节通过节流阀的流量 q_1，才能调节液压缸的工作速度。因此定量泵多余的油液 q_y 必须经溢流阀流回油箱。必须指出，溢流阀溢流是该回路能调速的必要条件。注意，如果溢流阀不能溢流，定量泵的流量 q_p 只能全部进入液压缸，而不能实现调速功能。根据连续性方程，有

$$q_p = q_1 + q_y = 常数$$

进入液压缸的流量 q_1 越小，液压缸的工作速度就越低，溢流量 q_y 也就越大。

4）溢流阀工作在溢流状态，因此泵的出口压力 p_p 保持恒定。

5）经节流阀进入液压缸的流量 q_1 为

$$q_1 = KA_T \Delta p^m = KA_T \left(p_p - \frac{F}{A_1} \right)^m \tag{3-5}$$

式中　A_T——节流阀的通流面积；

Δp——节流阀两端的压差，$\Delta p = p_p - p_1$；

K——节流阀的流量系数，对薄壁孔 $K = C_d \sqrt{2/\rho}$，对细长孔 $K = d_2/(32\mu L)$，其中，C_d 为流量系数；ρ、μ 分别为液体密度和动力黏度；d、L 为细长孔直径和长度；

m——节流指数，$0.5 < m < 1$，对薄壁孔 $m = 0.5$，对细长孔 $m = 1$。

调节节流阀通流面积 A_T，即可改变通过节流阀的流量 q_1，从而调节液压缸的工作速度。根据上述讨论，液压缸的运动速度为

$$v = \frac{q_1}{A_1} = \frac{KA_T}{A_1} \left(p_p - \frac{F}{A_1} \right)^m \tag{3-6}$$

式（3-6）称为进油节流调速回路的速度-负载特性方程。由此式可知，液压缸的工作速度是节流阀通流面积 A_T 和液压缸负载 F 的函数，当 A_T 不变时，活塞的运动速度 v 受负载 F 变化影响；液压缸的运动速度 v 与节流阀的通流面积 A_T 成正比，调节 A_T 就可调节液压缸的速度。这种回路调速范围比较大，最高速度比可达 100 左右。

6）速度-负载特性曲线。图 3-18 所示为进油节流调速回路的速度-负载特性曲线，它是根据进油节流调速回路在节流阀的不同开口情况绘制出来的。这组曲线表示液压缸运动速度随负载变化的规律，曲线越陡，说明负载变化对速度的影响越大，即速度刚度越差。从图中可以看出：当节流阀通流面积 A_T 一定时，负载 F 大的区域，曲线陡，速度刚度差，而负载 F 越小，曲线越平缓，速度刚度越好；在相同负载下工作时，A_T 越大，速度刚度越小，即速度高时速度刚度差；特性曲线交汇于横坐标轴上的一点，该点对应的 F 值为最大负载，这说明速度调节不会改变回路的最大承载能力 F_{max}。因最大负载时缸停止运动（$\Delta p = 0$，$v = 0$），由式（3-6）可知，该回路的最大承载能力为 $F_{max} = p_p A_1$。

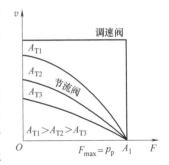

图 3-18　进油节流调速回路速度-负载特性曲线

进油节流调速回路的速度刚性为

$$k_v = -\frac{\partial F}{\partial v} = \frac{A_1^{1+m}}{mKA_T(p_p A_1 - F)^{m-1}} = \frac{p_p A_1 - F}{vm} \tag{3-7}$$

由式（3-7）可知，提高系统压力、增大液压缸工作面积均可提高速度刚度。由式（3-7）还可知，小负载、低速时，速度刚性大，速度稳定性好。

（2）功率特性　进油节流调速回路中，泵的供油压力 p_p 由溢流阀确定，所以液压泵的输出功率，即回路输入功率为一常值，即

$$P_p = p_p q_p \tag{3-8}$$

回路输出功率，即液压缸输出的有效功率为

$$P_1 = Fv = F\frac{q_1}{A_1} = p_1 q_1 \tag{3-9}$$

回路的功率损失 ΔP 为

$$\Delta P = P_\mathrm{p} - P_1 = p_\mathrm{p} q_\mathrm{p} - p_1 q_1 \tag{3-10}$$

$$= p_\mathrm{p}(q_1 + q_\mathrm{y}) - (p_\mathrm{p} - \Delta p) q_1 = p_\mathrm{p} q_\mathrm{y} + \Delta p q_1$$

这种调速回路的功率损失由溢流损失 $p_\mathrm{p} q_\mathrm{y}$ 和节流损失 $\Delta p q_1$ 两部分组成。溢流损失是在泵的输出压力 p_p 下，流量 q_y 流经溢流阀产生的功率损失，而节流损失是流量 q_1 在压差 Δp 下流经节流阀产生的功率损失。

回路效率为

$$\eta_\mathrm{C} = \frac{P_1}{P_\mathrm{p}} = \frac{Fv}{p_\mathrm{p} q_\mathrm{p}} = \frac{p_1 q_1}{p_\mathrm{p} q_\mathrm{p}} \tag{3-11}$$

由于回路中存在溢流损失和节流损失，所以回路效率比较低，特别是在低速、轻载场合，效率更低。为了提高效率，实际工作中应尽量使液压泵的流量 q_p 接近液压缸的流量 q_1。特别是当液压缸需要快速和慢速两种运动时，应采用双泵供油。

进油节流调速回路适用于轻载、低速、负载变化不大和对速度稳定性要求不高的小功率场合。

2. 回油节流调速回路

图 3-19 所示为回油节流调速回路，这种调速回路是将节流阀串接在液压缸的回油路上，定量泵的供油压力由溢流阀调定并基本上保持恒定不变。该回路的调节原理是：借助节流阀控制液压缸的回油量 q_2，实现速度的调节。有

$$\frac{q_1}{A_1} = v = \frac{q_2}{A_2} \text{ 或 } q_1 = \frac{A_1}{A_2} q_2 \tag{3-12}$$

由上式可知，用节流阀调节流出液压缸的流量 q_2，也就调节了流入液压缸的流量 q_1。定量泵多余的油液经溢流阀流回油箱。溢流阀处于溢流状态，泵的出口压力 p_p 保持恒定，且 $p_1 = p_\mathrm{p}$。

稳定工作时，活塞的受力平衡方程为

$$p_\mathrm{p} A_1 = p_2 A_2 + F \tag{3-13}$$

由于节流阀两端存在压差，因此在液压缸有杆腔中形成背压 p_2，由式（3-13）可知，负载 F 越小，背压 p_2 越大，当负载 $F = 0$ 时，背压为

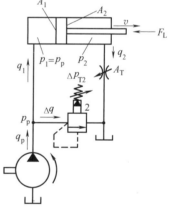

图 3-19 回油节流调速回路

$$p_2 = \frac{A_1}{A_2} p_\mathrm{p} \tag{3-14}$$

液压缸的运动速度，即速度-负载特性方程为

$$v = \frac{q_2}{A_2} = \frac{K A_\mathrm{T}}{A_2}\left(p_\mathrm{p}\frac{A_1}{A_2} - \frac{F}{A_2}\right)^m \tag{3-15}$$

式中　A_2——液压缸有杆腔的有效面积；

　　　q_2——通过节流阀的流量；

其他符号意义与前式相同。

比较式（3-6）和式（3-15）可以发现，回油节流阀调速与进油节流阀调速的速度-负载特性基本相同，若缸两腔有效面积相同，则两种节流阀调速回路的速度-负载特性就完全一样了。因此，前面对进油节流阀调速回路的分析和结论都适用于本回路。

进油节流调速回路与回油节流调速回路虽然流量特性与功率特性基本相同，但也在某些方面有不同之处，主要有以下几点：

1）承受负值负载的能力不同。回油节流调速回路的节流阀使液压缸的回油腔形成一定的背压（$p_2 \neq 0$），因而能承受负值负载（负值负载是与活塞运动方向相同的负载），并提高了液压缸的速度平稳性。而进油节流调速回路则要在回油路上设置背压阀后，才能承受负值负载，但是需要提高调定压力，功率损失大。

2）实现压力控制的难易程度不同。进油节流调速回路容易实现压力控制。当工作部件在行程终点碰到固定挡铁后，缸的进油腔压力会上升到等于泵的供油压力，利用这个压力变化，可使并联于此处的压力继电器发出信号，实现对系统的动作控制。回油节流调速时，液压缸进油腔压力没有变化，难以实现压力控制。虽然工作部件碰到固定挡铁后，缸的回油腔压力下降为零，可利用这个变化值使压力继电器失压复位，对系统的下步动作实现控制，但可靠性差，一般不采用。

3）调速性能不同。若回路使用单杆缸，无杆腔进油流量大于有杆腔回油流量。故在缸径、缸速相同的情况下，进油节流调速回路的节流阀开口较大，低速时不易堵塞。因此，进油节流调速回路能获得更低的稳定速度。

4）停车后的起动性能不同。长期停车后液压缸内的油液会流回油箱，当液压泵重新向缸供油时，在回油节流阀调速回路中，由于进油路上没有节流阀控制流量，活塞会出现前冲现象；而在进油节流阀调速回路中，活塞前冲很小，甚至没有前冲。

为了提高回路的综合性能，常采用进油节流阀调速，并在回油路上加背压阀，使其兼有二者的优点。

3. 旁路节流调速回路

图3-20a所示为旁路节流调速回路，这种回路把节流阀接在与执行元件并联的旁油路上。定量泵输出的流量一部分通过节流阀溢回油箱，一部分进入液压缸，使活塞获得一定的运动速度。通过调节节流阀的通流面积 A_T，就可调节进入液压缸的流量，实现调速。溢流阀作安全阀用，正常工作时关闭，过载时才打开，其调定压力为最大工作压力的1.1～1.2倍。在工作过程中，定量泵的压力随负载而变化。设泵的理论流量为 q_t，泵的泄漏系数为 k_1，其他符号意义同前，则缸的运动速度为

$$v = \frac{q_1}{A_1} = \frac{q_t - k_1 \dfrac{F}{A_1} - K A_T \left(\dfrac{F}{A_1}\right)^m}{A_1} \tag{3-16}$$

按式（3-16）选取不同的 A_T 值可作出一组速度-负载特性曲线，如图3-20b所示。由曲线可知，当节流阀通流面积一定而负载增加时，速度下降较前两种回路更为严重，即特性很软，速度稳定性很差；在重载高速时，速度刚度较好，这与前两种回路恰好相反。其最大承载能力随节流口 A_T 的增加而减小，即旁路节流调速回路的低速承载能力很差，调速范围也小。

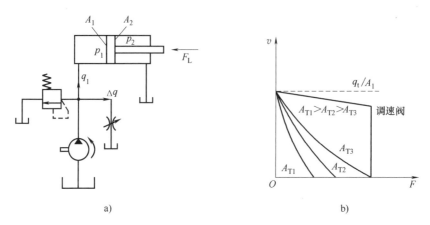

图 3-20　旁路节流调速

a）旁路节流调速回路　b）速度-负载特性曲线

旁路节流调速回路只有节流损失而无溢流损失；泵的压力随负载的变化而变化，节流损失和输入功率也随负载变化而变化。因此，旁路节流调速回路比前两种回路效率高。

由于旁路节流调速回路的速度-负载特性很软，低速承载能力差，故其应用比前两种回路少，只用于高速、重载、对速度平稳性要求不高的较大功率的系统，如牛头刨床主运动系统、输送机械液压系统等。

（二）容积调速回路

节流调速回路由于有节流损失和溢流损失，所以只适用于小功率系统。容积调速回路主要是利用改变变量泵的排量或改变变量马达的排量来实现调速的，其主要优点是没有节流损失和溢流损失，因而效率高，系统温升小，适用于大功率系统。

容积调速回路根据油液的循环方式有开式回路和闭式回路两种。在开式回路中，液压泵从油箱吸油，执行元件的回油直接回油箱，油液能得到较好的冷却，便于沉淀杂质和析出气体，但油箱体积大，空气和污染物侵入油液的机会增加，侵入后影响系统正常工作。在闭式回路中，执行元件的回油直接与泵的吸油腔相连，结构紧凑，只需较小的补油箱，空气和污染物不易混入回路，但油液的散热条件差，为了补偿回路中的泄漏并进行换油冷却，需附设补油泵。

容积调速回路按照动力元件与执行元件的不同组合可以分为变量泵和定量执行元件的容积调速回路，定量泵和变量马达的容积调速回路以及变量泵和变量马达的容积调速回路三种基本形式。

1. 变量泵和定量执行元件组成的容积调速回路

图 3-21 所示为变量泵和定量执行元件组成的容积调速回路。图 3-21a 所示为变量泵和液压缸组成的开式回路。图 3-21b 所示为变量泵和定量马达组成的闭式回路。显然，改变变量泵的排量即可调节液压缸的运动速度和液压马达的转速。两图中的溢流阀 2 均起安全阀作用，用于防止系统过载；单向阀 3 用来防止停机时油液倒流入油箱和空气进入系统。

这里重点讨论变量泵和定量马达容积调速回路。在图 3-21b 中，为了补偿变量泵 1 和定量马达 7 的泄漏，增加了补油泵 8。补油泵 8 将冷油送入回路，而从溢流阀 9 溢出回路中多余的热油，进入油箱冷却。补油泵的工作压力由溢流阀 9 来调节。补油泵的流量为主泵的

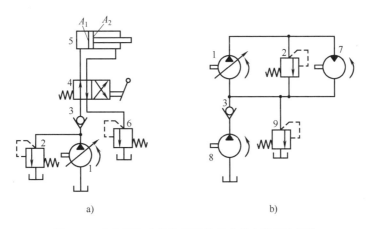

图 3-21　变量泵和定量执行元件组成的容积调速回路

a）变量泵和液压缸组成的开式回路　b）变量泵和定量马达组成的闭式回路
1—变量泵　2、9—溢流阀　3—单向阀　4—换向阀　5—液压缸
6—背压阀　7—定量马达　8—补油泵

10%～15%，工作压力为 0.5～1.4MPa。

（1）速度-负载特性　在图 3-21b 所示的回路中，引入泵和马达的泄漏系数，不考虑管道的泄漏和压力损失时，可得此回路的速度-负载特性方程为

$$n_M = \frac{q_p}{V_M} = \frac{V_p n_p - k_1 p_p}{V_M} = \frac{V_p n_p - k_1 \dfrac{2\pi T_M}{V_M}}{V_M} \tag{3-17}$$

相应的速度刚度为

$$k_v = -\frac{\partial T_M}{\partial n_M} = \frac{V_M^2}{2\pi k_1} \tag{3-18}$$

式中　k_1——泵和马达的泄漏系数之和；

n_p——变量泵的转速；

p_p——泵的工作压力，即液压马达的工作压力；

V_p、V_M——变量泵、定量马达的排量；

n_M、T_M——马达的输出转速、输出转矩。

此回路的速度-负载特性曲线如图 3-22a 所示。由图可见，由于变量泵、定量马达有泄漏，马达的输出转速 n_M 会随输出转矩 T_M 的加大而减小，即速度刚性要受负载变化的影响。负载增大到某值时，马达停止运动（见图 3-22a 中的 T_M'），表明这种回路在低速下的承载能力很差。所以在确定回路的最低速度时，应将这一速度排除在调速范围之外。

马达的排量是定值，因此改变泵的排量，即可改变泵的输出流量，马达的转速也随之改变。

（2）转速特性　在图 3-22b 中，若采用容积效率、机械效率表示液压泵和马达的损失和泄漏，则马达的输出转速 n_M 与变量泵排量 V_p 的关系为

$$n_M = \frac{q_p}{V_M} = \frac{V_p}{V_M} n_p \eta_{PV} \eta_{MV} \tag{3-19}$$

式中 η_{PV}、η_{MV}——泵、马达的容
积效率。

马达的排量是定值，因此改变
泵的排量，即可改变泵的输出流
量，马达的转速也随之改变。式
（3-19）也称为容积调速公式，
此式表明，或改变泵的排量 V_p，或
改变马达的排量 V_M，或既改变泵
的排量 V_p 又改变马达的排量 V_M 都
可以调节马达的输出转速 n_M。

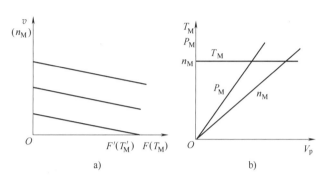

图 3-22　变量泵-定量马达调速回路特性
a) 速度-负载特性曲线　b) 调速回路特性曲线

（3）转矩特性　马达的输出转
矩 T_M 与马达排量 V_M 的关系为

$$T_M = \frac{\Delta p_M V_M}{2\pi} \eta_{Mm} \qquad (3\text{-}20)$$

式中 Δp_M——液压马达进出口的压差；

η_{Mm}——马达的机械效率。

式（3-20）表明，马达的输出转矩 T_M 与泵的排量 V_p 无关，不会因调速而发生变化。
若系统的负载转矩恒定，则回路的工作压力 p 恒定不变（即 Δp_M 不变），此时马达的输出转
矩 T_M 恒定，故此回路又称为等转矩调速回路。

（4）功率特性　马达的输出功率 P_M 与变量泵排量 V_p 的关系为

$$P_M = T_M 2\pi n_M = \Delta p_M V_M n_M \qquad (3\text{-}21)$$

或

$$P_M = \Delta p_M V_p n_p \eta_{PV} \eta_{MV} \eta_{Mm} \qquad (3\text{-}22)$$

式（3-21）和式（3-22）表明，马达的输出功率 P_M 与马达的转速成正比，即与泵的排
量 V_p 成正比。

上述的三个特性曲线如图 3-22b 所示。必须指出，由于泵和马达存在泄漏，所以当 V_p
还未调到零值时，n_M、T_M 和 P_M 已都为零值。这种回路调速范围大，可持续实现无级调速，
一般用于如机床上做直线运动的主运动（刨床、拉床等）。

2. 定量泵和变量马达组成的容积调速回路

图 3-23a 所示为定量泵和变量马
达组成的容积调速回路，在这种容
积调速回路中，泵的排量 V_p 和转速
n_p 均为常数，输出流量不变，补油
泵 4、安全阀 3、溢流阀 5 的作用同
变量泵-定量马达调速回路中的一样。
该回路通过改变变量马达的排量 V_M
来改变马达的输出转速 n_M。当负载
恒定时，回路的工作压力 p 和马达输
出功率 P_M 都恒定不变，而马达的输
出转矩 T_M 与马达的排量 V_M 成正比

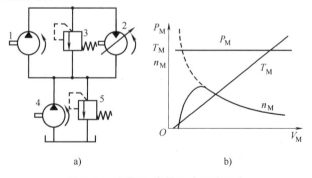

图 3-23　定量泵-变量马达调速回路
a) 定量泵-变量马达容积调速回路图　b) 调速回路特性曲线
1—定量泵　2—变量马达　3—安全阀　4—补油泵　5—溢流阀

变化，马达的转速 n_M 与其排量 V_M 成反比（按双曲线规律）变化，其调速特性如图 3-22b 所示。从图中可知，输出功率 P_M 不变，故此回路又称为恒功率调速回路。

当马达排量 V_M 减小到一定程度，输出转矩 T_M 不足以克服负载时，马达便停止转动，这样不仅不能在运转过程中使马达通过 $V_M = 0$ 点的方法来实现平稳的反向，而且其调速范围也很小，这种回路很少单独使用。

3. 变量泵和变量马达组成的容积调速回路

图 3-24a 所示为采用双向变量泵和双向变量马达的容积调速回路。改变双向变量泵 1 的供油方向，可使双向变量马达 2 正转或反转。回路左侧的两个单向阀 6 和 8 用于使补油泵 4 能双向补油，补油压力由溢流阀 5 调定。右侧两个单向阀 7 和 9 使安全阀 3 在双向变量马达 2 的正反两个方向都能起过载保护作用。

这种调速回路实际上是上述两种容积调速回路的组合。由于泵和马达的排量均可改变，故增大了调速范围，其调速回路特性曲线如图 3-24b 所示。在工程中，一般都要求执行元件在起动时有低转速和大的输出转矩，而在正常工作时都希望有较高的转速和较小的输出转矩。因此，这种回路在使用时，在低速段，将双向变量马达的排量调到最大，使双向变量马达能够获得最大的输出转矩，然后通过调节双向变量泵的输出流量来调节双向变量马达的转速。随着转速升高，双向变量马达的输出功率也随之增加。在此过程中，双向变量马达的转矩不变，这一段是变量泵和定量马达容积调速方式。在高速段，使双向变量泵处于最大排量状态，然后调节双向变量马达的排量来调节双向变量马达转速，随着双向变量马达转速的升高，输出转矩随之降低，双向变量马达的输出功率保持不变，这一段是定量泵和变量马达容积调速方式。

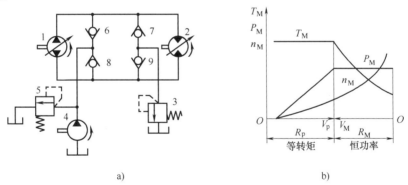

a)　　　　　　　　　　b)

图 3-24　变量泵-变量马达容积调速回路

a）变量泵-变量马达容积调速回路　b）调速回路特性曲线

1—双向变量泵　2—双向变量马达　3—安全阀　4—补油泵　5—溢流阀　6~9—单向阀

（三）容积节流调速回路

容积节流调速回路的工作原理是用压力补偿变量泵供油，用流量控制阀调定进入或流出液压缸的流量来调节液压缸的运动速度，并使变量泵的输出流量自动与液压缸所需流量相适应。这种调速回路，没有溢流损失，效率较高，速度稳定性也比单纯的容积调速回路好。常见的容积节流调速回路主要有以下两种。

1. 限压式变量泵和调速阀组成的容积节流调速回路

图 3-25a 所示为限压式变量泵和调速阀组成的容积调速回路。在这种回路中，由限压式

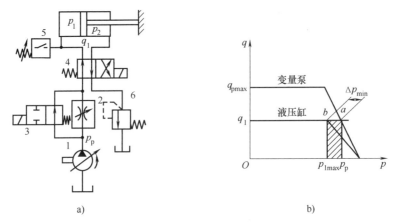

a)   b)

图 3-25　限压式变量泵与调速阀式联合调速回路

a）调速回路结构　b）特性曲线

1—变量泵　2—调速阀　3、4—换向阀　5—压力继电器　6—背压阀

变量泵 1 供油，为获得更低的稳定速度，一般将调速阀 2 安装在进油路中，回油路中装有背压阀 6。空载时泵以最大流量进入液压缸使其快进，进入工作进给（简称工进）时，电磁阀 3 通电使其所在油路断开，压力油经调速阀 2 流入缸内。工进结束后，压力继电器 5 发出信号，使阀 3 和阀 4 换向，调速阀被短接，液压缸快退，油液经背压阀 6 返回油箱，调速阀 2 也可放在回油路上，但对单杆缸，为获得更低的稳定速度，应放在进油路上。

当回路处于工进阶段时，液压缸的运动速度由调速阀中节流阀的通流面积 A_T 来控制。变量泵的输出流量 q_p 和供油压力 p_p 自动保持相应的恒定值。由于这种回路中泵的供油压力基本恒定，因此也称之为定压式容积节流调速回路。

图 3-25b 所示为回路的调速特性曲线。由图可见，限压式变量泵压力-流量特性曲线上的点 a 是泵的工作点，泵的供油压力为 p_p，流量为 q_1。调速阀在某一开度下的压力-流量特性曲线上的点 b 是调速阀（液压缸）的工作点，压力为 p_1，流量为 q_1。当改变调速阀的开口量，使调速阀压力-流量特性曲线上下移动时，回路的工作状态便相应改变。限压式变量泵的供油压力应调节为

$$p_p \geqslant p_1 + \Delta p_{\mathrm{Tmin}} \tag{3-23}$$

其中，Δp_{Tmin} 是保证调速阀正常工作的最小压差，一般应在 0.5MPa 左右。系统最大工作压力应为

$$p_{1\max} \leqslant p_p - \Delta p_{\mathrm{Tmin}} \tag{3-24}$$

一般地，限压式变量泵的压力-流量曲线在调定后是不会改变的，因此，当负载 F 变化，使 p_1 发生变化时，调速阀的自动调节作用使调速阀内节流阀上的压差 Δp 保持不变，流过此节流阀的流量 q_1 也不变，从而使泵的输出压力 p_p 和流量 q_p 也不变，回路就能保持在原工作状态下工作，速度稳定性好。

如果不考虑泵、缸和管路的损失，回路效率为

$$\eta = \frac{\left(p_1 - p_2 \dfrac{A_2}{A_1}\right) q_1}{p_p q_1} = \frac{p_1 - p_2 \left(\dfrac{A_2}{A_1}\right)}{p_p} \tag{3-25}$$

如果背压 $p_2 = 0$，则

$$\eta = \frac{p_1}{p_p} = \frac{p_p - \Delta p_T}{p_p} = 1 - \frac{\Delta p_T}{p_p} \tag{3-26}$$

从式（3-26）可知，如果负载较小时，p_1 减小，使调速阀的压差 Δp_T 增大，造成节流损失增大。低速时，泵的供油流量较小，而对应的供油压力很大，泄漏增加，回路效率严重下降。因此，这种回路不宜用在低速、变载且轻载的场合，适用于负载变化不大的中、小功率场合，如组合机床的进给系统等。

2. 差压式变量泵和节流阀组成的调速回路

图 3-26 所示为差压式变量泵和节流阀组成的调速回路。这种容积节流调速回路采用差压式变量泵 3 供油，用节流阀 5 控制进入液压缸 6 或从液压缸流出的流量。节流阀安装在进油路上调速回路，其中溢流阀 7 为背压阀，溢流阀 9 为安全阀。泵的配流盘上的吸排油窗口对称于垂直轴，变量机构由定子两侧的控制缸 1、2 组成，节流阀前的压力 p_p 反馈作用在控制缸 2 的有杆腔和控制柱塞上，节流阀后的压力 p_1 反馈作用在控制缸 2 的无杆腔，柱塞的直径与缸 2 的活塞杆直径相等，即节流阀两端压差作用在定子两侧的作用面积相等。定子的移动（即偏心量的调节）靠控制缸两腔的液压作用力之差与弹簧力 F_s 的平衡来实现。压差增大时，偏心量减小，供油量减小。压差一定时，供油量也一定。调节节流阀的开口量，即改变其两端压差，也改变了泵的偏心量，使其输油量与通过节流阀进入液压缸的流量相适应。阻尼孔 8 用以增加变量泵定子移动阻尼，改善动态特性，避免定子发生振荡。

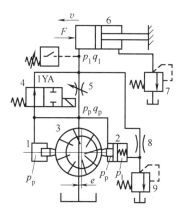

图 3-26　差压式变量泵和节流阀组成的调速回路

1、2—控制缸　3—变量泵　4—换向阀
5—节流阀　6—液压缸　7、9—溢
流阀　8—阻尼孔

系统在图示位置时，泵排出的油液经阀 4 进入缸 6，故 $p_p = p_1$，泵的定子两侧的液压作用力相等，定子仅受 F_s 的作用，从而使定子与转子间的偏心距 e 为最大，泵的流量最大，缸 6 实现快进。快进结束，1YA 通电，阀 4 关闭，泵的油液经节流阀 5 进入缸 6，故 $p_p > p_1$，定子右移，使 e 减小，泵的流量就自动减小至与节流阀 5 调定的开度相适应为止，液压缸 6 实现慢速工进。

设 A 为控制缸 2 活塞右端面积，A_1 为控制缸 1 柱塞和缸 2 活塞杆的面积，则作用在泵定子上的力平衡方程式为

$$p_p A_1 + p_p (A - A_1) = p_1 A + F_s \tag{3-27}$$

故得节流阀前后压差为

$$\Delta p_T = p_p - p_1 = \frac{F_s}{A} \tag{3-28}$$

由式（3-29）可知，节流阀的工作压差由作用在变量泵机构控制柱塞上的弹簧力 F_s 决定。由于弹簧刚度小，工作中伸缩量也很小（$\leqslant e$），F_s 基本恒定，则节流阀前后压差 Δp 基本上不随外负载而变化，所以通过节流阀进入液压缸的流量也近似等于常数。

当外负载 F 增大（或减小）时，缸 6 工作压力 p_1 就增大（或减小），则泵的工作压力 p_p 也相应增大（或减小）。故又称此回路为变压式容积节流调速回路。由于泵的供油压力随

负载而变化，回路中又只有节流损失，没有溢流损失，因而其效率比限压式变量泵和调速阀组成的调速回路要高。这种回路适用于负载变化大，速度较低的中、小功率场合，如某些组合机床进给系统。

（四）三种调速回路的比较

三种调速回路的主要性能比较见表 3-1。

表 3-1　调速回路主要性能比较

回路类型		节流调速回路				容积调速回路	容积节流调速回路	
		用节流阀调节		用调速阀调节			限压式	差压式
		进、回路	旁路	进、回路	旁路			
机械特性	速度稳定性	较差	差	好		较好	好	
	承载能力	较好	较差	好		较好	好	
调速特性(调速范围)		较大	小	较大		大	较大	
功率特性	效率	低	较高	低	较高	最高	较高	高
	发热	大	较小	大	较小	最小	较小	小
适用范围		小功率,轻载或低速的中、低压系统				大功率,重载高速的中、高压系统	中、小功率的中压系统	

二、快速运动回路

快速运动回路的功用在于使执行元件获得尽可能大的工作速度，以提高系统的工作效率。常见的快速运动回路有以下几种。

1. 液压缸差动连接的快速运动回路

如图 3-27 所示，当换向阀 5 处于图示位置，换向阀 3 处于左位时，液压缸有杆腔的回油和液压泵供给的油液合在一起进入液压缸无杆腔，形成差动连接，使活塞快速向右运动。这种回路结构简单，应用较多，但液压缸的速度加快有限，差动连接与非差动连接的速度之比为 $v_1'/v_1 = A_1/(A_1-A_2)$，有时仍不能满足快速运动的要求，常常需要和其他方式联合使用。在差动连接回路中，泵的流量和液压缸有杆腔排出的流量合在一起流过的阀和管路应按合成流量来选择其规格，否则压力损失过大，导致系统快速运动时，泵的供油压力升高。

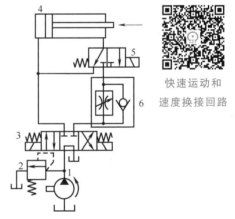

快速运动和
速度换接回路

图 3-27　液压缸差动连接快速运动回路
1—液压泵　2—溢流阀　3、5—换向阀
4—液压缸　6—单向节流阀

2. 采用蓄能器的快速运动回路

图 3-28 所示为采用蓄能器的快速运动回路。对某些间歇工作且停留时间较长的液压设备和某些工作速度存在快、慢两种速度的液压设备，如冶金设备、组合机床，常采用蓄能器和定量泵共同组成的油源。其中定量泵可选较小的流量规格，在系统不需要流量或工作速度很低时，泵的全部流量或大部分流量进入蓄能

器储存待用，在系统工作或要求快速运动时，由泵和蓄能器同时向系统供油。

3. 采用双泵供油系统的快速运动回路

图 3-29 所示为采用双泵供油系统的快速运动回路。低压大流量泵 1 和高压小流量泵 2 组成的双联泵向系统供油，外控顺序阀 3（卸荷阀）和溢流阀 5 分别设定双泵供油和高压小流量泵 2 供油时系统的工作压力。系统压力低于卸荷阀 3 的调定压力时，两个泵同时向系统供油，活塞快速向右运动；当系统压力达到或超过卸荷阀 3 的调定压力时，低压大流量泵 1 通过阀 3 卸荷，单向阀 4 自动关闭，只有高压小流量泵 2 向系统供油，活塞慢速向右运动。卸荷阀 3 的调定压力应高于快速运动时的系统压力，而低于慢速运动时的系统压力，至少比溢流阀 5 的调定压力低 10%~20%，低压大流量泵 1 卸荷减少了功率损耗，回路效率较高，常用于执行元件快进和工进速度相差较大的场合。

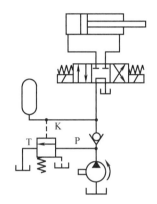

图 3-28 采用蓄能器的快速运动回路

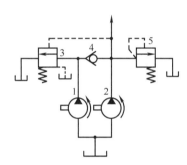

图 3-29 采用双泵供油的快速运动回路

1—低压大流量泵 2—高压小流量泵 3—外控
顺序阀 4—单向阀 5—溢流阀

三、速度换接回路

速度换接回路的功用是使液压执行元件在一个工作循环中，从一种运动速度换成另一种运动速度。有快速—慢速、慢速—慢速的换接，这种回路应该具有较高的换接平稳性和换接精度。

1. 快、慢速换接回路

图 3-30 所示为采用行程阀实现的速度换接回路。该回路可使执行元件完成"快进—工进—快退—停止"这一自动工作循环。在图示位置，电磁换向阀 2 处在右位，液压缸 7 快进。此时，溢流阀处于关闭状态。当活塞所连接的液压挡块压下行程阀 6 时，行程阀上位工作，液压缸右腔的油液只能经过节流阀 5 回油箱，构成回油节流调速回路，活塞运动速度转变为慢速工进，此时，溢流阀处于溢流恒压状态。当电磁换向阀 2 通电处于左位时，压力油经单向阀 4 进入液压缸右腔，液压缸左腔的油液直接流回油箱，活塞快速退回。这种回路的快速与慢速的换接过程比较平

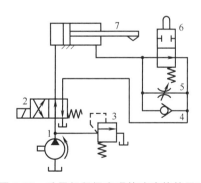

图 3-30 采用行程阀实现的速度换接回路

1—液压泵 2—电磁换向阀 3—溢流阀 4—单
向阀 5—节流阀 6—行程阀 7—液压缸

稳，换接点的位置比较准确。缺点是行程阀必须安装在装备上，管路连接较复杂。

若将行程阀改为电磁换向阀，则安装比较方便，除行程开关需装在机械设备上，其他液压元件可集中安装在液压站中，但速度换接时平稳性以及换向精度较差。

2. 两种慢速的换接回路

某些机床要求工作行程有两种进给速度，一般第一进给速度大于第二进给速度，为实现两次工作进给速度，常用两个调速阀串联或并联在油路中，用换向阀进行切换。

（1）两个调速阀并联式速度换接回路　图 3-31 所示为两个调速阀并联实现两种工作进给速度的换接回路。液压泵输出的压力油经三位电磁阀 4 左位、调速阀 1 和电磁阀 3 进入液压缸，液压缸得到由阀 1 所控制的第一种工作速度。当需要第二种工作速度时，电磁阀 3 通电切换，使调速阀 2 接入回路，压力油经阀 2 和阀 3 的右位进入液压缸，这时活塞就得到阀 2 所控制的工作速度。这种回路中，调速阀 1、2 各自独立调节流量，互不影响，一个工作时，另一个没有油液通过。没有工作的调速阀中的减压阀开口处于最大位置。阀 3 换向时，由于减压阀瞬时来不及响应，会使调速阀瞬时通过过大的流量，造成执行元件出现突然前冲的现象，速度换接不平稳。

（2）两个调速阀串联式速度换接回路　图 3-32 所示为调速阀串联的速度换接回路。在图示位置，压力油经电磁换向阀 4，调速阀 1 和电磁换向阀 3 进入液压缸，执行元件的运动速度由调速阀 1 控制。当电磁换向阀 3 通电切换时，调速阀 2 接入回路，由于阀 2 的开口量调得比阀 1 小，液压油经电磁换向阀 4、调速阀 1 和调速阀 2 进入液压缸，执行元件的运动速度由调速阀 2 控制。这种回路在调速阀 2 没起作用之前，调速阀 1 一直处于工作状态，在速度换接的瞬间，它可限制进入调速阀 2 的流量突然增加，所以速度换接比较平稳。但由于油液经过两个调速阀，因此能量损失比两调速阀并联时大。

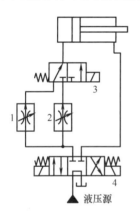

图 3-31　两个调速阀并联的速度换接回路
1、2—调速阀　3—电磁阀
4—三位电磁阀

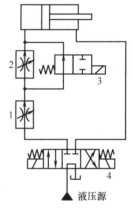

图 3-32　调速阀串联的速度换接回路
1、2—调速阀
3、4—电磁换向阀

3.1.4　多缸动作回路

当一个油源给多个执行元件供油时，各执行元件因回路中压力、流量的相互影响而在动作上受到牵制。可以通过压力、流量、行程控制来实现多执行元件预定动作的要求。多缸动作回路包括顺序动作回路、同步回路和互不干扰回路。

一、顺序动作回路

顺序动作回路的功用是保证各执行元件严格地按照给定的动作顺序运动，按控制方式可分为行程控制式、压力控制式和时间控制式三种。

1. 行程控制式顺序动作回路

（1）用行程阀的行程控制式顺序动作回路　如图 3-33 所示，在图示状态下，液压缸 1、2 的活塞均在右端。当推动手柄，使手动换向阀 3 左位工作，液压缸 1 左行，完成动作①；挡块压下行程阀 4 后，液压缸 2 左行，完成动作②；手动换向阀 3 复位后，液压缸 1 先复位，完成动作③；随着挡块后移，行程阀 4 复位后，液压缸 2 退回，实现动作④，完成一个工作循环。

（2）用行程开关的行程控制式顺序动作回路　如图 3-34 所示，当电磁阀 3 通电换向时，液压缸 1 左行完成动作①；液压缸 1 触动行程开关 S_1，使电磁阀 4 通电换向，控制液压缸 2 左行完成动作②；当液压缸 2 左行至触动行程开关 S_2，使电磁阀 3 断电时，液压缸 1 返回，实现动作③；液压缸 1 触动 S_3，使电磁阀 4 断电，液压缸 2 完成动作④；液压缸 2 触动行程开关 S_4，使泵卸荷或引起其他动作，完成一个工作循环。

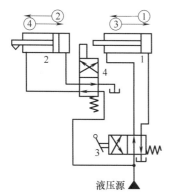

图 3-33　采用行程阀的行程控制式顺序动作回路
1、2—液压缸　3—手动换向阀
4—行程阀

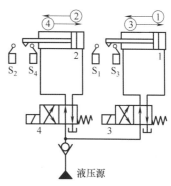

图 3-34　采用行程开关的行程控制式顺序动作回路
1、2—液压缸　3、4—电磁阀

2. 压力控制式顺序动作回路

（1）采用顺序阀的压力控制式顺序动作回路　图 3-35 所示为采用顺序阀的压力控制式顺序动作回路，图中液压缸 1 可看作夹紧液压缸，液压缸 2 可看作钻孔液压缸，它们按①→②→③→④的顺序动作。在当三位四通换向阀切换到左位工作、且顺序阀 4 的调定压力大于液压缸 1 的最大前进工作压力时，液压油先进入液压缸 1 的无杆腔，回油则经单向顺序阀 3 的单向阀、三位四通换向阀左位流回油箱，液压缸 1 向右运动，实现动作①（夹紧工件）。当工件夹紧后，液压缸 1 活塞不再运动，油液压力升高，打开顺序阀 4 进入液压缸 2 的无杆腔，回油直接流回油箱，液压缸 2 向右运动，实现

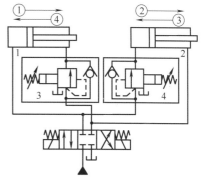

图 3-35　采用顺序阀的压力控制式
顺序动作回路
1、2—液压缸　3、4—顺序阀

动作②（进行钻孔）；三位四通换向阀切换到右位工作，且顺序阀 3 的调定压力大于液压缸 2 的最大返回工作压力时，两液压缸按③和④的顺序返回，完成退刀和松开夹具的动作。

这种顺序动作回路的可靠性主要取决于顺序阀的性能及其压力的调定值。为保证动作顺序可靠，顺序阀的调定压力应比先动作的液压缸的最高工作压力高出 0.8~1MPa，避免系统压力波动造成顺序阀误动作。

（2）采用压力继电器的压力控制式顺序动作回路　图 3-36 所示为采用压力继电器的顺序动作回路。当电磁铁 1YA 通电时，液压油进入液压缸 A 左腔，实现运动①。液压缸 A 的活塞运动到预定位置，碰上固定挡铁后，回路压力升高。压力继电器 1DP 发出信号，控制电磁铁 3YA 通电。此时液压油进入液压缸 B 左腔，实现运动②。液压缸 B 的活塞运动到预定位置时，控制电磁铁 3YA 断电，4YA 通电，液压油进入液压缸 B 的右腔，使缸 B 活塞向左退回，实现运动③。当它到达终点后，回路压力又升高，压力继电器 2DP 发出信号，使电磁铁 1YA 断电，2YA 通电，液压油进入液压缸 A 的右腔，推动活塞向左退回，实现运动④。如此，完成①→②→③→④的动作循环。当运动④到终点时，压下行程开关，使 2YA、4YA 断电，所有运动停止。在这种顺序动作回路中，为了防止压力继电器误发信号，压力开关的调整压

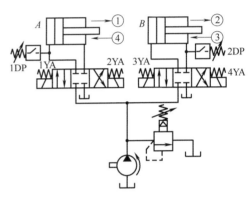

图 3-36　采用压力继电器的压力控制式顺序动作回路

力也应比先动作的液压缸的最高动作压力高 0.3~0.5MPa。为了避免压力开关失灵造成动作失误，往往采用压力开关配合行程开关构成"与门"控制电路，要求压力达到调定值，同时行程也到达终点才进入下一个顺序动作。表 3-2 列出了图 3-36 回路中各电磁铁顺序动作结果，其中"+"表示电磁铁通电；"-"表示电磁铁断电。

表 3-2　电磁铁动作顺序表

元件	1YA	2YA	3YA	4YA	1DP	2DP
①	+	-	-	-	-	-
②	+	-	+	-	+	-
③	+	-	-	+	-	-
④	-	+	-	+	-	+
复位	-	-	-	-	-	-

二、同步回路

同步回路的功用是使系统中多个执行元件，克服负载、摩擦阻力、泄漏、制造质量和结构变形上的差异，而保证在运动上的同步。同步运动分为速度同步和位置同步两类，速度同步是指各执行元件的运动速度相等，而位置同步是指各执行元件在运动中或停止时都保持相同的位移量。严格做到每瞬间速度同步，也就能保持位置同步。实际上，同步回路多数采用速度同步。

1. 用流量阀控制阀的同步回路

（1）用调速阀的同步回路 图 3-37 所示为采用并联调速阀的同步回路。
液压缸 5、6 并联，调速阀 1、3 分别串联在两液压缸的回油路上（也可安装
在进油路上）。两个调速阀分别调节两液压缸活塞的运动速度。由于调速阀
具有当外负载变化时仍然能够保持流量稳定这一特点，所以只要仔细调整两
个调速阀开口的大小，就能使两个液压缸保持同步。换向阀 7 处于右位时，
液压油可通过单向阀 2、4 使两液压缸的活塞快速退回。这种同步回路的优点
是结构简单，易于实现多缸同步，同步速度可以调整，而且调整好的速度不
会因负载变化而变化，但是这种同步回路只是单方向的速度同步，同步精度也不理想，效率
低，且调整比较麻烦。

多缸同
步回路

（2）用分流集流阀控制的同步回路 图 3-38 所示为采用分流集流阀控制的同步回路。
这种同步回路较好地解决了同步效果不能调整或不易调整的问题。图中，液压缸 1、2 的有
效工作面积相等。分流集流阀阀口的入口处有两个尺寸相同的固定阻尼 4 和 5，分流集流阀
的出口 a 和 b 分别接在两个液压缸的入口处，固定阻尼与油源连接，分流集流阀阀体内并联
了单向阀 6 和 7。阀口 a 和 b 是调节压力的可变节流口。

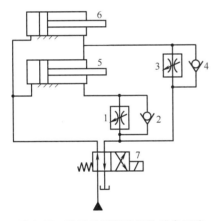

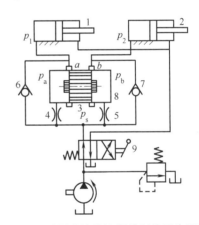

图 3-37 采用并联调速阀的同步回路

1、3—调速阀 2、4—单向阀

5、6—液压缸 7—换向阀

图 3-38 采用分流集流阀控制的同步回路

1、2—液压缸 3—阀芯 4、5—固定阻尼

6、7—单向阀 8—分流集流阀 9—换向阀

当换向阀 9 处于左位时，压力为 p_s 的液压油经过固定节流器阻尼，再经过分流集流阀
上的 a 和 b 两个可变节流口，进入液压缸 1 和 2 的无杆腔，两液压缸的活塞向右运动。当作
用在两缸的负载相等时，分流集流阀 8 的平衡阀芯 3 处于某一平衡位置不动，阀芯两端压力
相等，即 $p_a=p_b$，固定阻尼上的压差保持相等，进入液压缸 1 和 2 的流量相等，所以液压缸
1、2 以相同的速度向右运动。如果液压缸 1 上的负载增大，分流集流阀左端的压力 p_a 上升，
阀芯 3 右移，a 口加大，b 口减小，使压力 p_a 下降，p_b 上升，直到达到一个新的平衡位置
时，再次达到 $p_a=p_b$，阀芯不再运动，此时固定阻尼 4、5 上的压差保持相等，液压缸速度
仍然相等，保持速度同步。当换向阀 9 复位时，液压缸 1 和 2 活塞反向运动，回油经单向阀
6 和 7 排回油箱。

分流集流阀只能实现速度同步。若某缸先到达行程终点，则可经阀内节流孔窜油，使各

缸都能到达终点，从而消除积累误差。分流集流阀的同步回路简单、经济，纠偏能力大，同步精度可达 $1\% \sim 3\%$。但分流集流阀的压力损失大，效率低，不适用于低压系统，而且其流量范围较窄。当流量低于阀的公称流量过多时，分流精度显著降低。

2. 用同步缸和同步马达的容积式同步回路

容积式同步回路是将两相等容积的油液分配到尺寸相同的两执行元件，实现两执行元件的同步。这种回路允许较大偏载，由偏载造成的压差不影响流量的改变，而只有因油液压缩和泄漏造成的微量偏差。因而同步精度高，系统效率高。

图 3-39 所示为采用同步液压马达的同步回路。两个等排量的双向马达 4 同轴刚性连接作配流装置（分流器），它们输出相同流量的油液分别送入两个有效工作面积相同的液压缸中，实现两缸同步运动。图中，与马达并联的节流阀 5 用于修正同步误差。该回路常用于重载、大功率同步系统。

图 3-40 所示为采用同步缸的同步回路。同步缸 3 由两个尺寸相同的双杆缸连接而成，当同步缸的活塞左移时，油腔 a 与 b 中的油液使缸 1 与缸 2 同步上升。若缸 1 的活塞先到达终点，则油腔 a 的余油经单向阀 4 和安全阀 5 排回油箱，油腔 b 的油继续进入缸 2 下腔，使之到达终点。同理，若缸 2 的活塞先到达终点，也可使缸 1 的活塞相继到达终点。

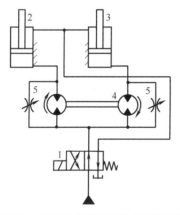
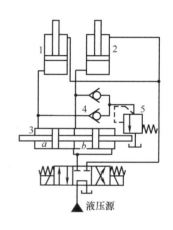

图 3-39　采用同步液压马达的同步回路
1—换向阀　2、3—液压缸
4—双向马达　5—节流阀

图 3-40　采用同步缸的同步回路
1、2—液压缸　3—同步缸
4—单向阀　5—安全阀

这种同步回路的同步精度取决于液压缸的加工精度和密封性，一般可达到 $1\% \sim 2\%$。由于同步缸一般不宜做得过大，所以这种回路仅适用于小容量的场合。

3. 采用串联液压缸的同步回路

如图 3-41 所示，液压缸 1 的有杆腔 A 的有效面积与缸 2 的无杆腔 B 的有效作用面积相等，因此从 A 腔排出的油液进入 B 腔后，两液压缸便同步下降。由于执行元件的制造误差、内泄漏以及气体混入等因素的影响，在多次行程后，将使同步失调累积为显著的位置差异。为此，回路中设有补偿措施，使同步误差在每一次下行运动中都得到消除。其补偿原理是：当三位四通换向阀 6 右位工作时，两液压缸活塞同时下行，若缸 1 活塞先下行到终点，将触动行程开关 S_1，使阀 5 的电磁铁 3YA 通电，阀 5 处于右位，液压油经阀 5 和液控单向阀 3 向液压缸 2 的 B 腔补油，推动缸 2 活塞继续下行到终点。反之，若缸 2 活塞先运动到终点，

则触动行程开关 S_2，使阀 4 的电磁铁 4YA 通电，阀 4 处于上位，控制液压油经阀 4，打开液控单向阀 3，缸 1 下腔油液经液控单向阀 3 及阀 5 回油箱，使缸 1 活塞继续下行至终点。这样两缸活塞位置上的误差即被消除。这种同步回路结构简单、效率高，但需要提高泵的供油压力，一般只适用于负载较小的液压系统中。

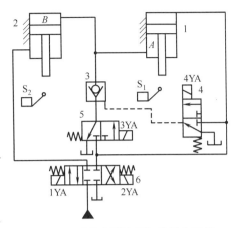

图 3-41 采用串联液压缸的同步回路

1、2—液压缸 3—液控单向阀 4、5—二位
三通换向阀 6—三位四通换向阀

4. 用电液比例调速阀或电液伺服阀的同步回路

如图 3-42 所示，回路中使用一个普通调速阀 1 和一个电液比例调速阀 2，它们各自装在由单向阀组成的桥式节流油路中，分别控制着液压缸 3、4 的运动，当两活塞出现位置误差时，检测装置就会发出信号，调节比例调速阀的开度，实现同步。

如图 3-43 所示，伺服阀 5 根据两个位移传感器 3 和 4 的反馈信号持续不断地控制其阀口的开度，使通过的流量与通过换向阀 2 阀口的流量相同，使两缸同步运动。此回路可使两缸活塞任何时候的位置误差都不超过 0.2mm，但因伺服阀必须通过与换向阀同样大的流量，因此规格尺寸大，价格贵。此回路适用于两缸相距较远而同步精度要求很高的场合。

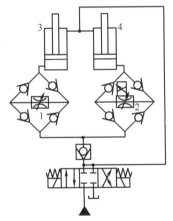

图 3-42 采用比例调速阀的同步回路

1—普通调速阀 2—电液比例调速阀 3、4—液压缸

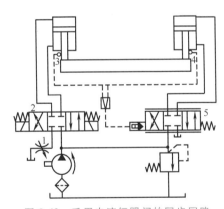

图 3-43 采用电液伺服阀的同步回路

1—节流阀 2—换向阀 3、4—位移传感器 5—伺服阀

五、多缸快慢速互不干扰回路

多缸快慢速互不干扰回路的功能是使系统中几个液压执行元件在完成各自工作循环时，不会因各自速度快慢不同而在动作上相互干扰。图 3-44 所示回路中，液压缸 11、12 分别要完成快速前进、工作进给和快速退回的自动工作循环。液压泵 1 为高压小流量泵，液压泵 2 为低压大流量泵，它们的压力分别由溢流阀 3 和 4 调节（调定压力 $p_{y3}>p_{y4}$）。开始工作时，电磁换向阀 9、10 的电磁铁 1YA、2YA 同时通电，泵 2 输出的压力油经单向阀 6、8 进入液压缸 11、12 的左腔，使两缸活塞快速向右运动。这时如果某一缸（例如缸 11）的活塞先到达要求位置，其挡铁压下行程阀 15，缸 11 右腔的工作压力上升，单向

阀6关闭，泵1提供的油液经调速阀5进入缸11，液压缸的运动速度下降，转换为工作进给，液压缸12仍可以继续快速前进。当两缸都转换为工作进给后，可使泵2卸荷（图中未表示卸荷方式），仅泵1向两缸供油。如果某一缸（例如缸11）先完成工作进给，其挡铁压下行程开关16，使电磁线圈1YA断电，此时泵2输出的油液可经单向阀6、电磁换向阀9和单向阀13进入缸11右腔，使活塞快速向左退回（双泵供油），缸12仍单独由泵1供油继续进行工作进给，不受缸11运动的影响。

在这个回路中，调速阀5、7调节的流量大于调速阀14、18调节的流量，这样两缸工作进给的速度分别

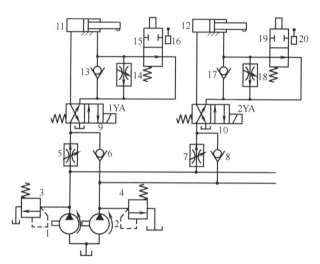

图 3-44 双泵供油的多缸快慢速互不干扰回路
1、2—液压泵 3、4—溢流阀 5、7、14、18—调速阀
6、8、13、17—单向阀 9、10—电磁换向阀 11、12—液压缸 15、19—行程阀 16、20—行程开关

由调速阀14、18决定。实际上，这种回路由于快速运动和慢速运动各由一个液压泵分别供油，所以能够达到两缸的快、慢运动互不干扰。

3.2 组合机床动力滑台液压系统

3.2.1 概述

组合机床是一种在制造领域中用途广泛的半自动专用机床，这种机床即可以单机使用，也可以多机配套组成加工自动线。组合机床由通用部件（如动力头、动力滑台、床身、立柱等）和专用部件（如专用动力箱、专用夹具等）两大类部件组成，有卧式、立式、倾斜式、多面组合式多种结构形式。卧式组合机床的结构如图3-45所示。组合机床具有加工精度较高、生产效率高、自动化程度高、设计制造周期短、制造成本低、通用部件能够被重复使用等诸多优点，被广泛应用于大批量生产的机械加工流水线或自动线中，如汽车零部件制造中的许多生产线。

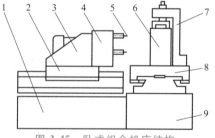

图 3-45 卧式组合机床结构
1—床身 2—动力滑台 3—动力头 4—主轴箱 5—刀具 6—工件
7—夹具 8—工作台 9—底座

组合机床的主运动由动力头或动力箱实现，进给运动由动力滑台的运动实现，动力滑台与动力头或动力箱配套使用，可以对工件完成钻孔、扩孔、铰孔、镗孔、铣平面、拉平面或圆弧、攻螺纹等孔和平面的多种机械加工工序。动力滑台按驱动方式不同分为液压滑台和机械滑台两种形式，它们各有优缺点，分别应用于

不同运动与控制要求的加工场合。由于动力滑台在驱动动力头进行机械加工的过程中有多种运动和负载变化要求，因此，控制动力滑台运动的机械或液压系统必须具备换向、速度换接、调速、压力控制、自动循环、功率自动匹配等多种功能。

3.2.2　液压动力滑台的工作原理

YT4543 型动力滑台是一种应用广泛的通用液压动力滑台，该滑台由液压缸驱动，在电气和机械装置的配合下可以实现多种自动加工工作循环。该动力滑台液压系统最高工作压力可达 6.3MPa，属于中低压系统。

YT4543 型动力滑台的液压系统图如图 3-46 所示，该液压系统能够实现"快进—工进—停留—快退—停止"的自动工作循环，其工作情况如下。

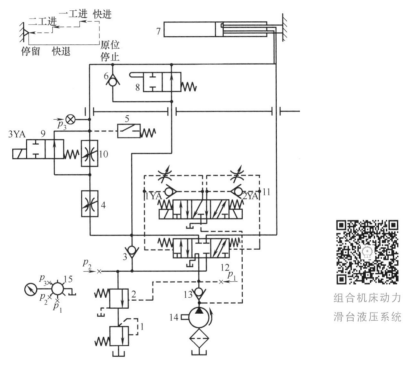

组合机床动力
滑台液压系统

图 3-46　YT4543 型动力滑台液压系统图

1—背压阀　2—顺序阀　3、6、13—单向阀　4—一工进调速阀　5—压力继电器　7—液压缸　8—行程阀
9—电磁阀　10—二工进调速阀　11—先导阀　12—换向阀　14—叶片泵　15—压力表开关

1. 快进

当进给系统需要开始自动加工循环时，人工按下自动循环起动按钮，使电磁铁 1YA 通电，电液换向阀中的先导阀 11 左位接入系统，在控制油路驱动下，液动换向阀 12 左位接入系统，系统开始快进。由于快进时滑台为空载，液压系统只需克服滑台上负载的惯性力和导轨的摩擦力，系统工作压力很低，限压式变量叶片泵 14 处于最大偏心距状态，输出最大流量，且外控式顺序阀 2 处于关闭状态，通过单向阀 3 的正向导通和行程阀 8 右位接入系统，使液压缸 7 处于差动连接状态，实现液压缸 7 快速运动。此时，系统中油液流动的情况如下。

进油路：叶片泵 14→单向阀 13→换向阀 12（左位）→行程阀 8（右位）→液压缸 7（左腔）。

回油路：液压缸 7（右腔）→换向阀 12（左位）→单向阀 3→行程阀 8（右位）→液压缸 7（左腔）。

2. 一工进

当滑台快进到预定位置时（事先已经调好），装在滑台（工作台）前侧面的行程挡块压下行程阀 8，使行程阀的左位接入系统，由于单向阀 3 和行程阀 8 之间油路被切断，单向阀 6 反向截止，液压油只有经一工进调速阀 4、电磁阀 9 的右位后进入液压缸 7 左腔，由于一工进调速阀 4 接入系统，造成系统压力升高，系统进入容积节流调速工作方式，使系统第一次工作进给开始。这时，其余液压元件所处状态不变，但顺序阀 2 被打开；由于压力的反馈作用，使限压式变量叶片泵 14 输出流量与一工进调速阀 4 的流量自动匹配。此时，系统中油液流动情况如下。

进油路：叶片泵 14→单向阀 13→换向阀 12（左位）→调速阀 4→电磁阀 9（右位）→液压缸 7（左腔）。

回油路：液压缸 7（右腔）→换向阀 12（左位）→顺序阀 2→背压阀 1→油箱。

3. 二工进

当滑台第一次工作进给结束时，装在滑台前侧面的另一个行程挡块压下一行程开关，使电磁铁 3YA 通电，电磁阀 9 左位接入系统，液压油经一工进调速阀 4、二工进调速阀 10 后进入液压缸 7 左腔，此时，系统仍然处于容积节流调速状态，第二次工作进给开始。由于二工进调速阀 10 的开口比一工进调速阀 4 小，使系统工作压力进一步升高，限压式变量叶片泵 14 的输出流量进一步减少，滑台的进给速度降低。此时，系统中油液流动情况如下。

进油路：叶片泵 14→单向阀 13→换向阀 12（左位）→调速阀 4→调速阀 10→液压缸 7（左腔）。

回油路：液压缸 7（右腔）→换向阀 12（左位）→顺序阀 2→背压阀 1→油箱。

4. 进给终点停留

当滑台以第二工进速度行进到终点时，碰上事先调整好的固定挡块，使滑台不能继续前进，被迫停留。此时，油路状态保持不变，泵 14 仍在继续运转，使系统压力将不断升高，泵的输出流量不断减少直至与系统（含液压泵）的泄漏量相适应；与此同时，由于流过调速阀 4 和 10 的流量为零，阀前后的压差为零，从泵 14 出口到液压缸 7 左腔之间的压力油路段变为静压状态，使整个压力油路上的油压力相等，即缸 7 左腔的压力升高到泵出口的压力，由于缸 7 左腔压力的升高，引起压力继电器 5 动作并发信号给时间继电器（图 3-46 中未画出），经过时间继电器的延时处理，使滑台停留一小段时间后再返回。滑台在固定挡块处的停留时间通过时间继电器灵活调节。

5. 快退

当滑台按调定时间在固定挡块处停留后，时间继电器发出信号，使电磁铁 1YA 断电、2YA 通电，先导阀 11 右位接入系统，控制油路换向，使换向阀 12 右位接入系统，因而主油路换向。由于此时滑台没有外负载，系统压力下降，限压式变量叶片泵 14 的流量又自动增至最大，液压缸 7 小腔进油、大腔回油，使滑台实现快速退回。此时，系统中油液的流动情况如下。

进油路：泵 14→单向阀 13→换向阀 12（右位）→液压缸 7（右腔）。

回油路：液压缸 7（左腔）→单向阀 6→换向阀 12（右位）→油箱。

6. 停止

当滑台快速退回到原位时，另一个行程挡块压下终点行程开关，使电磁铁 2YA 和 3YA 都断电，先导阀 11 在对中弹簧作用下处于中位，换向阀 12 左右两边的控制油路都通油箱，因而换向阀 12 也在其对中弹簧作用下回到中位，液压缸 7 两腔封闭，滑台停止运动，泵 14 卸荷。此时，系统中油液的流动情况为卸荷油路：叶片泵 14→单向阀 13→换向阀 12（中位）→油箱。

3.2.3 系统性能分析

由上述分析看到，YT4543 型动力滑台液压系统主要由以下一些基本回路所组成：由限压式变量液压泵、调速阀和背压阀组成的容积节流加背压的调速回路；液压缸差动连接的快速回路；电液换向阀的换向回路；由行程阀、电磁阀、顺序阀、调速阀等组成的快慢速度和两次工进速度换接回路；采用电液换向阀 M 型中位机能和单向阀的压力卸荷回路等。该液压系统的主要性能特点是：

1）系统采用了"限压式变量液压泵—调速阀—背压阀"调速回路。它能保证液压缸稳定的低速运动、较好的速度刚性和较大的调速范围。回油路上加背压阀可防止空气渗入系统，使滑台能够承受负负载。

2）系统采用限压式变量液压泵和液压缸差动连接实现快进，得到较大快进速度，能量利用也比较合理。滑台工作间歇停止时，系统采用单向阀和 M 型中位机能换向阀串联使液压泵卸荷，既减少了能量损耗，又使控制油路保持一定的压力，保证下一工作循环的顺利起动。

3）系统采用行程阀和外控顺序阀实现快进与工进的换接，不仅简化了油路和电路，而且使动作可靠，换接位置精度较高。两次工进速度的换接采用由电磁阀切换的调速阀串联的回路，保证了换接精度，避免换接时滑台前冲，且油路的布局简单、灵活。采用固定挡块作限位装置，定位准确、可靠、重复精度高。

4）系统采用换向时间可调的电液换向阀来切换主油路，使滑台的换向平稳，冲击和噪声小。同时，电液换向阀的五通结构使滑台进和退时分别从两条油路回油，这样滑台快退时系统没有背压，减少了压力损失。

5）系统回路中的三个单向阀 13、3 和 6 的用途完全不同。阀 13 使系统在卸荷情况下能够得到一定的控制压力，实现系统在卸荷状态换向。阀 3 实现快进时差动连接，工进时压力油与回油相隔离。阀 6 实现快进与两次工进时的反向截止与快退时的正向导通，使滑台快退时的回油通过管路和换向阀 12 直接回油箱，以尽量减少系统快退时的能量损失。

表 3-3 列出了 YT4543 型动力滑台液压系统动作循环。

表 3-3 YT4543 型动力滑台液压系统动作循环表

动作名称	信号来源	电磁铁动作状态			液压元件工作状态						备注
		1YA	2YA	3YA	顺序阀 2	先导阀 11	换向阀 12	电磁阀 9	行程阀 8	压力继电器 5	
快进	人工按下起动按钮	+	−	−	关闭	左位	左位	右位	右位	−	差动快进
一工进	挡块压下行程阀 8	+	−	−	打开	左位	左位	右位	左位	−	容积节流
二工进	挡块压下行程开关	+	−	−	打开	左位	左位	左位	左位	−	容积节流
停止	滑台靠上固定挡块	+	−	+	打开	左位	左位	左位	左位	−→+	压力继电器发信
快退	压力继电器发信	−	+	−	关闭	右位	右位	左位	右位	+→−	液压缸 7 小腔工作
原位停	挡块压下行程开关	−	−	−	关闭	中位	中位	右位	右位	−	系统卸荷

注："+"表示电磁铁通电；"−"表示电磁铁断电。

习　题

一、简答题

1. 压力控制基本回路有哪些？

2. 溢流阀在压力控制回路中有哪些作用？

3. 进油节流调速回路和回油节流调速回路有什么不同点？

4. 节流调速、容积调速和容积节流调速各有什么特点？

5. 在什么情况下需要使用保压回路？请举例。

6. 在回油节流调速回路中，在液压缸的回油路上，用减压阀在前、节流阀在后相互串联的方法，能否起到调速阀稳定速度的作用？如果将它们装在液压缸的进油路或旁油路上，液压缸运动速度能否稳定？

二、分析题

1. 图 3-47 所示回路可以实现"快进—慢进—快退—卸荷"工作循环，试列出其电磁铁动作表。

2. 如图 3-48 所示，系统可实现"快进—工进—快退—停止（卸荷）"的工作循环。

（1）写出图 3-48 中标有序号的液压元件的名称。

（2）填写电磁铁动作表（通电"+"，失电"−"）。

3. 如图 3-49 所示的液压系统，可以实现"快进—工进—快退—停止"的工作循环。

（1）写出图 3-49 中标有序号的液压元件的名称。

（2）填写电磁铁动作顺序表。

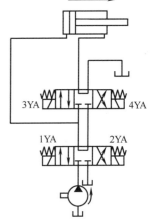

图 3-47　习题图 1

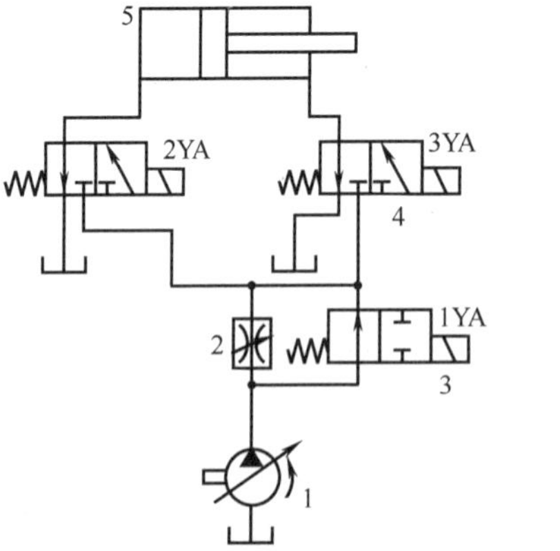

电磁铁	1YA	2YA	3YA
快进			
工进			
快退			
停止			

图 3-48　习题图 2

4. 试分析图 3-50 所示液压系统包含哪些基本回路，并填写电磁铁动作顺序表。

5. 如图 3-50 所示回路中，液压缸两腔面积分别为 $A_1 = 100\text{cm}^2$，$A_2 = 50\text{cm}^2$。当液压缸的负载 F 从 0 增大到 30000N 时，液压缸向右运动速度保持不变，如调速阀最小压差 $\Delta p = 5 \times 10^5 \text{Pa}$。问：

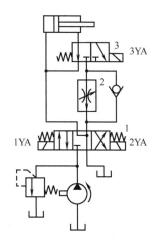

电磁铁	1YA	2YA	3YA
快进			
工进			
快退			
停止			

图 3-49　习题图 3

（1）溢流阀最小调定压力 F 是多少（调压偏差不计）？

（2）负载 $F = 0$ 时，泵的工作压力是多少？

（3）液压缸可能达到的最高工作压力是多少？

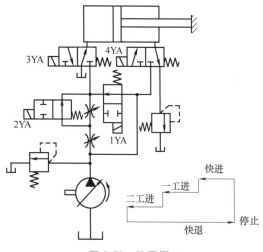

图 3-50　习题图 4

第4章

气压传动技术

>> **章节概述**

气压传动是以压缩空气为工作介质来传递动力和控制信号，控制和驱动各种机械和设备，以实现生产过程机械化、自动化的一门技术，简称气动。气压传动具有防火、防爆、节能、高效、无污染等优点，在国内外工业生产中应用广泛。

>> **章节目标**

掌握气压传动基础知识及常用元件的结构组成、工作原理、图形符号与应用。掌握气压传动基本回路的工作原理与应用。

>> **章节导读**

1）气压传动概述。
2）气源系统的组成。
3）气动执行元件。
4）气动控制元件。
5）气动基本回路。

4.1 气压传动概述

4.1.1 气压传动的特点

一、气压传动的优点

气压传动应用比较广泛，相比液压传动，具有以下优点：

1）气压传动系统的工作介质是空气，它取之不尽用之不竭，成本较低，用后的压缩空气可以排到大气中去，不会污染环境。

2）压缩空气黏度很小，所以流动阻力很小，压力损失小，便于集中供气和远距离输送，便于使用。

3）工作环境适应性好。

4）有较好的自保持能力，即使气源停止工作，或气阀关闭，气压传动系统仍可维持一个稳定压力。

5）气压传动系统在一定的超负载工况下运行也能保证系统安全工作，并不易发生过热现象。

二、气压传动的缺点

气压传动与其他传动相比，具有以下缺点：

1）气压传动系统的工作压力低，因此气压传动装置的推力一般不宜大于40kN，仅适用于小功率场合，在相同输出力的情况下，气压传动装置比液压传动装置尺寸大。

2）由于空气的可压缩性大，气压传动系统的速度稳定性差，位置和速度控制精度不高。

3）气压传动系统的噪声大。

4）气压传动工作介质本身没有润滑性。

4.1.2 气压传动的应用

气压传动的应用相当普遍，在工业各领域，如机械、电子、钢铁、运行车辆及制造、橡胶、纺织、化工、食品、包装、印刷等，许多机器设备中都装有气压传动系统。气压传动技术不但在工业领域中应用广泛，在尖端技术领域，如核工业和宇航中，也占据着重要的地位。

目前，气压传动在实现高压、高速、大功率、高效率、低噪声、长寿命、高度集成化、小型化与轻量化、一体化、执行件柔性化等方面取得了很大的进展。同时，由于它与微电子技术密切配合，能在尽可能小的空间内传递出尽可能大的功率并加以准确地控制，使得它在各行各业中发挥出了更加巨大作用。

4.1.3 气压传动系统的组成

图4-1所示为某气压传动系统的组成原理图，其中的控制装置是由若干气动元件组成的气动逻辑回路。它可以根据气缸活塞杆的始末位置，由行程开关等传递信号，再做出下一步动作，从而实现规定的自动工作循环。

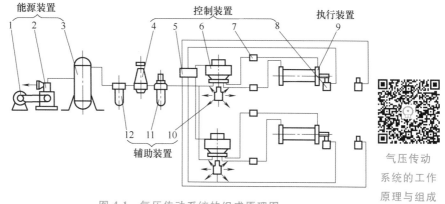

气压传动
系统的工作
原理与组成

图 4-1 气压传动系统的组成原理图

1—电动机 2—压缩机 3—气罐 4—压力控制阀 5—逻辑元件 6—方向控制阀 7—流量控制阀
8—机控阀 9—气缸 10—消声器 11—油雾器 12—空气过滤器

由上面的例子可以看出，气压传动系统主要由以下几个部分组成：

1）能源装置。能源装置是把机械能转换成气体压力能的装置，为系统提供压缩空气，通常为空气压缩机。

2）执行装置。执行装置是把气体的压力能转换成机械能的装置，一般指气压缸或气马达。

3）控制装置。控制装置是对气压系统中流体的压力、流量和流动方向进行控制和调节的装置，如压力阀、流量阀、方向阀等。

4）辅助装置。辅助装置是指除以上三种以外的装置，可以对压缩空气进行净化、润滑、消声以及用于各装置之间的连接等，如分水滤气器、油雾器、消声器等，它们对保证气压系统可靠和稳定地工作有重大作用。

5）传动介质。传动介质是指传递能量的流体，即压缩空气。

4.1.4　气压传动对工作介质的要求

1）要求压缩空气具有一定的压力和足够的流量。

2）要求压缩空气具有一定的净化程度，保证空气质量。

3）有些气动装置和气动仪表还要求压缩空气的压力波动不能太大，一般气源压力波动应控制在4%以内。

因为一般气动设备所使用的空气压缩机属于工作压力较低（小于1MPa），使用油润滑的活塞式空气压缩机。它排出的压缩空气温度一般在140~170℃，使空气中的水分和部分润滑油变成气态，再与吸入的灰尘混合，形成油汽、水汽、灰尘相混合的杂质混在压缩空气中。这样的压缩空气必须经过除油、除水、除尘、干燥等净化处理后才能被气压传动系统所使用。

4.2　气源系统的组成

气源系统是气动系统的动力源，它应提供清洁、干燥且具有一定压力和流量的压缩空气，以满足条件不同的使用场合对压缩空气的质量要求。图4-2所示为气源系统的组成及布置示意图。

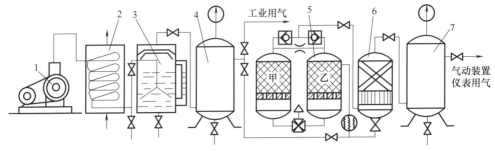

图4-2　气源系统的组成及布置示意图

1—空气压缩机　2—后冷却器　3—油水分离器　4、7—气罐　5—干燥器　6—过滤器

气源系统一般由四部分组成：

1）产生压缩空气的气压发生装置（如空气压缩机）。

2）压缩空气的净化处理和储存装置（如后冷却器、气罐、干燥器、过滤器、油水分离器等）。

3）传输压缩空气的管道系统。

4）气源处理装置（分水滤气器、减压阀和油雾器）。

4.2.1 空气压缩机

空气压缩机是气动系统的动力源，它把电动机输出的机械能转换成气压能输送给气压系统。

气源装置

1. 空气压缩机的分类

空气压缩机种类多样，按工作原理可分为容积式和速度式两类。目前，使用最广泛的是容积式空气压缩机。按输出压力大小可分为低压压缩机（$0.2MPa < p \leqslant 1MPa$）、中压压缩机（$1MPa < p \leqslant 10MPa$）、高压压缩机（$10MPa < p \leqslant 100MPa$）和超高压压缩机（$p > 100MPa$）。

2. 空气压缩机的工作原理

在容积式空气压缩机中，最常用的是往复活塞式空气压缩机，其工作原理如图4-3所示。当活塞3向右运动时，气缸2内活塞左腔的压力低于大气压力，吸气阀9被打开，空气在大气压力作用下进入气缸2内，这个过程称为吸气过程。当活塞向左移动时，吸气阀9在缸内压缩气体的作用下而关闭，缸内气体被压缩，这个过程称为压缩过程。当气缸内空气压力增高到高于输气管内压力后，排气阀1被打开，压缩空气进入输气管道，这个过程称为排气过程。活塞3的往复运动是由电动机带动曲柄转动，通过连杆、滑块、活塞杆转化为直线往复运动而产生的。图中只表示了一个活塞一个缸的空气压缩机，大多数空气压缩机是多缸多活塞的组合。

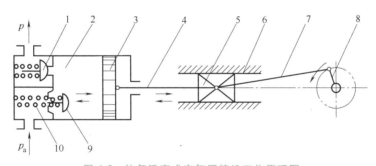

图4-3 往复活塞式空气压缩机工作原理图

1—排气阀 2—气缸 3—活塞 4—活塞杆 5、6—十字头与滑道 7—连杆 8—曲柄 9—吸气阀 10—弹簧

活塞式压缩机的用途非常广泛。它可以压缩空气，也可以压缩其他气体，几乎不需要做任何改动。活塞式压缩机的配置包括适用于低压、小容量用途的单缸配置，以及能压缩至高压的多级配置。在多级压缩机中，空气被分级压缩，逐级增大压力。

3. 空气压缩机的选用原则

选择空气压缩机的根据是气压传动系统所需要的工作压力和流量两个主要参数。

（1）工作压力的选择 一般空气压缩机为中压空气压缩机，额定排气压力为1MPa；低压空气压缩机排气压力为0.2MPa；高压空气压缩机排气压力为10MPa；超高压空气压缩机排气压力为100MPa。

（2）输出流量的选择 要根据整个气压系统对压缩空气的需要量再加上一定的备用余量，作为选择空气压缩机流量的依据。空气压缩机铭牌上的流量是自由空气的流量。

压缩空气与自由空气的体积流量之间的转换关系为

$$q_z = q_y \frac{(p+p_0)T_z}{p_0 T_y} \tag{4-1}$$

其中，q_z 为自由空气的体积流量，q_y 为压缩空气的体积流量，p 为压缩空气的表压力，p_0 为标准大气压，T_y 为压缩空气的温度，T_z 为自由空气的温度。

4.2.2 冷却器

后冷却器安装在空气压缩机出口处的管道上，它的作用是吸收压缩空气中的热量，使其降低温度，促使压缩空气中的水汽、油汽大部分都凝聚成液态的水滴和油滴而被分离出来，由油水分离器排出。图 4-4 所示为蛇管式冷却器，压缩空气在管内流动，冷却水在管外流动。该冷却器结构简单，检修及清洗方便，适用于排量较小的任何压力范围，是目前空气压缩机中使用较多的一种。

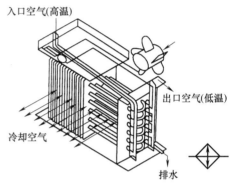

图 4-4 蛇管式冷却器

4.2.3 油水分离器

油水分离器安装在后冷却器出口管道上，它的作用是分离并排出压缩空气中凝聚的油分、水分和灰尘杂质等，使压缩空气得到初步净化。油水分离器的结构形式有环形回转式、撞击折回式、离心旋转式、水浴式以及以上形式的组合使用等。图 4-5 所示为撞击折回并回

转式油水分离器的结构形式，它的工作原理是：当压缩空气由入口进入分离器壳体后，气流先受到隔板阻挡而被撞击折回向下（见图中箭头所示流向）；之后又上升产生环形回转，这样凝聚在压缩空气中的油滴、水滴等杂质受惯性力作用而分离析出，沉降于壳体底部，由放水阀定期排出。

为了达到良好的油水分离效果，气流回转上升后上升的速度缓慢，进而利用离心力达到油水分离。

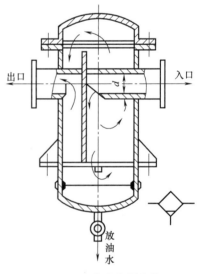

4.2.4 干燥器

空气干燥器的作用是进一步除去压缩空气中含有的水分、油分和颗粒杂质等，使压缩空气干燥，主要用于对气源质量要求较高的气动装置，如气动仪表等。

压缩空气干燥方法主要采用吸附法和冷却法。

图 4-5 油水分离器结构

吸附法是利用具有吸附性能的吸附剂（如硅胶、铝胶或分子筛等）来吸附压缩空气中含有的水分，而使其干燥；冷却法是利用制冷设备使空气冷却到一定的露点温度，析出空气中超过饱和水蒸气部分的多余水分，从而达到所需的干

燥度。吸附法是干燥处理方法中应用最为普遍的一种方法。吸附式干燥器的结构如图 4-6 所示。它的外壳呈筒形，其中分层设置栅板、吸附剂、滤网等。湿空气从进气管 1 进入干燥器，通过上部吸附剂层 21、钢丝过滤网 20、上栅板 19 和下部吸附剂层 16 后，因其中的水分被吸附剂吸收而变得很干燥。然后，再经过钢丝过滤网 15、下栅板 14 和钢丝过滤网 12，干燥、洁净的压缩空气便从输出管 8 排出。

4.2.5　气罐

气罐的作用是储存一定数量的压缩空气，以备发生故障或临时需要时应急使用；消除由于空气压缩机断续排气而对系统引起的压力脉动，保证输出气流的连续性和平稳性；进一步分离压缩空气中的油、水等杂质。

气罐一般采用焊接结构，以立式居多，其结构如图 4-7 所示。

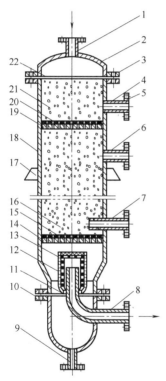

图 4-6　吸附式干燥器结构

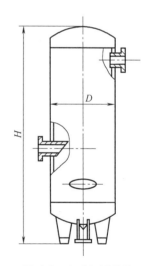

图 4-7　立式气罐结构

1—进气管　2—顶盖　3、5、10—法兰　4、6—再生空气排气管
7—再生空气进气管　8—输出管　9—排水管　11、22—密封座
12、15、20—钢丝过滤网　13—毛毡　14—下栅板　16、21—吸
附剂层　17—支承板　18—筒体　19—上栅板

立式气罐的高度 H 为其直径 D 的 2~3 倍，同时应使进气管在下，出气管在上。

4.2.6　气动辅助元件

一、气源处理装置

分水滤气器、减压阀和油雾器一起称为气源处理装置，气源处理装置安装在用气设备近处，是压缩空气质量的最后保证。气源处理装置的安装顺序依进气方向分别为分水滤气器、减压阀和油雾器。在使用中可以根据实际要求采用一件或两件，也可多于三件。

1. 分水滤气器

分水滤气器的作用是滤去空气中的灰尘和杂质，并将空气中的水分分离出来。

气动辅助
元件

分水滤气器的结构如图 4-8 所示。其工作原理如下：压缩空气从输入口进入后，被引入旋风叶子 1，旋风叶子上有很多小缺口，使空气沿切线反向产生强烈的旋转，这样夹杂在气体中的较大水滴、油滴、灰尘（主要是水滴）便获得较大的离心力，并高速与存水杯 3 内壁碰撞，而从气体中分离出来，沉淀于存水杯 3 中，然后气体通过中间的滤芯 2，部分灰尘、雾状水被滤芯 2 拦截而滤去，洁净的空气便从输出口输出。挡水板 4 是防止气体漩涡将杯中积存的污水卷起而破坏过滤作用。为保证分水滤气器正常工作，必须及时将存水杯中的污水通过手动排水阀 5 放掉。在某些人工排水不方便的场合，可采用自动排水式分水滤气器。

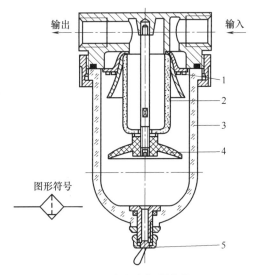

图 4-8 分水滤气器结构
1—旋风叶子 2—滤芯 3—存水杯
4—挡水板 5—手动排水阀

存水杯由透明材料制成，便于观察工作情况、污水情况和滤芯污染情况。滤芯一般采用铜粒烧结而成，如果发现油泥过多，可采用酒精清洗，干燥后再装上，可继续使用。但是这种过滤器只能滤除固体和液体杂质，因此，使用时应尽可能装在能使空气中的水分变成液态的部位或防止液体进入的部位，如气动设备的气源入口处。

2. 减压阀

气动减压阀起减压和稳压作用，其工作原理与液压系统中的减压阀相同，这里不再赘述。

3. 油雾器

油雾器是一种特殊的注油装置。当压缩空气流过时，它将润滑油喷射成雾状，油雾随压缩空气一起流动，渗透需要润滑的部件，达到润滑的目的。

图 4-9 所示为普通油雾器（也称一次油雾器）的结构简图。当压缩空气从输入口进入后。通过喷嘴下端的小孔进入阀座的腔室内，在截止阀的钢球上下表面形成差压。由于泄漏和弹簧的作用。钢球处于中间位置，压缩空气进入存油杯的上腔，油面受压，润滑油经吸油管将单向阀的钢球顶起，钢球上部管道有一个方型小孔，钢球不能将上部管道封死，润滑油不断流入视油器内，再滴入喷嘴中，被主管气流从上面的小孔引射出来，雾化后从输出口输出。通过调节螺母 9 可以调节油量，使油滴量在 0~120 滴/min 内变化。

二次油雾器能使油滴在雾化器内进行两次雾化，使油雾粒度更小、更均匀、输送距离更远。二次雾化粒径可达 $5\mu m$。

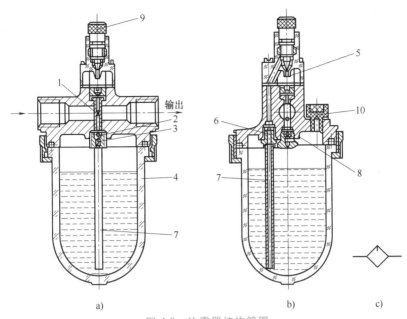

图 4-9 油雾器结构简图

1—喷嘴 2—特殊单向阀 3—弹簧 4—储油杯 5—视油器 6—单向阀 7—吸油管
8—阀座 9—调节螺母 10—油塞

选择油雾器主要根据气压传动系统所需额定流量及油雾粒径大小。所需油雾粒径在 $50\mu m$ 左右选用一次油雾器。若需油雾粒径很小，可选用二次油雾器。油雾器一般应配置在分水滤气器和减压阀之后，用气设备之前较近处。

二、消声器

气缸、气阀等工作时排气速度较高，气体体积急剧膨胀，会产生强烈的噪声。为了降低噪声，可以在排气口装设消声器。气动装置中的消声器主要有吸收型消声器、膨胀干涉型消声器和膨胀干涉吸收型消声器。常用的是吸收型消声器。

1. 吸收型消声器

吸收型消声器（又称为阻性消声器）主要利用吸声材料（玻璃纤维、毛毡、泡沫塑料、烧结金属、烧结陶瓷以及烧结塑料等）来降低噪声。

图 4-10 所示为吸收型消声器的结构简图。这种消声器主要依靠吸声材料消声。消声罩为多孔的吸音材料，一般用聚苯乙烯或铜珠烧结而成。当消声器的通径小于 20mm 时，多用聚苯乙烯作消声材料制成消声罩，当消声器的通径大于 20mm 时，消声罩多用铜珠烧结，以增加强度。其消声原理是：当有压气体通过消声罩时，气流受到阻力，声能量被部分吸收而转化为热能，从而降低了噪声强度。

吸收型消声器结构简单，具有良好的消除中、高频噪声的性能。在气压传动系统中，排气噪声主要是中、高频噪声，尤其是高频噪声，所以采用这种消声器是合适的。在主要是中、低频噪声的场合，应使用膨胀干涉型消声器。

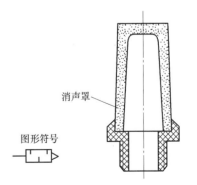

图 4-10 吸收型消声器结构简图

2. 膨胀干涉型消声器

膨胀干涉型消声器（又称为抗性消声器）是根据声学滤波原理制造的，它具有良好的低频消声性能，但消声频带窄，对高频消声效果差。

3. 膨胀干涉吸收型消声器

膨胀干涉吸收型消声器（又称为阻抗复合消声器）是综合上述两种消声器的特点而构成的，这种消声器既有阻性吸声材料，又有抗性消声器的干涉等作用，能在很宽的频率范围内起消声作用。

三、管道连接件

管道连接件包括管子和各种管接头。有了管路连接，才能把气动控制元件、气动执行元件以及辅助元件等连接成一个完整的气动控制系统。

1. 管子

管子可分为硬管和软管两种。一般总气管和支气管等一些固定不动的、不需要经常装拆的管路使用硬管，硬管有铁管、钢管、黄铜管、纯铜管和硬塑料管等。连接运动部件、临时使用希望装拆方便的管路应使用软管，软管有塑料管、尼龙管、橡胶管、金属编织塑料管等。常用的是纯铜管和尼龙管。

2. 管接头

气动系统中使用的管接头的结构及工作原理与液压管接头基本相似，分为卡套式、扩口螺纹式、卡箍式、插入快换式等。

4.3　气动执行元件

气动执行元件是将压缩空气的压力能转换为机械能的装置，它包括气缸和气马达。气缸用于直线往复运动或摆动，气马达用于实现连续回转运动。

4.3.1　气缸

普通气缸的种类及结构形式与液压缸基本相同（除几种特殊气缸外）。气缸一般由缸体、活塞、活塞杆、前端盖、后端盖及密封件等组成。气缸的种类很多，分类方法也不同。常见气缸的分类、原理和特点见表4-1。

气缸

表 4-1　常见气缸的分类、原理和特点

类型	名称	图形符号	原理及特点	名称	图形符号	原理及特点
双作用气缸	普通气缸		压缩空气驱动活塞向两个方向运动,活塞行程可根据实际需要选定。双向作用的力和速度不同	双杆气缸		压缩空气驱动活塞向两个方向运动,且其速度和行程分别相等。适用于长行程
	不可调缓冲气缸	a) b)	设有缓冲装置以使活塞临近行程终点时减速,防止活塞撞击缸端盖,减速值不可调整。图a所示气缸为一侧缓冲;图b所示气缸为两侧缓冲	可调缓冲气缸	a) b)	设有缓冲装置,使活塞接近行程终点时减速,且减速值可根据需要调整。图a所示气缸为一侧可调缓冲;图b所示气缸为两侧可调缓冲

（续）

类型	名称	图形符号	原理及特点	名称	图形符号	原理及特点
特殊气缸	差动气缸		气缸活塞两侧有效面积差较大，利用压力差原理使活塞往复运动，工作时活塞杆侧始终通以压缩空气，其推力和速度均较小	双活塞气缸		两个活塞同时向相反方向运动
	多位气缸		活塞沿行程长度方向可占有四个位置，当气缸的任一空腔接通气源，活塞杆就可占有四个位置中的一个	串联气缸		在一根活塞杆上串联多个活塞，应各活塞有效面积总和大，所以增加了输出推力

4.3.2 气马达

气马达的作用相当于电动机或液压马达，即输出力矩，拖动机构做旋转运动。

气马达

一、气马达的分类及特点

气马达按结构形式可分为叶片式气马达、活塞式气马达和齿轮式气马达等。最为常见的是叶片式气马达和活塞式气马达。叶片式气马达制造简单，结构紧凑，但低速运动转矩小，低速性能不好，适用于中、低功率的机械，目前在矿山及风动工具中应用普遍。活塞式气马达在低速情况下有较大的输出功率，它的低速性能好，适宜于载荷较大和要求低速转矩的机械，如起重机、绞车、绞盘、拉管机等。

与液压马达相比，气马达具有以下特点：

1）工作安全。可以在易燃易爆场所工作，同时不受高温和振动的影响。

2）可以长时间满载工作而温升较小。

3）可以无级调速。控制进气流量，就能调节气马达的转速和功率。

4）具有较高的起动力矩。可以直接带负载运动。

5）结构简单，操纵方便，维护容易，成本低。

6）输出功率相对较小，最大只有 20kW 左右。

7）耗气量大，效率低，噪声大。

二、气马达的工作原理

图 4-11 所示为双向旋转叶片式气马达结构及图形符号。工作原理为：压缩空气由 A 孔输入，小部分经定子两端的密封盖的槽进入叶片底部（图中未表示），将叶片推出，使叶片贴紧在定子内壁上，大部分压缩空气进入相应的密封空间而作用在两个叶片上。由于两叶片伸出长度不等，因此，就产生了转矩差，使叶片与转子按逆时针方向旋转，做功后的气体由定子上的孔 B 排出。若改变压缩空气的输入方向（即压缩空气由 B 孔进入，从孔 A 孔排出），则可改变转子的转向。

图 4-12 所示为在一定工作压力下作出的叶片式气马达特性曲线。由图可知，气马达具有软特性的特点。当外加转矩 T 等于零时，即为空转，此时速度达到最大值 n_{max}，气马达输

出的功率等于零；当外加转矩等于气马达的最大转矩 T_{max} 时，气马达停止转动，此时功率也等于零；当外加转矩等于最大转矩的一半时，气马达的转速为最大转速的 1/2，此时气马达的输出功率 P 最大，用 P_{max} 表示。

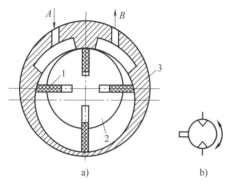

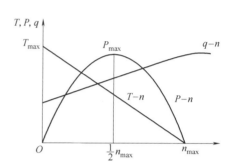

图 4-11　双向旋转叶片式气马达

a）结构　b）图形符号

1—叶片　2—转子　3—定子

图 4-12　叶片式气马达特性曲线

4.4　气动控制元件

4.4.1　压力控制阀

1. 安全阀

当气罐或回路中的压力超过调定值时，要用安全阀向外放气，安全阀在系统中起过载保护作用。图 4-13 所示为安全阀工作原理图。当系统中气体压力在调定范围内时，作用在活塞 3 上的压力小于弹簧 2 的力，活塞处于关闭状态，如图 4-13a 所示；当系统压力升高，作用在活塞 3 上的压力大于弹簧的预定压力时，活塞 3 向上移动，阀门开启排气，如图 4-13b 所示；直到系统压力降到调定范围以下，活塞又重新关闭。开启压力的大小与弹簧的预压缩量有关。

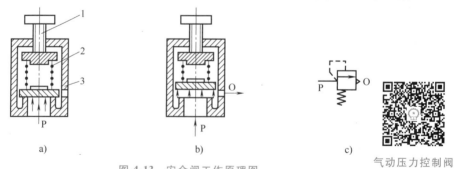

图 4-13　安全阀工作原理图

a）关闭状态　b）开启状态　c）图形符号

1—旋钮　2—弹簧　3—活塞

气动压力控制阀

2. 减压阀

气罐的空气压力往往比各台设备实际所需要的压力高些，同时其压力波动值也较大。因此需要用减压阀（又称为调压阀）将其压力减到各台装置所需的压力，并使减压后的压力稳定在所需压力值上。

图 4-14 所示为 QTY 型直动式减压阀结构图。其工作原理是：当阀处于工作状态时，调节手柄 1、压缩弹簧 2、3 及膜片 5，通过阀杆 6 使阀芯 8 下移，进气阀口被打开，有压气流从左端输入，经阀口节流减压后从右端输出。输出气流的一部分由阻尼管 7 进入膜片气室，在膜片 5 的下方产生一个向上的推力，这个推力总是企图把阀口开度关小，使其输出压力下降。当作用于膜片上的推力与弹簧力相平衡后，减压阀的输出压力便保持一定。当输入压力发生波动时，如输入压力瞬时升高，输出压力也随之升高，作用于膜片 5 上的气体推力也随之增大，破坏了原来的力的平衡，使膜片 5 向上移动，有少量气体经溢流口 4、排气孔 11 排出。在膜片上移的同时，因复位弹簧 10 的作用，使输出压力下降，直到新的平衡为止。重新

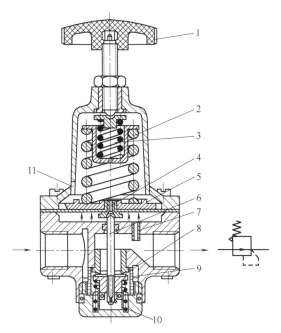

图 4-14　QTY 型直动式减压阀结构图
1—调节手柄　2、3—压缩弹簧　4—溢流口　5—膜片
6—阀杆　7—阻尼管　8—阀芯　9—阀口
10—复位弹簧　11—排气孔

平衡后的输出压力又基本上恢复至原值。反之，输出压力瞬时下降，膜片下移，进气口开度增大，节流作用减小，输出压力又基本上回升至原值。调节手柄 1 使压缩弹簧 2、3 恢复自由状态，输出压力降至零，阀芯 8 在复位弹簧 10 的作用下，关闭进气阀口，这样，减压阀便处于截止状态，无气流输出。QTY 型直动式减压阀的调压范围为 0.05~0.63MPa。为限制气体流过减压阀所造成的压力损失，规定气体通过阀内通道的流速在 15~25m/s 范围内。安装减压阀时，要按气流的方向和减压阀上所示的箭头方向，依照分水滤气器→减压阀→油雾器的安装次序进行安装。调压时应由低向高调，直至规定的调压值为止。阀不用时应把手柄放松，以免膜片经常受压变形。

3. 顺序阀

顺序阀是依靠气路中压力的作用而控制执行元件按顺序动作的压力控制阀，其工作原理如图 4-15 所示，它根据弹簧的预压缩量来控制其开启压力。当输入压力达到或超过开启压

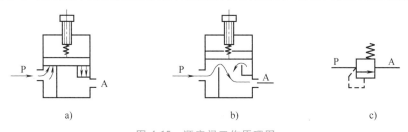

a)　　　　　　　　　　　　b)　　　　　　　　　　　　c)

图 4-15　顺序阀工作原理图
a）关闭状态　b）开启状态　c）图形符号

力时，顶开弹簧，于是 A 有输出；反之 A 无输出。

顺序阀一般很少单独使用，往往与单向阀配合在一起，构成单向顺序阀。图 4-16 所示为单向顺序阀的工作原理图。当压缩空气由左端进入阀腔后，作用于活塞 3 上的气压力超过弹簧 2 的力时，将活塞顶起，压缩空气从 P 经 A 输出，如图 4-16a 所示，此时单向阀 4 在压差力及弹簧力的作用下处于关闭状态。反向流动时，输入侧变成排气口，输出侧压力将顶开单向阀 4 由 O 口排气，如图 4-16b 所示。

调节手柄 1 可改变单向顺序阀的开启压力，以便在不同的开启压力下控制执行元件的顺序动作。

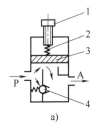 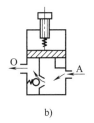 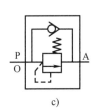

a)   b)   c)

图 4-16　单向顺序阀工作原理图

a) 关闭状态　b) 开启状态　c) 图形符号

1—调节手柄　2—弹簧　3—活塞　4—单向阀

气动流量
控制阀

4.4.2　流量控制阀

在气压传动系统中，有时需要控制气缸的运动速度，有时需要控制换向阀的切换时间和气动信号的传递速度，这些都需要调节压缩空气的流量来实现。流量控制阀就是通过改变阀的通流截面积来实现流量控制的元件。流量控制阀包括节流阀、单向节流阀、排气节流阀和快速排气阀等。

1. 节流阀

图 4-17 所示为圆柱斜切型节流阀的结构图。压缩空气由 P 口进入，经过节流后，由 A 口流出。旋转阀芯螺杆，就可改变节流口的开度，这样就调节了压缩空气的流量。由于这种节流阀的结构简单、体积小，故应用范围较广。

2. 单向节流阀

单向节流阀是由单向阀和节流阀并联而成的组合式流量控制阀，如图 4-18 所示。当气

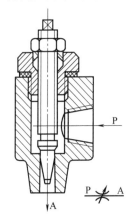

图 4-17　圆柱斜切型节流阀结构图

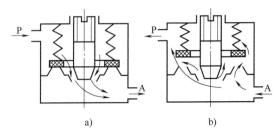

a)   b)

图 4-18　单向节流阀工作原理图

流沿着一个方向，例如 P→A（图 4-18a）流动时，经过节流阀节流；反方向（图 4-18b）流动，由 A→P 时单向阀打开，不节流，单向节流阀常用于气缸的调速和延时回路。

3. 排气节流阀

排气节流阀是装在执行元件的排气口处，调节进入大气中气体流量的一种控制阀。它不仅能调节执行元件的运动速度，还常带有消声器件，所以也能起降低排气噪声的作用。图 4-19 所示为排气节流阀工作原理图。其工作原理和节流阀类似，靠调节节流口 1 处的通流截面积来调节排气流量，由消声套 2 来减小排气噪声。

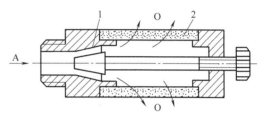

图 4-19　排气节流阀工作原理图
1—节流口　2—消声套

用流量控制的方法控制气缸内活塞的运动速度，采用气动比采用液压困难。特别是在极低速控制中，要按照预定行程变化来控制速度，只用气动很难实现。在外部负载变化很大时，仅用气动流量阀也不会得到满意的调速效果，为提高其运动平稳性，建议采用气液联动。

4.4.3　方向控制阀

1. 方向控制阀的常用类型

气动方向控制阀和液压方向控制阀相似，分类方法也大致相同。气动方向控制阀是气压传动系统中通过改变压缩空气的流动方向和气流的通断，来控制执行元件起动、停止及运动方向的气动元件。

方向控制阀的分类见表 4-2。

表 4-2　方向控制阀的分类

分 类 方 式	形　　式
按阀内气体的流动方向	单向阀、换向阀
按阀芯的结构形式	截止阀、滑阀
按阀的密封形式	硬质密封、软质密封
按阀的工作位数及通路数	二位三通、二位五通、三位五通等
按阀的控制操纵方式	气压控制、电磁控制、机械控制、手动控制

2. 单向型方向控制阀

（1）单向阀　单向阀的结构原理如图 4-20 所示。其工作原理和图形符号和液压单向阀一致，只不过气动单向阀的阀芯和阀座之间是靠密封垫密封的。

（2）或门型梭阀　图 4-21 所示为或门型梭阀的结构原理。其工作

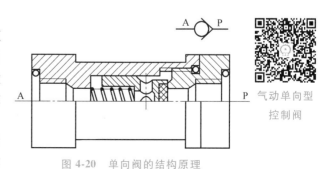

气动单向型
控制阀

图 4-20　单向阀的结构原理

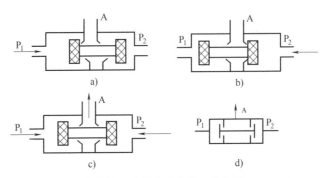

图 4-21　或门型梭阀的结构原理

a）、b）A 无输出　c）A 有输出　d）图形符号

特点是不论 P_1 和 P_2 哪条通路单独通气，都能导通其与 A 的通路；当 P_1 和 P_2 同时通气时，哪端压力高，A 就和哪端相通，另一端关闭，其逻辑关系为"或"。或门型梭阀的图形符号如图 4-21d 所示。

（3）与门型梭阀　与门型梭阀又称为双压阀，结构原理如图 4-22 所示。其工作特点是只有 P_1 和 P_2 同时供气时，A 口才有输出；当 P_1 或 P_2 单独通气时，阀芯就被推至相对端，封闭截止型阀口；当 P_1 和 P_2 同时通气时，哪端压力低，A 口就和哪端相通，另一端关闭，其逻辑关系为"与"。与门型梭阀的图形符号如图 4-22b 所示。

（4）快速排气阀　快速排气阀是为加快气体排放速度而采用的气压控制。图 4-23 所示为快速排气阀的结构原理。当气体从 P 通入时，气体的压力使唇形密封圈右移封闭快速排气口 e，并压缩密封圈的唇边，导通 P 口和 A 口，当 P 口没有压缩空气时，密封圈的唇边张开，封闭 A 和 P 通道，A 口气体的压力使唇形密封圈左移，A、T 通过排气通道 e 连通而快速排气（一般排到大气中）。

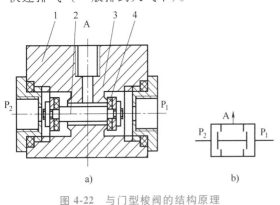

图 4-22　与门型梭阀的结构原理

a）结构图　b）图形符号

1—阀体　2—阀芯　3—截止型阀口　4—密封材料

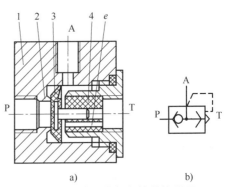

图 4-23　快速排气阀的结构原理

a）结构原理　b）图形符号

1—阀体　2—截止型阀口　3—唇形密封圈　4—阀套

3. 换向型方向控制阀

（1）气压控制换向阀　气压控制换向阀是以压缩空气为动力切换气阀，使气路换向或通断的阀类。气压控制换向阀的用途很广，多用于组成全气阀控制的气压传动系统或易燃、易爆场合。

气动换向型
控制阀

1）气控换向阀工作原理。图 4-24 所示为单气控加压截止式换向阀的工作原理。图 4-24a 所示为无气控信号 K 时的状态（即常态），此时，阀芯 1 在弹簧 2 的作用下处于上端位置，使阀 A 与 O 相通，A 口排气。图 4-24b 所示为在有气控信号 K 时阀的状态（即动力阀状态）。由于气压力的作用，阀芯 1 压缩弹簧 2 下移，使阀口 A 与 O 断开，P 与 A 接通，A 口有气体输出。

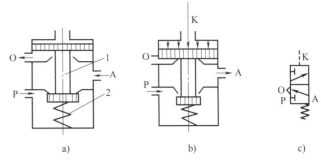

图 4-24 单气控加压截止式换向阀的工作原理
a）无控制信号状态 b）有控制信号状态 c）图形符号
1—阀芯 2—弹簧

2）截止式换向阀结构。图 4-25a 所示为二位三通单气控截止式换向阀的结构原理。图示为 K 口没有控制信号时的状态，阀芯 3 在弹簧 2 与 P 腔气压作用下右移，使 P 与 A 断开，A 与 T 导通；当 K 口有控制信号时，推动活塞 5 通过阀芯 3 压缩弹簧 2 打开 P 与 A 通道，封闭 A 与 T 通道。图示为常断型阀，如果 P、T 换接则成为常通型。这里的换向阀芯换位采用的是加压方法，所以称为加压控制换向阀。相反情况则为减压控制换向阀。图 4-25b 所示为二位三通单气控截止式换向阀的图形符号。

（2）电磁控制换向阀 电磁控制换向阀是利用电磁力的作用来实现阀的切换以控制气流的流动方向。常用的电磁控制换向阀有直动式和先导式两种。

1）直动式电磁换向阀。图 4-26 所示为直动式单电控电磁阀的工作原理图。它只有一个电磁铁。图 4-26a 所示为常态情况，即励磁线圈不通电，此时阀在复位弹簧的作用下处于上端位置。其通路状态为 A 与 T 相通，A 口排气。当通电时，电磁铁 1 推动阀芯 2 向下移动，气路换向，其通路为 P 与 A 相通，A 口进气，如图 4-26b 所示。图 4-26c 所示为直动式单电控电磁阀的图形符号。

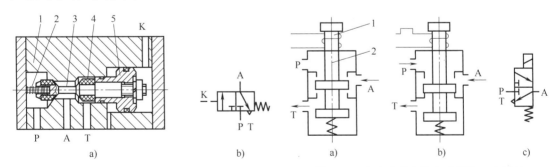

图 4-25 二位三通单气控截止式换向阀
a）结构原理 b）图形符号
1—阀体 2—弹簧 3—阀芯 4—密封材料 5—活塞

图 4-26 直动式单电控电磁阀的工作原理
a）断电时状态 b）通电时状态 c）图形符号
1—电磁铁 2—阀芯

图 4-27 所示为直动式双电控电磁阀的工作原理图，它有两个电磁铁。当电磁铁 1 通电、2 断电时，如图 4-27a 所示，阀芯 3 被推向右端，其通路状态是 P 口与 A 口、B 口与 T_2 口相通，A 口进气、B 口排气。当电磁铁 1 断电时，阀芯 3 仍处于原有状态，即具有记忆性。当电磁铁 2 通电、1 断电时，如图 4-27b 所示，阀芯 3 被推向左端，其通路状态是 P 口与 B 口、

A 口与 T_1 口相通，B 口进气、A 口排气。若电磁铁断电，气流通路仍保持原状态。图 4-27c 所示为其图形符号。

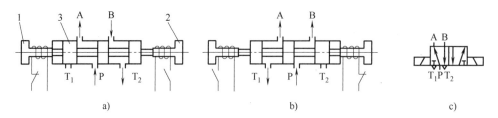

图 4-27 直动式双电控电磁阀的工作原理

a）电磁铁 1 通电、2 断电 b）电磁铁 2 通电、1 断电 c）图形符号

1、2—电磁铁 3—阀芯

2）先导式电磁换向阀。直动式电磁阀是由电磁铁直接推动阀芯移动的，当阀通径较大时，用直动式结构所需的电磁铁体积和电力消耗都必然加大，为克服此弱点可采用先导式结构。

先导式电磁阀是由电磁铁首先控制气路，产生先导压力，再由先导压力推动主阀阀芯，使其换向。

图 4-28 所示为先导式双电控换向阀的工作原理图。当先导阀 1 的线圈通电，而先导阀 2 断电时（图 4-28a），由于主阀 3 的 K_1 腔进气，K_2 腔排气，使主阀阀芯向右移动。此时 P 与 A、B 与 O_2 相通，A 口进气、B 口排气。当先导阀 2 通电，而先导阀 1 断电时（图 4-28b），主阀的 K_2 腔进气，K_1 腔排气，使主阀阀芯向左移动。此时 P 与 B、A 与 O_1 相通，B 口进气、A 口排气。先导式双电控电磁阀具有记忆功能，即通电换向，断电保持原状态。为保证主阀正常工作，两个电磁阀不能同时通电，电路中要考虑互锁。

先导式电磁换向阀便于实现电、气联合控制，所以应用广泛。

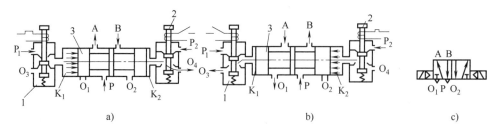

图 4-28 先导式双电控换向阀的工作原理

a）先导阀 1 通电、2 断电时状态 b）先导阀 2 通电、1 断电时状态 c）图形符号

1、2—先导阀 3—主阀

（3）时间控制换向阀 时间换向阀是通过气容或气阻的作用对阀的换向时间进行控制的换向阀，包括延时阀和脉冲阀。

1）延时阀。图 4-29 所示为二位三通气动延时阀的结构原理和图形符号。延时阀由延时控制部分和主阀组成。常态时，弹簧的作用使阀芯 2 处在左端位置。当从 K 口通入气控信号时，气体通过可调节流阀 4（气阻）使气容 1 充气，当气容内的压力达到一定值时，通过阀芯压缩弹簧使阀芯 2 向右动作，换向阀换向；气控信号消失后，气容 1 中的气体通过单向

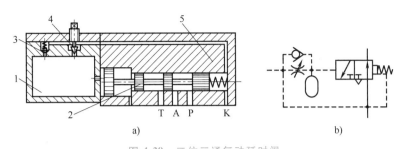

图 4-29 二位三通气动延时阀

a）结构原理图 b）图形符号

1—气容 2—阀芯 3—单向阀 4—节流阀 5—阀体

阀 3 快速卸压，当压力降到某值时，阀芯 2 左移，换向阀换向。

2）脉冲阀。脉冲阀是靠气流经过气阻、气容的延时作用，使输入的长信号变成脉冲信号输出的阀。图 4-30 所示为气动脉冲阀的结构原理和图形符号。P 口有输入信号时，由于阀体 1 上腔气容 3 中压力较低，并且阀芯 2 中心阻尼小孔很小，所以阀芯 2 向上移动，使 P、A 相通，A 口有信号输出，同时从阀芯 2 中心阻尼小孔不断给气容 3 充气，因为阀芯 2 的上、下端作用面积不等，气容 3 中的

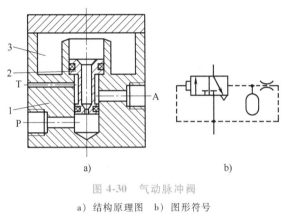

图 4-30 气动脉冲阀

a）结构原理图 b）图形符号

1—阀体 2—阀芯 3—气容

压力上升达到某值时，阀芯 2 下降，封闭 P、A 通道，A、T 相通，A 口没有信号输出。这样，P 口的连续信号就变成 A 口输出的脉冲信号。

4.5 气动基本回路

复杂的气动控制系统都是由若干个气动基本回路组合而成的，熟悉和掌握气动基本回路的工作原理和特点，可为设计、分析和使用比较复杂的气动控制系统打下良好的基础。气动基本回路的种类很多，在此主要介绍常用的压力控制回路、速度控制回路和方向控制回路的工作原理与应用。

4.5.1 压力控制回路

气动控制系统中，进行压力控制主要有两个目的：一是为了提高系统的安全性，在此主要指一次压力控制；二是给元件提供稳定的工作压力，使其能充分发挥元件的功能和性能，这主要指二次压力控制。

气动基本回路

1. 一次压力控制回路

一次压力控制是指把空气压缩机的输出压力控制在一定值以下。一般情况下，空气压缩机的出口压力为 0.8MPa 左右。安全阀压力的调定值一般可根据气动系统工作压力范围调整

在 0.7MPa 左右。

2. 二次压力控制回路

二次压力控制是指把空气压缩机输送出来的压缩空气经一次压力控制回路后得到的输出压力，再经二次压力控制回路的减压与稳压后的输出压力，作为气动控制系统的工作气压使用。此回路的主要作用是对气马达装置的气源入口处压力进行调节，提供稳定的工作压力。如图 4-31 所示，该回路一般由分水滤气器、减压阀和油雾器组成，通常称为气源处理装置。

3. 气液增压器增力回路

图 4-32 所示为气液增压器增力回路，其作用是利用气液增压器 1 把较低的气压变为较高的液压力，以提高气液缸 2 的输出力。

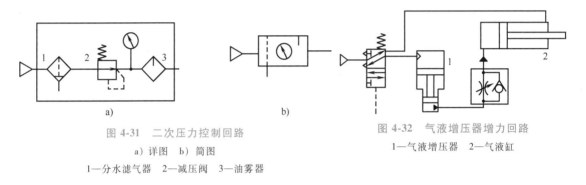

图 4-31　二次压力控制回路
a）详图　b）简图
1—分水滤气器　2—减压阀　3—油雾器

图 4-32　气液增压器增力回路
1—气液增压器　2—气液缸

4.5.2　速度控制回路

一、单作用气缸速度控制回路

图 4-33 所示为单作用气缸速度控制回路，在图 4-33a 所示回路中，两个相反安装的单向节流阀，可分别控制活塞杆的伸出及缩回速度。在图 4-33b 所示回路中，气缸上升时可调速，下降时则通过快排气阀排气，使气缸快速返回。

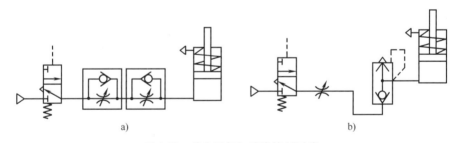

a）　　　　　　　　　　　　　　　b）

图 4-33　单作用气缸速度控制回路

二、双作用气缸速度控制回路

1. 单向调速回路

单向调速回路有节流供气和节流排气两种调速方式。

图 4-34a 所示为节流供气调速回路，在图示位置，当气控换向阀不换向时，进入气缸 A 腔的气流流经节流阀，B 腔排出的气体直接经换向阀快排。图 4-34b 所示为节流排气调速回路，在图示位置，当气控换向阀不换向时，压缩空气经气控换向阀直接进入气缸的 A 腔，而 B 腔排出的气体经节流阀到气控换向阀而排入大气，因而 B 腔中的气体就具有一定的压力。

调节节流阀的开度，就可控制不同的进气、排气速度，从而也就控制了活塞的运动速度。

2. 双向调速回路

在气缸的进、排气口分别装设节流阀，就组成了双向调速回路，图 4-35 所示为双向节流调速回路，其中图 4-35a 所示为采用单向节流阀的双向节流调速回路，图 4-35b 所示为采用排气节流阀的双向节流调速回路。

3. 快速往复运动回路

若将图 4-35a 所示回路中的两只单向节流阀换成快速排气阀，就构成了快速往复回路，如图 4-36 所示。若要实现气缸单向快速运动，则可只采用一只快速排气阀。

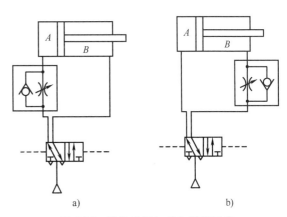

图 4-34 双作用气缸单向调速回路

a）节流供气调速回路 b）节流排气调速回路

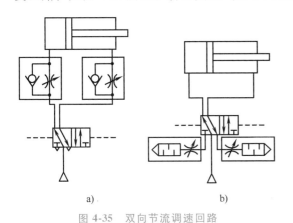

图 4-35 双向节流调速回路

a）采用单向节流阀 b）采用排气节流阀

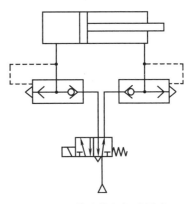

图 4-36 快速往复运动回路

4. 速度换接回路

图 4-37 所示为速度换接回路。该回路是利用两个二位二通换向阀与单向节流阀并联而成的，当撞块压下行程开关时，发出电信号，使二位二通换向阀换向，改变排气通路，从而使气缸速度改变。行程开关的位置可根据需要选定。图 4-37 中二位二通阀也可改用行程阀。

5. 缓冲回路

要获得气缸行程末端的缓冲，除采用带缓冲的气缸外，特别在行程长、速度快、惯性大的情况下，往往需要采用缓冲回路来满足气缸运动速度的要求，常用的方法如图 4-38 所示。图 4-38a 所示回路能实现"快进—慢进缓冲—停止快退"的工作循环。行程阀可根据需要来调整缓冲开始位置，这种回路常用于惯性力大的场合。

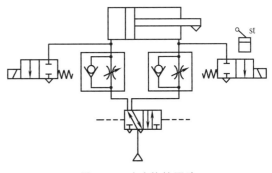

图 4-37 速度换接回路

图 4-38b 所示回路的特点是，当活塞返回到行程末端时，其左腔压力已降至打不开顺序阀 2 的程度，余气只能经节流阀 1 排出，因此活塞得到缓冲。这两种回路都只能实现一个运动方向上的缓冲，若两侧均安装此回路，可达到双向缓冲的目的。

6. 气液转换速度控制回路

图 4-39 所示为气液转换速度控制回路，它利用气液转换器 1、2 将气压变成液压，利用液压油驱动液压缸 3，从而得到平稳易控制的活塞运动速度，调节节流阀的开度，就可改变活塞的运动速度。这种回路充分发挥了气动供气方便和液压速度容易控制的特点。

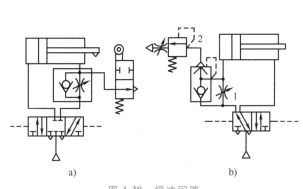

a)

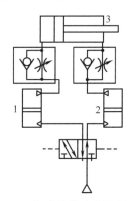

b)

图 4-38　缓冲回路

1—节流阀　2—顺序阀

图 4-39　气液转换速度控制回路

1、2—气液转换器　3—液压缸

7. 气液阻尼缸的速度控制回路

图 4-40 所示为气液阻尼缸速度控制回路。图 4-40a 所示为慢进快退回路，改变单向节流阀的开度，即可控制活塞的前进速度；活塞返回时，气液阻尼缸中液压缸的无杆腔的油液通过单向阀快速流入有杆腔，故返回速度较快，高位油箱起补充泄漏油液的作用。图 4-40b 所示为能实现机床工作循环中常用的"快进—工进—快退"的动作循环。当有 K_2 信号时，五通阀换向，活塞向左运动，液压缸无杆腔中的油液通过 a 口进入有杆腔，气缸快速向左前进；当活塞将 a 口关闭时，液压缸无杆腔中的油液被迫从 b 口经节流阀进入有杆腔，活塞工作进给；当 K_2 消失，有 K_1 输入信号时，五通阀换向，活塞向右快速返回。

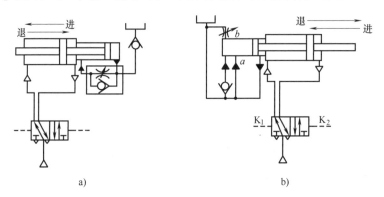

a)　　　　　　　　　　　b)

图 4-40　气液阻尼缸速度控制回路

8. 气液缸同步动作回路

图 4-41 所示为气液缸同步动作回路。该回路的特点是将油液密封在回路之中，油路和

气路串接，同时驱动气液缸 1 和 2，使两者运动速度相同，但这种回路要求气液缸 1 无杆腔的有效面积必须和气液缸 2 的有杆腔面积相等。在设计和制造中，要保证活塞与缸体之间的密封，回路中的截止阀 3 与放气口相接，用以放掉混入油液中的空气。

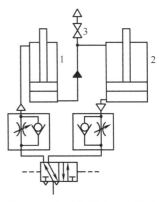

图 4-41　气液缸同步动作回路
1、2—气液缸　3—截止阀

4.5.3　方向控制回路

一、单作用气缸换向回路

控制单作用气缸的换向一般采用一个二位三通换向阀。

图 4-42a 所示为采用二位三通单电控电磁换向阀控制的单作用气缸换向回路，电磁铁通电时气缸接通气源，气压使活塞杆伸出；断电时气缸接通大气，靠弹簧作用气缸缩回。图 4-42b 所示为采用有记忆作用的二位三通双电控电磁换向阀控制单作用气缸回路，此时应注意两个电磁阀不能同时通电。

二、双作用气缸换向回路

控制双作用气缸换向通常使用一个二位五通换向阀，也可使用三位换向阀。

图 4-43a、b 所示为采用单气控、单电控换向阀的换向回路。当加上控制信号后，气缸活塞杆伸出。无论气缸运动到何处，一旦控制信号消失，单气控换向阀立即恢复零位（无记忆功能），气缸活塞杆立即返回，因此，要使气缸运动到底就必须保证控制信号时间足够长。图 4-43c 所示为间接控制

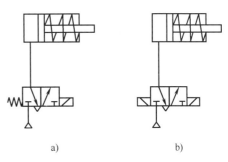

a)　　　　　　　　b)

图 4-42　单作用气缸换向回路

的换向回路，由小通径手动换向阀控制二位五通气控阀换位，从而控制气缸换向，这样使大流量气缸换向控制变得省力。

图 4-44 所示为采用双气控、双电控换向阀的换向回路。回路中的主控阀具有记忆功能，使用短信号就能使主控阀换位，控制气缸换向。

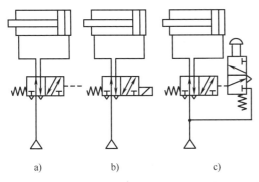

a)　　　　　　b)　　　　　　c)

图 4-43　单气控、单电控换向阀与间接控制的换向回路
a）采用单气控换向阀的换向回路　b）单电控换向阀的换向回路　c）间接控制的换向回路

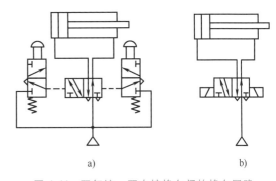

a)　　　　　　　　b)

图 4-44　双气控、双电控换向阀的换向回路
a）采用双气控换向阀的换向回路
b）采用双电控换向阀的换向回路

三、安全保护控制回路

由于气动机构负荷的过载、气压的突然降低以及气动执行机构的快速动作等原因都可能危及操作人员或设备的安全，因此在气动回路中，常常要加入安全回路。需要指出的是，在任何气动回路中，特别是安全回路中，都不可缺少过滤装置和油雾器。因为污脏空气中的杂物可能堵塞阀中的小孔与通路，使气路发生故障；缺乏润滑油，很可能使阀发生卡死或磨损，以致整个系统的安全都发生问题。下面介绍几种常用的安全保护回路。

1. 过载保护回路

图 4-45 所示为过载保护回路，当活塞杆在伸出途中遇到偶然障碍或其他原因使气缸过载时，活塞就立即缩回，实现过载保护。在活塞伸出的过程中，若遇到障碍物 6，则无杆腔压力升高，打开顺序阀 3，使气控换向阀 2 换向，二位四通换向阀 4 随即复位，活塞立即退回；若无障碍物 6，气缸向前运动时压下机控行程阀 5，活塞即刻返回。

2. 互锁回路

图 4-46 所示为互锁回路，在该回路中，二位四通换向阀的换向受三个串联的机动二位三通换向阀控制，只有三个换向阀都接通，主控阀才能换向。

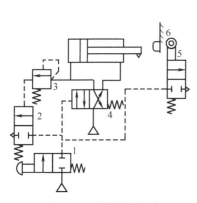

图 4-45 过载保护回路

1—手动换向阀 2—气控换向阀 3—顺序阀
4—二位四通换向阀 5—机控行程阀 6—障碍物

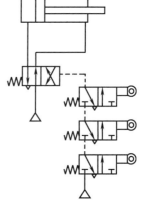

图 4-46 互锁回路

四、顺序动作控制回路

顺序动作是指在气动回路中，各个气缸按一定程序完成各自的动作。例如单缸有单往复动作、二次往复动作、连续往复动作等；双缸及多缸有单往复及多往复顺序动作等。

1. 单缸往复动作回路

单缸往复动作回路可分为单缸单往复和单缸连续往复动作回路。前者指给入一个信号后，气缸只完成 A_1 和 A_0 一次往复动作（A 表示气缸，下标"1"表示 A 缸活塞伸出动作，下标"0"表示活塞缩回动作）。而单缸连续往复动作回路指输入一个信号后，气缸可连续进行往复动作。

图 4-47 所示为三种单缸单往复回路，其中图 4-47a 所示为行程阀控制的单往复回路。当按下手动阀 1 的手动按钮后，压缩空气使换向阀 3 换向，活塞杆前进，当凸块压下行程阀 2 时，换向阀 3 复位，活塞杆返回，完成 A_1A_0 循环；图 4-47b 所示为压力控制的单往复回路，按下手动阀 1 的手动按钮后，换向阀 3 的阀芯右移，气缸无杆腔进气，活塞杆前进。当活塞

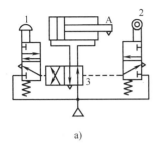
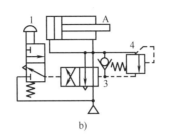
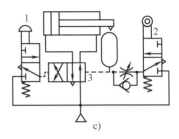

a) b) c)

图 4-47 单缸单往复动作回路

a）行程阀控制 b）压力控制 c）利用阻容回路形成的时间控制

1—手动阀 2—行程阀 3—换向阀 4—顺序阀

行程到达终点时，气压升高，打开顺序阀 4，使换向阀 3 换向，气缸返回，完成以 A_1A_0 循环；图 4-47c 所示为利用阻容回路形成的时间控制单往复回路，当按下手动阀 1 的按钮后，换向阀 3 换向，气缸活塞杆伸出，当压下行程阀 2 后，需经过一定的时间，换向阀 3 才能换向，再使气缸返回，完成动作 A_1A_0 的循环。由以上可知，在单缸单往复回路中，每按动一次按钮，气缸可完成一个 A_1A_0 的循环。

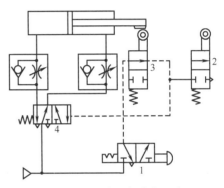

图 4-48 连续往复动作回路

1—手动阀 2、3—行程阀 4—换向阀

图 4-48 所示回路为连续往复动作回路，能完成连续的动作循环。当手动阀 1 的按钮后，换向阀 4 换向，活塞向前运动，这时由于行程阀 3 复位将气路封闭，使换向阀 4 不能复位，活塞继续前进，到行程终点时压下行程阀 2，使换向阀 4 控制气路排气，在弹簧作用下换向阀 4 复位，气缸返回，在终点压下行程阀 3，换向阀 4 换向，活塞再次向前运动，形成了 $A_1A_0A_1A_0\cdots$ 的连续往复动作，待提起手动阀 1 的按钮后换向，换向阀 4 复位，活塞返回而停止运动。

2. 多缸顺序动作回路

两只、三只或多只气缸按一定顺序动作的回路，称为多缸顺序动作回路。其应用较广泛，在一个循环顺序里，若气缸只做一次往复，称为单往复顺序，若某些气缸做多次往复，就称为多往复顺序。若用 A，B，C，…表示气缸，仍用下标"1""0"表示活塞的伸出和缩回，则两只气缸的基本顺序动作有 $A_1B_0A_0B_1$、$A_1B_1B_0A_0$ 和 $A_1A_0B_1B_0$ 三种。而若三只气缸的基本动作，就有十五种之多，如 $A_1B_1C_1A_0B_0C_0$、$A_1A_0B_1C_1C_0B_0$、$A_1B_1C_1B_0C_0$、$A_1B_1C_1A_0C_0B_0$ 等。这些顺序动作回路，都属于单往复顺序、即在每一个程序里，气缸只做一次往复，多往复顺序动作回路，其顺序的形成方式将比单往复顺序多得多。

五、位置控制回路

1. 采用缓冲挡铁的位置控制回路

图 4-49 所示为采用缓冲挡铁的位置控制回路，该回路中活塞式气马达 3 带动小车 4 左右移动，当小车碰到缓冲器 1 时，小车减速缓冲行进一段距离，只有当小车的车轮碰到挡铁 2 时，小车才停下。

该回路简单，活塞式气马达的速度变化缓慢，调速方便。但应用该回路时需注意：当小车停止时系统压力会升高，为防止系统压力过高应设置安全阀。小车与挡铁经常碰撞、磨损，对定位精度有影响。

图4-50所示为采用串联气缸实现三个位置控制回路，A、B两气缸串联连接，当电磁阀2YA通电时，A缸活塞杆向左推出B缸活塞杆，使B缸的活塞杆由Ⅰ移动到Ⅱ的位置。当电磁阀1YA通电时，B缸的活塞杆继续由Ⅱ伸到Ⅲ。故B缸的活塞杆有Ⅰ、Ⅱ、Ⅲ三个位置。如果在A缸的端盖①、②处及B缸的端盖③处分别安装上调节螺钉，就可以控制A缸和B缸的活塞杆在Ⅰ—Ⅲ之间的任一位置停下。

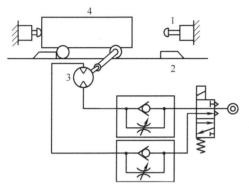

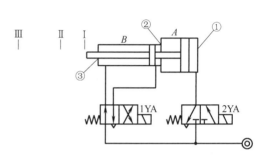

图4-49　采用缓冲挡铁的位置控制回路　　　　图4-50　采用串联气缸实现三个位置控制回路

1—缓冲器　2—挡铁　3—活塞式气马达　4—小车

2. 延时回路

图4-51所示为延时回路，其中图4-51a所示为延时输出回路，当控制信号切换换向阀4后，压缩空气经单向节流阀3向气容2充气。当充气压力经延时升高至使换向阀1换位时，换向阀1就有输出。

在图4-51b所示回路中，按下手动阀8，则气缸向外伸出，当气缸在伸出行程中压下行程阀5后，压缩空气经节流阀到气容6延时后才将换向阀7切换，使气缸活塞杆退回。

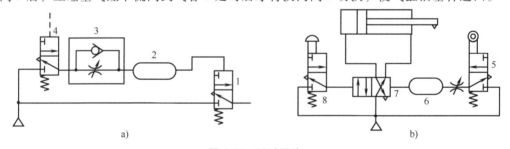

a)　　　　　　　　　　　　　　　　b)

图4-51　延时回路

1、4、7—换向阀　2、6—气容　3—单向节流阀　5—行程阀　8—手动阀

习　　题

一、填空题

1. 气压传动是以_____为工作介质，利用_____把电动机或其他原动机输出的

_____转换为_____，然后在控制元件的控制下，通过执行元件把_____转换为_____或_____的机械能，从而完成各种动作并对外做功。

2. 气压传动系统由_____、_____、_____、_____四部分组成。

3. 空气压缩机是将_____转变为_____的装置，它属于_____元件。

4. 气缸按结构不同可分为_____、_____、_____和_____。

5. 气动控制阀主要有_____、_____、_____三大类。

6. 压力控制阀按功能不同可分为_____、_____、_____等形式。

7. _____、_____、_____三种元件合称为气源处理装置。

8. 气动辅助元件主要有_____、_____、_____、_____等装置。

二、判断题

1. 气动元件与液压元件结构一样，所以性能也相同。（　　　）

2. 气压传动系统工作压力很高，故对元件的精度要求很高。（　　　）

3. 在输出相同情况下，气压传动比液压传动结构尺寸要大。（　　　）

4. 空气压缩机是将气压传动能转换成机械能的能量转换装置。（　　　）

5. 由于空气的可压缩性，故气动装置的动作稳定性好。（　　　）

6. 气动装置的噪声较小。（　　　）

7. 气缸是将气压能转换成机械能输出做功的装置。（　　　）

8. 空气过滤器的作用是消除空气中水滴、油污、灰尘等，使洁净空气进入系统。（　　　）

9. 由于空气黏度很小，故管道压力损失小。（　　　）

10. 减压阀、顺序阀和节流阀属于压力控制阀。（　　　）

11. 单向阀、电磁换向阀和安全阀属于方向控制阀。（　　　）

12. 辅助元件有气罐、油雾器、减压阀和压力表等。（　　　）

13. 空气过滤器常用的有油水分离器和分水滤气器，其中前者用于两次分离。（　　　）

14. 膜片式气缸属于单作用式气缸。（　　　）

15. 液压控制阀可替代气压控制阀。（　　　）

16. 气压传动系统中元件的润滑与液压系统相同，也是利用工作介质。（　　　）

三、分析题

1. 气压传动由哪几部分组成？各部分各起什么作用？

2. 气压传动主要有哪些优缺点？

3. 气缸可分为哪几种类型？

4. 气压辅件主要有哪几种？请说明它们各自的作用。

5. 气压传动的工作原理是什么？

6. 试利用两个双作用气缸、一个气动顺序阀、一个二位四通单电控制换向阀组成顺序动作回路。

7. 试设计一个双作用气缸动作之后单作用气缸才能动作的联锁回路。

下 篇

电气控制与 PLC 技术

常用低压电器

章节概述

低压电器通常是指用于交流额定电压小于或等于1200V，直流电压小于或等于1500V的电器。它能够根据外界信号的要求，自动或手动地接通和断开电路，断续或连续地改变电路参数，以实现对电路或非电路对象进行切换、控制、保护、检测、变换和调节。本章主要介绍常用的低压电器元件。

章节目标

熟悉常用低压电器的结构原理、用途和图形符号，能够正确使用和选用常用低压电器。

章节导读

1）电磁式低压电器。

2）电磁式接触器。

3）继电器。

4）常用开关元件。

5）低压电器元件实训（见本书配套资源）。

低压电器种类很多，分类方法也很多。按照操作方式可分为手动电器和自动电器。手动电器主要是用手直接参与操作才能完成动作任务的电器，如按钮、刀开关、转换开关等；自动电器是指不需人的直接参与操作，而是根据电的或非电的信息而自动完成动作任务的电器，如自动开关、各种继电器和大部分传感器等。按用途可分为控制电器、主令电器、配电电器和保护电器。控制电器是指用于各种控制电路和控制系统的电器，如接触器、继电器等；主令电器是指用于控制系统中发送控制指令的电器，如控制按钮、主令开关、各种行程开关、万能转换开关等；配电电器是指用于电能输配系统中的电器，如刀开关、自动开关和低压隔离开关等；保护电器是指用于电路和电气设备安全保护的电器，如熔断器、热继电器及各种保护继电器。

5.1 电磁式低压电器

电磁式低压电器是依据电磁感应原理来工作的电器，它主要由电磁机构、触点系统、灭弧装置等几部分组成。

一、电磁机构

电磁机构由线圈、铁心、衔铁组成，如图 5-1 所示。

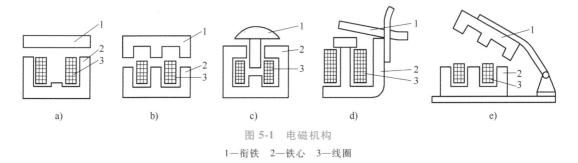

图 5-1　电磁机构

1—衔铁　2—铁心　3—线圈

二、触点系统

（1）触点的接触形式　如图 5-2 所示。

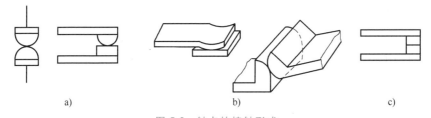

图 5-2　触点的接触形式

a）点接触　b）线接触　c）面接触

（2）触点的结构形式　如图 5-3 所示。

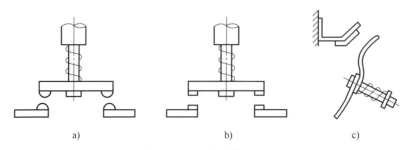

图 5-3　触点的结构形式

a）点接触桥式触点　b）面接触桥式触点　c）线接触指形触点

（3）触点分类及要求

1）触点分类。按触点控制电路不同可分为主触点和辅助触点。按触点原始状态不同可分为常开触点和常闭触点。

2）触点要求。触点接触电阻小，触点导电性能好。

三、电弧的产生和常用的灭弧方法

（一）电弧的产生原因

电弧的产生和维持是触点间隙的绝缘介质的中性质点（分子和原子）被游离的结果，游离是指中性质点转化为带电质点。电弧的形成过程就是气态介质或液态介质高温气化后的气态介质向等离子体态的转化过程。因此，电弧是一种游离气体的放电现象。

（1）热电子发射　动、静触点分离时，触点间的接触压力及接触面积逐渐缩小，接触电阻增大，使接触部位剧烈发热，导致阴极表面温度急剧升高而发射电子，形成热电子发射。

（2）强电场发射　触点分开的瞬间，由于动、静触点的距离很小，触点间的电场强度非常大，使触点内部的电子在强电场作用下被拉出来，形成强电场发射。

（3）碰撞游离　阴极表面发射的电子和触点间隙原有的少数电子在强电场作用下，加速向阳极移动，并积累动能，当具有足够大动能的电子与介质的中性质点相碰撞时，产生正离子与新的自由电子，使中性质点游离，这一过程称为碰撞游离。这种现象持续发生，使触点间隙中的电子与正离子大量增加，它们定向移动形成电流，介质绝缘强度急剧下降，间隙被击穿，电流急剧增大，出现光效应和热效应而形成电弧。

（4）热游离　弧柱中气体分子在高温作用下产生剧烈热运动，动能很大的中性质点互相碰撞时，将形成电子和正离子，这种现象称为热游离。弧柱导电就是靠热游离来维持的。电弧形成后，弧隙温度剧增，可达 $6000 \sim 10000℃$。

断路器断开过程中，触点刚分离的瞬间，阴极表面立即出现高温炽热点，产生热电子发射；同时，由于触点的间隙很小，使得电压强度很高，产生强电场发射。从阴极表面逸出的电子在强电场作用下，加速向阳极运动，发生碰撞游离，导致触点间隙中带电质点急剧增加，温度骤然升高，产生热游离并且成为热游离的主要因素，此时，在外加电压作用下，间隙被击穿，形成电弧。

（二）常用的灭弧方法

1. 灭弧的常用方法

1）拉长电弧，从而降低电场强度。

2）用电磁力使电弧在冷却介质中运动，降低弧柱周围的温度。

3）将电弧挤入绝缘壁组成的窄缝中以冷却电弧。

4）将电弧分成许多串联的短弧，增加维持电弧所需的临极电压降。

2. 常用的灭弧装置

（1）双断口电动力吹弧　如图 5-4 所示，触点在断开时，电弧受电路电动力的作用被拉长，与周围介质发生相对运动而加强了冷却，这样就加速了电弧的熄灭。因利用本身灭弧的电动力不够大，电弧拉长和运动的速度都很小，所以这种灭弧方法仅适用于小容量电器中。

（2）磁吹灭弧　磁吹灭弧可用于低压直流和交流接触器中。对后者，为减少涡流损耗和避免由于钢夹板中

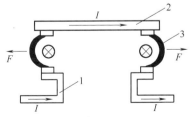

图 5-4　双断口电动力吹弧

1—静触点　2—动触点　3—电弧

磁通与电弧电流相位不同而产生反向电动力。如图 5-5 所示，铁心 2 上可开一槽或者用硅钢片叠成。当铁心不饱和时，如果磁吹线圈开断大电流时产生的磁场适当，则在开断小电流时将因电动力过小而引起吹弧困难。当然，通过设计也能使磁吹线圈在开断小电流时产生的磁场适当。但这样做，一方面将使磁吹线圈的匝数增加，增大了线圈体积和有色金属用量；另一方面将使开断大电流时产生的磁场过强，使得触点的电磨损大大增加。

为缓和上述矛盾，可以通过适当选择磁吹线圈的匝数以及铁心和钢夹板的截面积，使得开断小电流时磁场加强，在开断大电流时则由于磁路饱和而磁场不致过强。

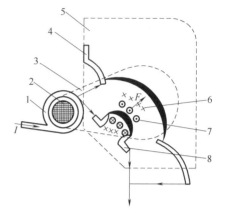

图 5-5　磁吹灭弧原理
1—磁吹线圈　2—铁心　3—导磁夹板
4—引弧角　5—灭弧罩　6—磁吹线圈磁场
7—电弧电流磁场　8—动触点

（3）栅片灭弧　图 5-6 所示为栅片灭弧示意图。栅片灭弧利用将电弧分为多个串联短弧的方法来灭弧。当电弧经过与其垂直的一排金属栅片时，长电弧被分割成若干段短弧；而短电弧的电压降主要降落在阴、阳极区内，如果栅片的数目足够多，使各段维持电弧燃烧所需的最低电压降的总和大于外加电压时，电弧就会自行熄灭。

（4）灭弧罩窄缝灭弧　所谓纵缝就是灭弧罩的缝隙方向与电弧的轴线平行。灭弧装置的工作原理是利用磁吹线圈产生的磁场将电弧驱入耐弧绝缘材料（石棉、水泥、陶土等）制成的具有纵缝的灭弧室中进行灭弧。它既可用于熄灭直流电弧，也可用于熄灭交流电弧。图 5-7 所示为单纵缝灭弧装置的原理结构，通常上部缝宽小于熄灭电弧的直径。

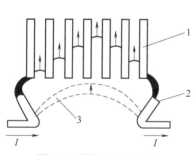

图 5-6　栅片灭弧示意图
1—灭弧栅片　2—触点　3—电弧

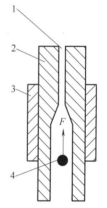

图 5-7　单纵缝灭弧装置的原理结构
1—纵缝　2—介质　3—磁性夹板　4—电弧

5.2　电磁式接触器

接触器是一种自动控制电器，它可以用来频繁地远距离接通和断开交直流主电路及大容量控制电路，具有低电压保护释放功能。其主要控制对象是电动机，同时也可以控制电焊机、电熔器组、照明等其他负载，是电力拖动自动控制线路中最广泛使用的电器元件。

接触器按其主触点通过的电流种类不同，可分为交流接触器和直流接触器两类，二者动作相同，但在结构上有各自特殊的地方，不能相互混用。交流接触器常用于远距离接通和分断电压至660V、电流至600A的交流电路，以及频繁起动和控制交流电动机的场合；直流接触器结构和工作原理与交流接触器基本相同，主要用于远离接通和分断直流电压至440V、直流电流至1600A的电力线路。

接触器可以接通和断开负荷电流，但不能切断短路电流，因此，常与熔断器、热继电器配合使用。

由于在机床等常用设备中应用交流电较普遍，在此主要介绍交流接触器。

一、交流接触器的结构

图5-8所示为交流接触器的结构示意图。交流接触器主要由电磁机构、触点系统、灭弧装置以及其他部件等部分组成。

1. 电磁机构

电磁机构主要用于产生电磁吸力，它由电磁线圈（吸引线圈）、衔铁和铁心等组成，如图5-9所示。吸引线圈的作用是将电能转换为磁能，产生磁通；衔铁的作用是在电磁吸力作用下，产生机械动能，使铁心闭合，带动执行部分完成控制电路的工作。铁心构成磁路。交流接触器的电磁线圈是将绝缘铜导线绕制在铁心上制成的，由于铁心中存在涡流和磁滞损耗的关系，除线圈发热以外，铁心也要发热，要求铁心和线圈之间有间隙，便于铁心和线圈的良好散热。在制做交流电磁机构过程中，把线圈做成有骨架的矮胖型，铁心用硅钢片叠成，来减小涡流的发热作用。

交流接触器是根据电磁原理工作的，当线圈通电后产生磁场，使静铁心产生电磁吸力吸引动铁心向下运动，使常开主触点（一般三对）闭合，同时常闭辅助触点（一般两对）断开，常开辅助触点（一般两对）闭合。当线圈断电时，电磁力消失，动触点在复位弹簧

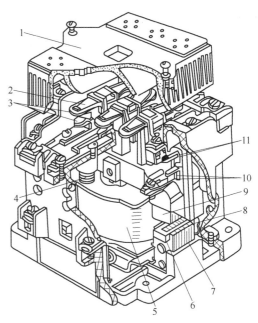

图 5-8　交流接触器的结构示意图
1—灭弧罩　2—触点压力弹簧片　3—主触点
4—反作用弹簧　5—线圈　6—短路环
7—静铁心　8—弹簧　9—动铁心
10—常开辅助触点　11—常闭辅助触点

的作用下向上复位，各触点复原（即三对主触点断开、两对常闭辅助触点闭合、两对常开辅助触点断开）。接触器线圈未通电时处于断开状态的静触点，称为常开触点；处于接通状态的静触点称为常闭触点。

由于交流接触器的吸引线圈中通入的是交流电，因此产生的磁通也是交变磁通，铁心在交变磁通过零时会发生颤动而产生噪声。消除振动和噪声的措施是在铁心端面的一部分套上短路环，又称减振环，其材料为铜或镍铬合金等。

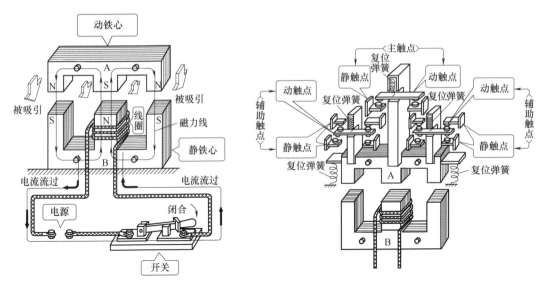

图 5-9 交流接触器的工作原理图

2. 触点系统

触点系统主要用于通断电路或传递信号，分为主触点和辅助触点。主触点用于通断电流较大的主电路，一般为三对常开双断点桥式触点。辅助触点用于通断电流较小的控制电路，完成电气联锁作用，一般有常开和常闭各两对触点。

触点的材质有铜和银两种，铜质触点应用较多，铜质触点表面容易产生氧化膜，增大触点的接触电阻，使触点表面发热受损，而银质触点与铜质触点相比具有更好的导电性，且形成的氧化膜电阻与纯银一样能良好导电，所以银质触点较铜质触点性能更好、更稳定。在触点的结构设计上也可以采用滚动接触，使两触点有相对位移，从而将氧化膜去掉。一般滚动触点常采用铜质材料。

触点主要有桥式触点和指形触点两种结构形式。接触的一般形式有点接触式和面接触式两种，图 5-3a 所示为两个点接触的桥式触点，图 5-3b 所示为两个面接触的桥式触点，电路的接通与断开由两组触点共同完成。点接触形式适用于小电流、触点压力小的情况，面接触形式适用于大电流场合。图 5-3c 所示为指形触点，两触点接触处为一直线，且有相互位移摩擦，便于去掉氧化膜。指形触点更适用于电流大、频繁动作的电路中。

为了使触点接触紧密、减小接触电阻、消除初接触振动，触点系统还安装有压紧弹簧。

3. 灭弧装置

灭弧装置用来熄灭触点在切断高电压、大电流的电路时所产生的电弧，保护触点不受电弧灼伤。在交流接触器中常用的灭弧方法有电动力灭弧、相间弧隔板、陶土灭弧罩灭弧、窄缝灭弧罩以及栅片灭弧。

4. 其他部件

其他部件包括反作用弹簧、缓冲弹簧、触点压力弹簧、传动机构及外壳等机械部件。

二、交流接触器的分类

交流接触器的种类很多，其分类方法也不尽相同。按照一般的分类方法，大致有以下几种。

1. 按主触点极数分类

可分为单极、双极、三极、四极和五极接触器。单极接触器主要用于单相负荷，如照明负荷、焊机等，在电动机能耗制动中也可采用；双极接触器用于绕线式异步电动机的转子回路中，起动时用于短接起动绕组；三极接触器用于三相负荷，例如在电动机的控制及其他场合，使用最为广泛；四极接触器主要用于三相四线制的照明电路，也可用来控制双回路电动机负载；五极交流接触器用来组成自耦补偿起动器或控制双笼型电动机，以变换绕组接法。

2. 按灭弧介质分类

可分为空气式接触器、真空式接触器等。依靠空气绝缘的接触器用于一般负载，而采用真空绝缘的接触器常用在煤矿、石油、化工企业及一些特殊电压等级的场合。

3. 按有无触点分类

可分为有触点接触器和无触点接触器。常见的接触器多为有触点接触器，而无触点接触器属于电子技术应用的产物，一般采用晶闸管作为回路的通断元件。由于可控硅导通时所需的触发电压很小，而且回路通断时无火花产生，因而可用于高操作频率的设备和易燃、易爆、无噪声的场合。

三、交流接触器的图形及文字符号

接触器在机床电气原理图中常按各部件作用分别画到各条控制支路中，也就是说，虽然接触器的线圈和触点系统被封装在一个壳体中，但接触器在电路图中的线圈和各触点却分别画在不同的位置，然后用相同的文字符号来表明是一个电器元件，接触器的图形及文字符号如图 5-10 所示。

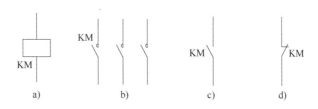

图 5-10 接触器的图形和文字符号

a) 接触器线圈 b) 主触点 c) 常开辅助触点 d) 常闭辅助触点

国家标准中关于接触器型号的表示方法规定如下：

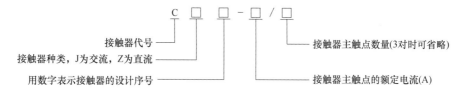

四、交流接触器的主要技术参数

交流接触器常见型号有 CJ10、CJ12、CJ20 和 CJ24 等。

1. 额定电压

接触器铭牌上的额定电压是指主触点额定电压，即保证接触器主触点正常工作的电压值。交流有 220V、380V 和 660V，在特殊场合应用的额定电压高达 1140V，直流主要有110V、220V 和 440V。

2. 额定电流

接触器铭牌上的额定电流是指主触点额定电流。常用电流等级有 5A、10A、20A、40A、60A、100A 和 150A 等，额定电流应大于或等于控制电路的额定电流。

3. 吸引线圈额定电压

交流吸引线圈的额定电压有 36V、127V、220V 和 380V 四种。考虑电网波动，接触器线圈允许在电压等于 85%~105% 额定值下长期接通。

4. 寿命

接触器是频繁操作电器，应有较高的机械寿命和电气寿命，该指标是产品质量的重要指标之一。机械寿命是指接触器在不需修理条件下所能承受的无负载操作次数，一般接触器机械寿命为 600 万~1000 万次。电气寿命是指接触器的主触点在额定负载条件下允许的极限操作次数，一般电气寿命为 15 万~300 万次。

5. 额定操作频率

接触器的额定操作频率是指每小时允许的操作次数，一般为 300 次/h、600 次/h 和 1200 次/h。一般交流接触器操作频率最高为 600 次/h。

6. 动作值

动作值是指接触器的吸合电压和释放电压。规定接触器的吸合电压大于线圈额定电压的 85% 时应可靠吸合，释放电压不高于线圈额定电压的 70%。

五、交流接触器的选用原则

1. 确定接触器的类型

根据被控制的电动机或负载电流类型来选择接触器的类型，交流负载应使用交流接触器，直流负载应使用直流接触器。如果整个控制系统中主要是交流负载，而直流负载的容量较小时，也可全部使用交流接触器，但触点的额定电流应选大些。

2. 额定电压的选择

接触器的额定电压应大于或等于所控制电路的电压等级。

3. 额定电流的选择

（1）额定电流选择　接触器额定电流应不低于被控制电路的额定电流，对于电动机负载：

$$I_N > I_C = \frac{P_N \times 10^3}{K U_N}$$

式中　I_N——接触器额定电流（A）；

I_C——接触器主触点电流（A）；

P_N——电动机额定功率（W）；

U_N——电动机额定电压（V）；

K——系数，一般取 1~1.4。

4. 吸引线圈额定电压选择

吸引线圈额定电压等于所接控制电路电压，电气控制电路比较简单且所用接触器较少时，可直接选用 380V 或 220V；控制电路较为复杂时，为了保证安全，一般选用较低的 110V、127V。

5. 辅助触点选择

接触器的辅助触点的额定电流、数量和种类应满足控制电路的要求。若不能满足时，可采用中间继电器。

5.3 继 电 器

继电器是当输入量（电、磁、声、光、热）达到一定值时，输出量将发生跳跃式变化的自动控制器件，是一种根据电气量或非电气量的变化而闭合或断开控制电路，从而完成控制或保护的电器。控制电路中常用的继电器有电磁式继电器、热继电器、时间继电器和速度继电器等。

继电器是具有隔离功能的自动开关元件，广泛应用于遥控、遥测、通信、自动控制、机电一体化及电力电子设备中，是最重要的控制元件之一。

继电器一般都有能反映一定输入变量（如电流、电压、功率、阻抗、频率、温度、压力、速度、光等）的感应机构（输入部分）；有能对被控电路实现通、断控制的执行机构（输出部分）；在继电器的输入部分和输出部分之间，还有对输入量进行耦合隔离，功能处理和对输出部分进行驱动的中间机构（驱动部分）。继电器实质是一种传递信号的电器，它根据输入的信号达到不同的控制目的。

下面分析几种典型的继电器。

一、电磁式继电器

1. 电磁式中间继电器

（1）电磁式中间继电器的结构　电磁式中间继电器是最常用的继电器之一，它的结构和接触器基本相同，如图 5-11a 所示，其图形文字符号如图 5-11b 所示。

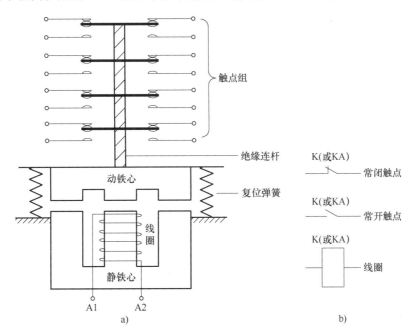

图 5-11　中间继电器的结构及图形文字符号

a）中间继电器结构简图　b）中间继电器图形文字符号

（2）电磁式中间继电器的工作原理　如图 5-12 所示。

（3）电磁式中间继电器的特性　电磁式中间继电器的继电特性曲线如图 5-13 所示。X_2 称为继电器吸合值，欲使继电器吸合，输入量必须等于或大于 X_2；X_1 称为继电器释放值，欲使继电器释放，输入量必须等于或小于 X_1。

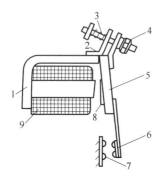

图 5-12　电磁式中间继电器工作原理图

1—铁心　2—旋转棱角　3—释放弹簧　4—调节螺母　5—衔铁
6—动触点　7—静触点　8—非磁性垫片　9—线圈

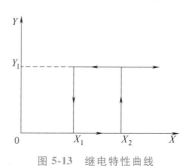

图 5-13　继电特性曲线

X 由 0 增至 X_2 以前，继电器输出量 Y 为 0。当输入量 X 增加到 X_2 时，继电器吸合，输出量为 Y_1；若 X 继续增大，Y 保持不变。当 X 减小到 X_1 时，继电器释放，输出量由 Y_1 变为 0，若 X 继续减小，Y 值均为 0。

$K_f = X_1/X_2$，称为继电器的返回系数，它是继电器重要参数之一。K_f 值是可以调节的。例如一般继电器要求低的返回系数，K_f 值应为 0.1～0.4，这样当继电器吸合后，输入量波动较大时不致引起误动作；欠电压继电器则要求高的返回系数，K_f 值在 0.6 以上。设某继电器 $K_f = 0.66$，吸合电压为额定电压的 90%，则电压低于额定电压的 50% 时，继电器释放，起到欠电压保护作用。

电磁式中间继电器的另一个重要参数是吸合时间和释放时间。吸合时间是指从线圈接受电信号到衔铁完全吸合所需的时间；释放时间是指从线圈失电到衔铁完全释放所需的时间。一般继电器的吸合时间与释放时间为 0.05～0.15s，快速继电器为 0.005～0.05s，它的大小影响继电器的操作频率。

中间继电器在控制电路中起逻辑变换和状态记忆的功能，以及用于扩展接点的容量和数量。另外，在控制电路中还可以调节各继电器、开关之间的动作时间，防止电路误动作的作用。中间继电器实质上是一种电压继电器，它是根据输入电压的有或无而动作的，一般触点对数多，触点容量额定电流为 5～10A。中间继电器体积小，动作灵敏度高，一般不用于直接控制电路的负荷，但当电路的负荷电流在 5A 以下时，也可代替接触器起控制负荷的作用。中间继电器的工作原理和接触器一样，触点较多，一般为四常开和四常闭触点。

常用的中间继电器型号有 JZ7、JZ14 等。

2. 电压继电器

电压继电器用于电力拖动系统的电压保护和控制。其线圈并联接入主电路，感测主电路的电路电压；触点接于控制电路，为执行元件。

按吸合电压的大小，电压继电器可分为过电压继电器和欠电压继电器。

1）过电压继电器（FV）用于线路的过电压保护，其吸合整定值为被保护电路额定电压 1.05~1.2 倍。当被保护的电路电压正常时，衔铁不动作；当被保护电路的电压高于额定值，达到过电压继电器的整定值时，衔铁吸合，触点机构动作，控制电路失电，控制接触器及时分断被保护电路。

2）欠电压继电器（KV）用于电路的欠电压保护，其释放整定值为电路额定电压的 0.1~0.6 倍。当被保护电路电压正常时，衔铁可靠吸合；当被保护电路电压降至欠电压继电器的释放整定值时，衔铁释放，触点机构复位，控制接触器及时分断被保护电路。

3）零电压继电器是当电路电压降低到（5%~25%）U_N 时释放，对电路实现零电压保护。用于电路的失压保护。

4）中间继电器实质上是一种电压继电器。它的特点是触点数目较多，电流容量可增大，起到中间放大（触点数目和电流容量）的作用。

3. 电流继电器

电流继电器用于电力拖动系统的电流保护和控制。其线圈串联接入主电路，用来感测主电路的电流；触点接于控制电路，为执行元件。电流继电器反映的是电流信号。常用的电流继电器有欠电流继电器和过电流继电器两种。

1）欠电流继电器（KA）用于电路的欠电流保护，吸引电流为线圈额定电流的 30%~65%，释放电流为额定电流的 10%~20%，因此，在电路正常工作时，衔铁是吸合的，只有当电流降低到某一整定值时，继电器释放，控制电路失电，从而控制接触器及时分断电路。

2）过电流继电器（FA）在电路正常工作时不动作，整定范围通常为额定电流的 1.1~4 倍，当被保护电路的电流高于额定值，达到过电流继电器的整定值时，衔铁吸合，触点机构动作，控制电路失电，从而控制接触器及时分断电路，对电路起过流保护作用。

JT4 系列交流电磁继电器适用于交流 50Hz、380V 及以下的自动控制电路中作零电压、过电压、过电流和中间继电器使用，过电流继电器也适用于 60Hz 交流电路。

通用电磁式继电器有 JT9、JT10、JL12、JL14、JZ7 等系列，其中 JL14 系列为交直流电流继电器，JZ7 系列为交流中间继电器。

二、时间继电器

时间继电器是感受部分在感测到外界信号变化后，经过一段时间（延时时间）执行机构才动作的继电器。时间继电器的种类很多，按动作原理不同可分为空气阻尼式、电磁阻尼式、电动机式和电子式；按延时方式不同可分为通电延时型和断电延时型。

通电延时继电器是指线圈得电后要延时一段时间，触点才动作；线圈失电后，触点瞬时恢复；断电延时继电器是指线圈得电后，触点瞬时动作；线圈失电后，要延时一段时间后触点才动作。

空气阻尼式时间继电器是利用空气阻尼原理获得延时的，它由电磁机构、延时机构和触点系统三部分组成。电磁机构为直动式双 E 型铁心，触点系统借用 LX5 型微动开关，延时机构采用气囊式阻尼器。空气阻尼式时间继电器的结构及图形文字符号如图 5-14 所示。

国家标准中关于时间继电器型号的表示方法规定如下：

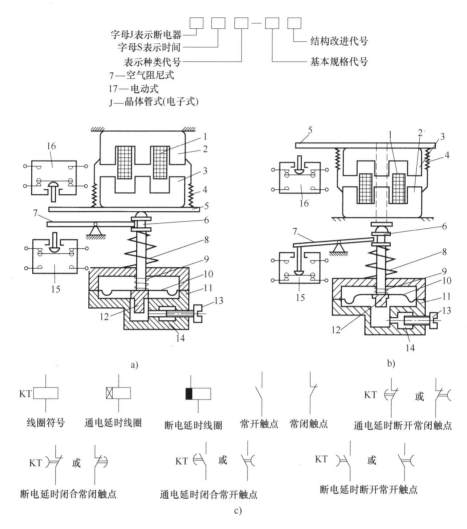

图 5-14　空气阻尼式时间继电器结构及图形文字符号

a）通电延时型结构　b）断电延时型结构　c）图形文字符号

1—线圈　2—铁心　3—衔铁　4—反力弹簧　5—推板　6—活塞杆　7—杠杆　8—塔形弹簧　9—弱弹簧
10—橡皮膜　11—气室　12—活塞　13—调节螺杆　14—进气孔　15、16—微动开关

　　时间继电器在选用时应根据控制要求选择其延时方式，根据延时范围和精度选择继电器的类型。对于延时要求不高的场合，一般选用电磁阻尼式或空气阻尼式时间继电器；对延时要求较高的，可选用电动机式或电子式时间继电器。对于电磁阻尼式和空气阻尼式时间继电器，其线圈电流种类和电压等级应与控制电路相同；对于电动机式和电子式时间继电器，其电源的电流种类和电压等级应与控制电路相同。按控制电路要求选择通电延时型或断电延时型以及触点延时形式（是延时闭合还是延时断开）和数量；最后还要考虑操作频率是否符合要求。

三、热继电器

1. 热继电器的工作原理

图 5-15a 所示为双金属片式热继电器的结构示意图，图 5-15b 所示为其图形文字符号。

由图可见，热继电器主要由双金属片、热元件、复位按钮、传动杆、拉簧、调节旋钮、复位螺钉、触点和接线端子等组成。

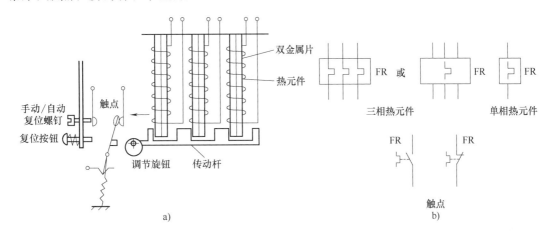

图 5-15 双金属片式热继电器结构及图形文字符号

a）热继电器结构示意图 b）热继电器图形文字符号

双金属片是一种将两种线膨胀系数不同的金属用机械辗压方法使之形成一体的金属片。膨胀系数大的（如铁镍铬合金、铜合金或高铝合金等）称为主动层，膨胀系数小的（如铁镍类合金）称为被动层。由于两种线膨胀系数不同的金属紧密地贴合在一起，当产生热效应时，使得双金属片向膨胀系数小的一侧弯曲，由弯曲产生的位移带动触点动作。

热元件一般由铜镍合金、镍铬铁合金或铁铬铝等合金电阻材料制成，其形状有圆丝、扁丝、片状和带材几种。热元件串接于电动机的定子电路中，通过热元件的电流就是电动机的工作电流（大容量的热继电器装有速饱和互感器，热元件串接在其二次回路中）。

热继电器动作电流的调节是通过旋转调节旋钮来实现的。调节旋钮为一个偏心轮，旋转调节旋钮可以改变传动杆和动触点之间的传动距离，距离越长动作电流就越大，反之动作电流就越小。

热继电器复位方式有自动复位和手动复位两种，将复位螺钉旋入，使常开的静触点向动触点靠近，这样动触点在闭合时处于不稳定状态，在双金属片冷却后动触点也返回，为自动复位方式。如将复位螺钉旋出，触点不能自动复位，为手动复位置方式。在手动复位置方式下，需在双金属片恢复状时按下复位按钮才能使触点复位。

2. 热继电器主要技术参数及常用型号

1）热元件额定电流。热元件的最大整定电流值。

2）整定电流。热元件能够长期通过而不致引起热继电器动作的最大电流值。

3）热继电器额定电流。热继电器中，可以安装的热元件的最大整定电流值。

国家标准中关于热继电器型号的表示方法规定如下：

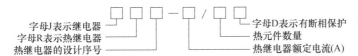

我国目前生产的热继电器主要有 JR0、JR1、JR2、JR9、R10、JR15、JR16 等系列。

3. 热继电器的选择原则

热继电器主要用于电动机的过载保护，使用中应考虑电动机的工作环境、起动情况、负载性质等因素，具体应按以下几个方面来选择。

1) 热继电器结构形式的选择。星形联结的电动机可选用两相或三相结构热继电器，三角形联结的电动机应选用带断相保护装置的三相结构热继电器。

2) 热继电器的动作电流整定值一般为电动机额定电流的 1.05~1.1 倍。

3) 对于重复短时工作的电动机（如起重机电动机），由于电动机不断重复升温，热继电器双金属片的温升跟不上电动机绕组的温升，电动机将得不到可靠的过载保护。因此，不宜选用双金属片热继电器，而应选用过电流继电器或能反映绕组实际温度的温度继电器来进行保护。

四、速度继电器

速度继电器是当转速达到规定值时动作的继电器。它常用于电动机的控制电路中，当反接制动的转速下降到接近零时，它能自动的切断电源，也称为反接制动继电器。

1. 速度继电器结构及符号

速度继电器的符号如图 5-16 所示。

速度继电器由转子、定子和触点三部分组成。定子的结构与笼型异步电动机相似，是一个笼型空心圆环，由硅钢片冲压而成，并装有笼型绕组。转子是一个圆柱形永久磁铁。

图 5-16　速度继电器符号

2. 速度继电器的工作原理

速度继电器的工作原理如图 5-17 所示。其转轴与电动机的轴相连接，而定子套在转子上。当电动机转动时，速度继电器的转子（永久磁铁）随之转动，在空间产生旋转磁场，切割定子绕组，而在其中产生感应电流。此电流又在旋转的转子磁场作用下产生转矩，使定子随转子转动方向而旋转，和定子装在一起的摆锤推动动触点动作，使常闭触点断开，常开触点闭合。当电动机转速低于某一值时，定子产生的转矩减小，动触点复位。

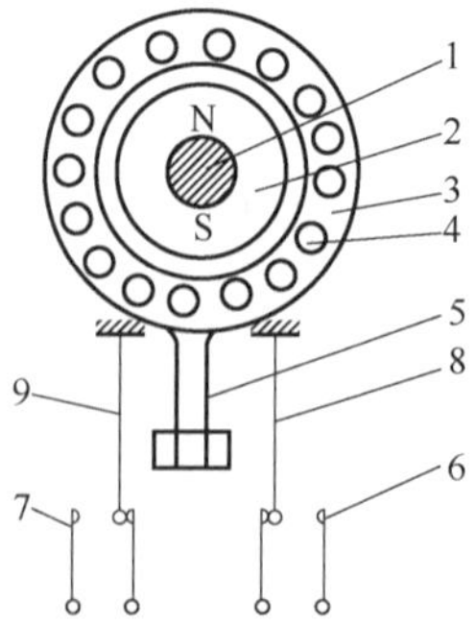

常用的感应式速度继电器有 JY1 和 JFZ0 系列。JY1 系列能在 3000r/min 的转速下可靠工作。JFZ0 型触点动作速度不受定子柄偏转快慢的影响，触点改用微动开关。JFZ0 系列 JFZ0-1 型适用于 300~1000r/min，JFZ0-2 型适用于 1000~3000r/min。速度继电器有两对常开、常闭触点，分别对应于被控电动机的正、反转运行。

速度继电器常用在铣床和镗床的控制电路中，转速一般达到 130r/min 时，速度继电器就能动作并完成其控制功能。一般降到 100r/min 左右时触点恢复原状。

图 5-17　速度继电器工作原理图
1—转轴　2—转子　3—定子
4—绕组　5—摆锤　6、7—静
触点　8、9—动触点

五、熔断器

熔断器是动力和照明电路中的一种保护器件，当发生短路或过大电流故障时，能迅速切断电源，保护电路和电气设施的安全（但不能准确保护过负荷）。

熔断器的工作原理是当通过熔断器的电流大于规定值时，以其自身产生的热量使熔体熔化而自动分断电路。

1. 熔断器的分类

如图 5-18~图 5-21 所示，常用的熔断器有瓷插式、螺旋式、无填料密封管式、有填料密封管式等几种类型，熔断器的图形文字符号如图 5-18b 所示。

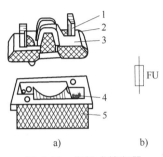

图 5-18 瓷插式熔断器

1—动触点 2—熔体 3—瓷插件 4—静触点 5—瓷座

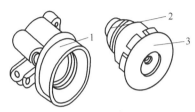

图 5-19 螺旋式熔断器

1—底座 2—熔体 3—瓷帽

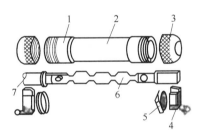

图 5-20 无填料密封管式熔断器

1—铜圈 2—熔断管 3—管帽 4—插座
5—特殊垫圈 6—熔体 7—熔片

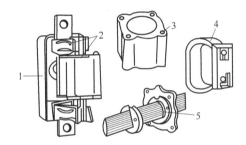

图 5-21 有填料密封管式熔断器

1—瓷底座 2—弹簧片 3—管体
4—绝缘手柄 5—熔体

熔断器又分为高压和低压两大类。用于 3~35kV 的为高压熔断器；用于交流 220V、380V 和直流 220V、440V 的为低压熔断器。

高压熔断器又分为户内式和户外式。

低压熔断器有插入式、管式、螺旋式三大类，又可分为开启式、半密封式和密封式三种。

开启式不单独使用，常与闸刀开关组合使用；半密封管式的一端或两端开启，熔体熔化粒子喷出有一定方向，使用时要注意安全；封闭式又分为插入式、无填料管式、有填料管式和有填料螺旋式。低压熔断器型号中的字母含义如下：

R—熔断器；C—插入式；L—螺旋式；M—密封管式；S—快速；T—有填料管式。如 RC1、RC1A 为插入式；RM 为密封管式；RT0 为有填料管式。

2. 熔断器的安秒特性

熔断器的动作是靠熔体的熔断来实现的，当电流较大时，熔体熔断所需的时间就较短。而电流较小时，熔体熔断所需的时间就较长，甚至不会熔断。因此对熔体来说，其动作电流和动作时间特性即熔断器的安秒特性，为反时限特性，如图 5-22 所示。

3. 熔断器的选择原则

1）按照电路要求和安装条件选择熔断器的型号。容量小的电路选择半密封式或无填料密封式；短路电流大的选择有填料密封式；半导体元件保护选择快速熔断器。

2）按照电路电压选择熔断器的额定电压。

3）根据负载特性选择熔断器的额定电流。

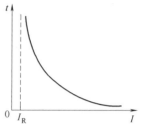

图 5-22 熔断器的安秒特性

4）选择各级熔丝需相互配合，后一级要比前一级小，总闸和各分支电路上电流不一样，选择熔丝也不一样。如果电路发生短路时，15A 和 25A 熔丝同时熔断，保护特性就失去了选择性。因此只有总闸和分支保持 2~3 级差别，才不会出现这类现象。如一台变压器低压侧出口为 RT0 1000/800、电动机为 RT0 400/250 或 RT0 400/350，上下级间额定电流之比分别为 3.2 和 2.3，故选择性好，即支路发生短路，支路熔断器熔断不影响总闸供电。

5）熔丝规格不能选择太小。如选择过小，易出现一相熔断器熔断后，造成电动机单相运转而烧坏；据统计，60%烧坏的电动机是熔断器配置不合适造成的。

4. 熔断器使用注意事项

1）熔断器与电路串联，垂直安装，并装在各相线上；二相三线或三相四线回路的中性线上，不允许装熔断器。

2）螺旋式熔断器的电源进线端应接在底座中心点上，出线应接在螺纹壳上；该熔断器用于有振动的场所。

3）动力负荷电流大于 60A，照明或电热负荷（220V）电流大于 100A 时，应采用管式熔断器。

4）电度表电压回路和电气控制回路应加装控制熔断器。

5）瓷插式熔断器采用合格的铅合金丝或铜丝，不得用多股熔丝代替一根大的熔丝使用。

6）熔断器应完整无损，接触应紧密可靠，结合配电装置的维修，检查接触情况，熔件变色、变形、老化情况，必要时更换熔丝。

7）熔断器选好后，还必须检查所选熔断器是否能够保护导线。如果导线截面过小，应适当加大。

8）跌落式熔断器的铜帽应扣住熔管处上触点 3/4 以上，熔管或熔体表面应无损伤、裂纹。

9）所有熔丝不得随意加粗，或乱用铜铝丝代替。

10）新工房、公寓、大楼，每一进户点装置多具电度表，除在进户处装有总熔丝盒和熔断器外，每具电度表后应另装分熔断器。

5.4 常用开关元件

一、刀开关

1. 刀开关的分类

刀开关在电气控制电路中作为隔离开关使用，起不频繁接通和分断电气控制电路的作用。

　　刀开关是一种手动电器，常用的刀开关有 HD 型单投刀开关、HS 型双投刀开关、HR 型熔断器式刀开关、HZ 型组合开关、HK 型闸刀开关、HY 型倒顺开关等。

　　图 5-23~图 5-25 所示分别为负荷开关、单投刀开关和组合开关的典型结构和图形符号。

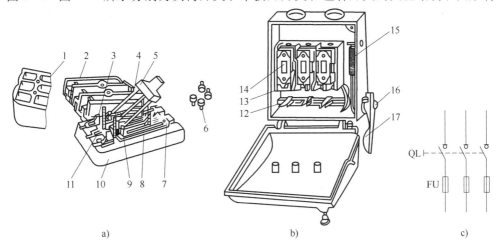

图 5-23　负荷开关

a) 开启式负荷开关　b) 封闭式负荷开关　c) 图形符号

1—上胶盖　2—下胶盖　3、13—插座　4、12—触刀　5、17—操作手柄　6—固定螺母　7—进线端
8—熔丝　9—触点座　10—底座　11—出线端　14—熔断器　15—速断弹簧　16—转轴

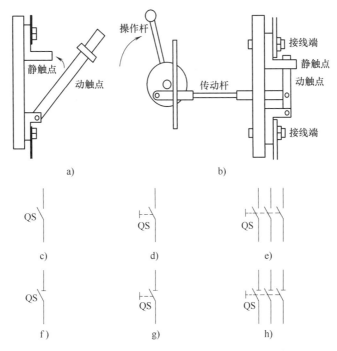

图 5-24　HD 型单投刀开关示意图及图形符号

a) 直接手动操作　b) 手柄操作　c) 一般图形符号　d) 手动符号　e) 三极单投刀开关符号
f) 一般隔离开关符号　g) 手动隔离开关符号　h) 三极单投刀开关隔离开关符号

2. 刀开关主要技术参数

1）额定电压。在规定条件下，开关在长期工作中能承受的最高电压。

2）额定电流。在规定条件下，开关在合闸位置允许长期通过的最大工作电流。

3）通断能力。在规定条件下，在额定电压下能可靠接通和分断的最大电流值。

4）机械寿命。在需要修理或更换机械零件前所能承受的无载操作次数。

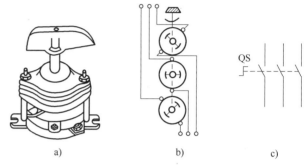

图 5-25　组合开关的结构示意图和图形符号

a）外形示意图　b）内部结构示意图　c）图形符号

5）电寿命。在规定的正常工作条件，不需要修理或更换零件情况下，带负载操作的次数。

3. 刀开关的选用

刀开关用作隔离开关时，其额定电流应为低于被隔离电路中各负载电流的总和；用于控制电动机时，其额定电流一般取电动机额定电流的 1.5～2.5 倍。应根据电气控制电路中实际需要，确定刀开关接线方式，正确选择符合接线要求的刀开关规格。

二、断路器

断路器集控制和多种保护功能于一体，在电路正常工作时，它作为电源开关能不频繁接通和断开电路；当电路中发生短路、过载和失电压等故障时，能自动跳闸切断故障电路，从而有效地保护串接在后面的电气设备。断路器具有操作安全、安装使用方便、工作可靠、动作值可调、分断能力较高、兼作多种保护、动作后不需要更换元件等优点，因此在电气控制电路中使用广泛。

1. 断路器的结构及工作原理

图 5-26 所示为断路器的工作原理示意图及图形符号。

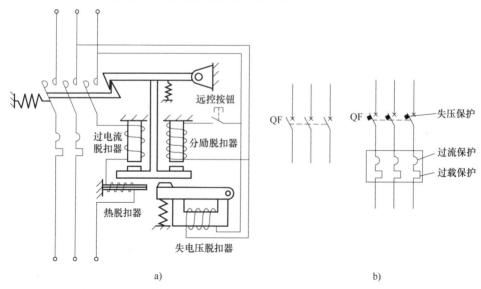

a）　　　　　　　　　　　　　　　　　　b）

图 5-26　断路器示意图

断路器主要由3个基本部分组成，即触点、灭弧系统和各种脱扣器，包括过电流脱扣器、失电压（欠电压）脱扣器、热脱扣器、分励脱扣器和自由脱扣器。

断路器是靠操作机构手动或电动合闸的，触点闭合后，自由脱扣机构将触点锁在合闸位置上。当电路发生上述故障时，通过各自的脱扣器使自由脱扣机构动作，自动跳闸以实现保护作用。

2. 断路器的主要技术参数

1）额定电压。断路器在规定条件下长期运行所能承受的工作电压，一般为线电压。常用有交流 220V、380V、500V、660V 等。

2）额定电流。在规定条件下断路器可长期通过的电流，又称为脱扣器额定电流。

3）额定短路接通能力。断路器在额定频率和功率因数等规定条件下，能够接通短路电流的能力，用最大预期峰值电流表示。

4）额定短路分断能力。断路器在额定频率和功率因数等规定条件下，能够分断的最大短路电流值。

5）额定短时耐受电流。在规定试验条件下，在指定适时间内所能承受的电流值。

6）动作时间。从电气控制电路出现短路瞬间开始到触点分离、电弧熄灭、电路被完全分断所需要的全部时间，又称为全分断时间，一般为 30~60ms。

7）使用寿命。使用寿命包括电气寿命和机械寿命，指在规定的正常负载条件下动作而不必更换零部件的操作次数，一般电气寿命为 0.2 万~1.2 万次，机械寿命为 0.2 万~2 万次。

3. 断路器的选用

1）断路器的额定电压和额定电流应小于电路、设备的正常工作电压和电流。

2）热脱扣器的整定电流应等于所控制负载的额定电流。

3）过电流脱扣器的瞬时脱扣整定电流应大于负载电路正常工作时的峰值电流，用于控制电动机的断路器，其瞬时脱扣整定电流可按下式选取。

$$I_\mathrm{s} \geqslant K I_\mathrm{st}$$

式中　K——安全系数，可取 1.5~1.7；

　　I_st——电动机的起动电流。

4）失压脱扣器的额定电压应等于电路的额定电压。

5）断路器的极限通断能力应不小于电路的最大短路电流。

三、行程开关

行程开关又称为限位开关，它的种类很多，按运动形式可分为直动式、滚轮式和微动式等；按触点的性质分可为有触点式和无触点式。

1. 有触点行程开关

有触点行程开关的工作原理和按钮相同，不同的是行程开关触点动作不靠手工操作，而是利用机械运动部件的碰撞使触点动作，从而将机械信号转换为电信号，再通过其他电器间接控制机床运动部件的行程、运动方向或进行限位保护等，其结构形式多种多样。

图 5-27 所示为几种典型操作类型的行程开关工作原理示意图及图形文字符号。

国家标准中关于行程开关型号的表示方法规定如下：

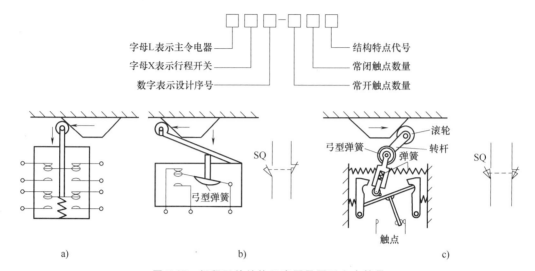

图 5-27　行程开关结构示意图及图形文字符号

a）直动式行程开关示意图　b）微动式行程开关示意图及图形文字符号

c）旋转式双向机械碰压限位开关示意图及图形文字符号

行程开关的主要参数有形式、动作行程、工作电压及触点的电流容量。目前国内生产的行程开关有 LXK3、3SE3、LX19、LXW 和 LX 等系列。常用的行程开关有 LX19、LXW5、LXK3、LX32 和 LX33 等系列。

2. 无触点行程开关

无触点行程开关又称为接近开关，利用对接近物件有"感知"能力的传感元件达到控制开关通或断的目的。它可以代替有触点行程开关来完成行程控制和限位保护，还可用于高频计数、测速、液位控制、零件尺寸检测、加工程序的自动衔接等的非接触式开关。

接近开关按检测元件工作原理的不同而有很多种，不同形式的接近开关对应的被检测物也不同。常见的接近开关有以下几种：

（1）涡流式接近开关　涡流式接近开关能产生电磁场，当导电物体接近时，物体内部产生涡流，涡流反作用到接近开关，使开关内部电路参数发生变化，从而识别出有无导电物体移近，进而控制开关的通或断，这种接近开关所能检测的物体必须是导电体。

（2）电容式接近开关　这种开关连同外壳共同构成一个电容。当有物体移向接近开关时，不论它是否为导体，由于它的接近，总要使电容的介电常数发生变化，从而使电容量发生变化，使得和测量头相连的电路状态也随之发生变化，由此便可控制开关的接通或断开。这种接近开关检测的对象不限于导体，可以是绝缘的液体或粉状物等。

（3）霍尔接近开关　霍尔元件是一种磁敏元件。利用霍尔元件做成的接近开关，称为霍尔接近开关。当磁性物件移近霍尔接近开关时，开关检测面上的霍尔元件因产生霍尔效应而使开关内部电路状态发生变化，由此识别附近是否有磁性物体存在，进而控制开关的通或断。这种接近开关的检测对象必须是磁性物体。

（4）光电式接近开关　光电开关（光电传感器）是光电式接近开关的简称，它是利用被检测物对光束的遮挡或反射，由同步回路选通电路，从而检测物体有无的。物体不限于金属，所有能反射光线的物体均可被检测。

接近开关的主要参数有形式、动作距离范围、动作频率、响应时间、重复精度、输出型式、工作电压及输出触点的容量等，接近开关的图形文字符号如图5-28所示。

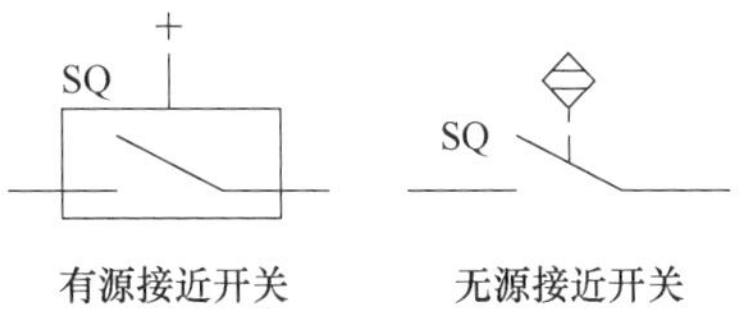

接近开关的产品种类十分丰富，常用的国产接近开关有 LJ、3SG 和 LXJ18 等多种系列，国外进口及引进产品也在国内有大量的应用。

图5-28　接近开关的图形文字符号

3. 行程开关的选择

有触点行程开关的选择应注意以下几点：

1）应用场合及控制对象选择。

2）安装环境选择防护形式，如开启式或保护式。

3）控制回路的电压和电流。

4）机械与行程开关的传力与位移关系选择合适的头部形式。

在一般的工业生产场所，通常都选用涡流式接近开关和电容式接近开关。因为这两种接近开关对环境的要求条件较低。当被测对象是导电物体或可以固定在一块金属物上的物体时，一般都选用涡流式接近开关，因为它的响应频率高、抗环境干扰性能好、应用范围广、价格较低。若所测对象是非金属（或金属）、液位高度、粉状物高度等，则应选用电容式接近开关。这种开关的响应频率低，但稳定性好。安装时应考虑环境因素的影响。若被测对象为导磁材料或者为了区别和它一同运动的物体而把磁钢埋在被测物体内时，应选用霍尔接近开关，它的价格最低。

在环境条件比较好、无粉尘污染的场合，可采用光电接近开关。光电接近开关工作时对被测对象几乎无任何影响。在防盗系统中，自动门通常使用热释电接近开关、超声波接近开关、微波接近开关。有时为了提高识别的可靠性，要选用多种类型的接近开关复合使用。

四、按钮

按钮是典型的主令电器之一，即用于在控制电路中以开关接点的通断形式来发布控制命令，直接或通过电磁式电器间接作用于控制电路的电器，使控制电路执行对应的控制任务。按钮是一种最常用的手动发出控制信号的主令电器，其结构简单，控制方便。

1. 按钮的结构及种类

按钮由按钮帽、复位弹簧、桥式触点和外壳等组成，其结构示意图及图形文字符号如图5-29所示。常用按钮规格为交流电压380V、额定工作电流为5A。触点采用桥式触点，触点又分常开触点（又称动断触点）和常闭触点（又称动合触点）两种。按下按钮时，先断开常闭触点，后接通常开触点；按钮释放后，在复位弹簧的作用下，按钮触点自动复位的先后顺序相反。通常，在无特殊说明的情况下，有触点电器的触点动作顺序均为"先断后合"。按钮一般为复位式，也有自锁式按钮，即按钮按下后触点动作，松开后，触点闭合状态不复位，再次按下按钮后触点才复位。

2. 按钮的型号

国家标准中关于按钮型号的表示方法规定如下：

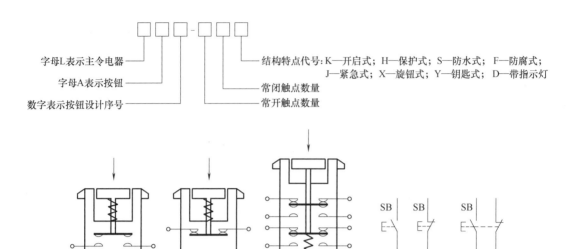

图 5-29　按钮的结构示意图及图形文字符号

a）常开按钮　b）常闭按钮　c）复合按钮　d）按钮的图形文字符号

常用的控制按钮有 LA18、LA20、LAY1 和 SFAN—1 型系列按钮。其中 SFAN—1 型为消防打碎玻璃按钮。LA18 系列采用积木式结构，触点数目可按需要拼装至六常开六常闭，一般装成二常开二常闭。LA20 系列有带指示灯和不带指示灯两种，前者按钮帽用透明塑料制成，兼作指示灯罩。

3. 按钮的选择原则

按钮的主要技术参数有规格、结构形式、触点数及按钮颜色等。

1）根据使用场合，选择控制按钮的种类，如开启式、防水式、防腐式等。例如控制柜面板上的按钮一般选用开启式。

2）根据用途，选用合适的形式，如钥匙式、紧急式、带灯式等。例如需显示工作状态则选用带指示灯式，重要设备为防止无关人员误操作就需选用钥匙式。

3）按控制回路的需要，确定不同的按钮数，如单钮、双钮、三钮、多钮等。

4）按工作状态指示和工作情况的要求，选择按钮及指示灯的颜色。

红色按钮用于"停止""断电"或"事故"；绿色按钮优先用于"起动"或"通电"，但也允许选用黑、白或灰色按钮；一钮双用的"起动"与"停止"或"通电"与"断电"，即自锁式按钮，不能用红色按钮，也不能用绿色按钮，而应用黑、白或灰色按钮；按压时运动，抬起时停止运动（如点动、微动），应用黑、白、灰或绿色按钮，最好是黑色按钮，而不能用红色按钮；用于单一复位功能的，用蓝、黑、白或灰色按钮；同时有"复位""停止"与"断电"功能的用红色按钮。灯光按钮不得用作"事故"按钮。

习　题

一、名词解释

①低压电器　②主令电器　③熔断器　④时间继电器　⑤继电器
⑥热继电器　⑦交流继电器　⑧触点　⑨电磁结构　⑩电弧

⑪接触器　　⑫温度继电器

二、填空

1. 常用的低压电器是指工作电压在交流＿＿＿＿V以下、直流＿＿＿＿V以下的电器。

2. 选择低压断路器时，额定电压或额定电流应＿＿＿＿电路正常工作时的电压和电流。

3. 行程开关也称为＿＿＿＿开关，可将＿＿＿＿信号转化为电信号，通过控制其他电器来控制运动部分的行程大小、运动方向或进行限位保护。

4. 按钮常用于控制电路，＿＿＿＿色表示起动，＿＿＿＿色表示停止。

5. 熔断器是由＿＿＿＿和＿＿＿＿两部分组成的。

6. 多台电动机由一个熔断器保护时，熔体额定电流的计算公式为＿＿＿＿。

7. 交流接触器是一种用来＿＿＿＿接通或分断＿＿＿＿电路的自动控制电器。

8. 交流接触器共有＿＿＿＿个触点，其中主触点为＿＿＿＿个，辅助触点为＿＿＿＿个。

9. 时间继电器是一种触点＿＿＿＿的控制电器。

10. 通常电压继电器＿＿＿＿联在电路中，电流继电器＿＿＿＿联在电路中。

11. 交流接触器的结构由＿＿＿＿、＿＿＿＿、＿＿＿＿和其他部件组成。

12. 熔断器的类型有瓷插式、＿＿＿＿和＿＿＿＿等。

13. 接触器的额定电压是指＿＿＿＿上的额定电压。

14. 按钮通常用做＿＿＿＿或＿＿＿＿控制电路的开关。

15. 熔丝为一次性使用元件，再次工作必须＿＿＿＿。

16. 熔断器的类型应根据＿＿＿＿来选择。

17. 接触器按＿＿＿＿通过电流的种类，分为直流、交流两种。

18. 热继电器是利用＿＿＿＿来工作的电器。

19. 继电器是两态元件，它们只有＿＿＿＿和＿＿＿＿两种状态。

第6章

电气控制的常用控制电路及典型系统

章节概述

生产工艺和生产过程不同，对生产机械或电气设备的自动控制电路的要求也不同。但是，无论是简单的还是复杂的电气控制电路，都是按一定的控制原则和逻辑规律，由基本的控制环节组合成的。因此，只要掌握各种基本控制环节以及一些典型电路的工作原理、分析和设计方法，就很容易掌握复杂电气控制电路的分析和设计方法，结合具体的生产工艺要求，通过各种基本环节的组合，就可设计出复杂的电气控制电路。本章主要介绍电气基本控制环节、CA6140 型车床电气控制系统等内容。

章节目标

掌握基本电气控制电路的工作原理、工作特点、功能和应用范围；掌握典型控制电路的分析方法。能根据实际要求，利用所学典型控制环节设计电气控制电路。

章节导读

1）电气控制系统图。
2）三相异步电动机的直接起动控制电路。
3）三相异步电动机的正反转控制电路。
4）三相异步电动机的减压起动控制电路。
5）三相异步电动机的制动控制电路。
6）CA6140 型车床电气控制电路分析。
7）电气控制环节实训（见本书配套资源）。

6.1 电气控制系统图

继电器-接触器控制电路主要由各种电器元件（如继电器、接触器、开关）和电气设备（如电动机）按一定的控制要求用电气连接线连接而成。为了清晰地表达生产机械电气控制系统的结构、原理等原始设计意图，便于电气控制系统的安装、调试、使用和维护，将电气控制系统中各电器元件及相互的连接用一定图形来表达出来，这种图称为电气控制系统图。

为了正确合理地表达电气控制系统图，电器元件的图形符号和文字符号必须有统一的标准。要求符合国家标准的规定。

电气控制系统图一般按作用可分为电气原理图、电气平面布置图、电气安装接线图三大类，其中平面布置图和安装接线图统称为安装图。

6.1.1　电气原理图

电气原理图是说明电气设备工作原理的电路图。在电气原理图中并不考虑电器元件的实际安装位置和实际连线情况，只是把各元件按接线顺序用符号展开在平面图上，用直线将各元件连接起来。电气原理图是分析、设计电气系统图过程中必不可少的图样。在进行电气原理图的绘制、分析、设计时有许多规定和注意事项，下面以图6-1为例说明如下。

一、电气原理图的构图原则

电气原理图是采用图形符号详细表示电路组成和工作原理的电气图，它是系统框图的具体化，又是绘制安装接线图的主要依据。绘制电气原理图时，通常应遵循以下原则：

1）功能优先的原则。各元件原则上应按工作顺序排列，以使连接线最短、程序清晰，为此元件在图上的分布往往不能按实际位置表现。从布局来看，可以水平布置，也可以垂直布置。

2）主辅分离的原则。电气原理图从整体上可分成主电路和辅助电路两部分绘制。主电路是电能流动的主干道，指电源到电动机绕组大电流通过的路径；辅助电路是为主电路服务的，包括控制电路、照明电路、信号电路及保护电路等。通常，主电路画在左边，辅助电路画在右边。

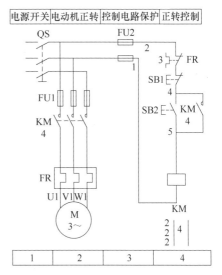

图6-1　电动机单向起动连续运转控制电路图

3）电气原理图中所有电器元件均以未通电、未受外力的自然状态画出。

4）电气原理图绘制时，各电器元件不画其实际外形图，而是采用国标中规定的统一的图形符号和文字符号。同一电器的所有元件必须用同一文字符号标注，并且同一电器的不同部件根据读图方便可以不画在同一处。

二、电气原理图图面说明

1. 区域的划分

为了方便阅读和检索电气电路，通常对电气原理图进行区域编号和功能说明，如图6-1所示。图样下方的阿拉伯数字1、2、3等是图区编号，每一个区域表明电气图的一个电器元件或实现电气原理图的一个确定的功能。

在图区对应的上方有电器元件或电路的功能说明。

2. 符号位置索引

符号位置索引是为便于读图、查找，对继电器和接触器等线圈和触点分开绘制的电器所规定的一些数字代号。可以在触点旁（或下方）设有线圈的符号位置索引，也可以在线圈旁（或下方）设有触点的符号位置索引。

符号位置的索引代号组成如下：

$$\boxed{图号}/\boxed{页次}\cdot\boxed{图区号}$$

如果某种电气设备或生产机械的电气控制系统较复杂，图样较多时，电气原理图可以按图号分类，且每个图号下有若干页次排列，每个页次上的电器元件分成相应的图区。当某一电器元件相关部件元素符号只出现在同一图号的图样上，而该图号有若干页图样时，可省略图号项；同样，当某一电器元件相关部件元素符号出现在不同图号的图样，而每个图号仅有一页图样时，可省略页次项；而当某一电器元件相关元件元素符号只出现在一张图样的不同区域时，索引代号只用图区号就可以了。

对于已知接触器线圈位置查找触点位置的索引代号，可以在原理图中相应线圈的下方列出触点栏目，并在其下面注明相应触点的索引代号，对未使用的空触点用×表示或不做任何表示。

图 6-1 所示为电动机单向起动连续运转控制电路图，图中接触器线圈下方的触点栏目是用来说明线圈和触点的从属关系的，其含义如下：

电气原理图中还有电路编号，如在图 6-1 中导线有 1、2、3 等编号，这些编号要与电气安装接线图对应，便于电气安装、检修等。电路编号时应遵循每通过一个电器元件后重新编号，但熔断器除外。另外，一般情况下，电气原理图中也要注明电器元件的数据和型号及导线的规格型号，也可以在原理图的设备栏中集中说明，不在原理图内注明。

6.1.2　电气安装图

电气安装图表示各种电气设备在机械设备和电气控制柜中的实际安装位置，它是提供电气设备各个单元的布局和安装工作所需数据的图样。

6.1.3　电气平面布置图

电气平面布置图用来表明电气设备各单元之间的接线关系，一般不包括单元内部的连接，着重表明电气设备外部元件的相对位置及它们之间的电气连接。

6.2　三相异步电动机的直接起动控制电路

6.2.1　电动机点动控制电路

点动控制是指按下按钮，电动机就得电运转；松开按钮，电动机就失电直至停转。电气设备工作时常常需要进行点动调整，如车刀与工件位置的调整，因此需要用点动控制电路来完成。

图 6-2 所示为电动机的点动控制电路,组合开关 QS 作电源隔离开关;熔断器 FU1、FU2 分别作主电路、控制电路的短路保护;由于电动机只有点动控制,运行时间较短,主电路不需要热继电器,起动按钮 SB1 控制接触器 KM 线圈得电、失电;接触器 KM 的主触点控制电动机 M 的起动与停止。

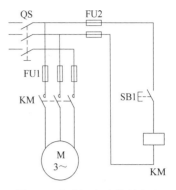

图 6-2 电动机点动控制电路

电路工作原理:合上总电源开关 QS 后,压下按钮 SB1,接触器 KM 线圈得电,KM 常开主触点吸合,电动机 M 即转动;而松开 SB1 时,KM 线圈失电,KM 主触点释放,M 失电直至停止。值得注意的是,停止使用时,应断开电源开关 QS。

6.2.2 电动机单向连续控制电路

电动机单向连续控制电路是指按下起动按钮后,电动机通电起动运转,松开起动按钮后,电动机仍继续运行,只有按下停止按钮,电动机才失电直至停转。图 6-3 所示为三相笼形异步电动机的单向连续控制电路,也是电气控制电路中运用最多的环节。它与点动控制电路相比较,主电路由于电动机连续运行,因此要添加热继电器进行过载保护,而在控制电路中又多串接了一个停止按钮 SB1,并在起动按钮 SB2 的两端并接了接触器 KM 的一对常开辅助触点。

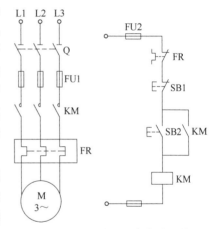

电动机起动工作原理:合上总开关 Q 后,压下起动按钮 SB2,接触器 KM 的线圈得电,接触器 KM 的主触点及辅助常开触点闭合,实现电动机的三相电源接通并自锁,电动机可以连续通电运行。当松开 SB2 时,由于 KM 的常开辅助触点闭合,控制电路仍然保持接通,所以 KM 线圈继续得电,电动机 M 实现连续运转。

图 6-3 三相笼形异步电动机的
单向连续控制电路

这种利用接触器自身辅助常开触点而使其线圈保持通电的控制方式称为自锁,而起到自锁作用的辅助触点称为自锁触点。由于起动按钮 SB2 在松开后,自动在复位弹簧的作用下复位断开,所以要保证电动机 M 的连续运行,必须有自锁触点 KM。

电动机停止工作原理:当要使电动机 M 停止时,只要按下停止按钮 SB1,接触器 KM 线圈失电,主触点将三相电源断开,电动机即停止运行。KM 辅助触点已经断开,即使 SB1 恢复常闭状态,接触器也不会自锁通电。

在图 6-3 所示电路中,电动机是以自然制动形式最终停止运转的。熔断器 FU1 起电动机主电路的短路保护作用;FU2 起控制电路的短路保护作用;热继电器 FR 起电动机的过载保护作用。此外接触器 KM 本身的电磁机构还可以起到失电压和欠电压保护作用,这种保护功能可以防止电动机的低压运行和电动机自起动现象,防止设备和人身事故发生。

6.2.3　三相异步电动机点动、连续运转控制电路

要求电动机既能连续运转又能点动控制时，需要两个控制按钮，如图6-4所示。当连续运转时，要采用接触器自锁控制电路；实现点动控制时，又需要把自锁电路解除。因此采用复合按钮，它工作时常开和常闭触点是联动的，当按钮被按下时，常闭触点先动作，常开触点随后动作；而松开按钮时，常开触点先动作，常闭触点再动作。

电路的工作原理：先合上电源开关QS，再按下面的提示进行操作。

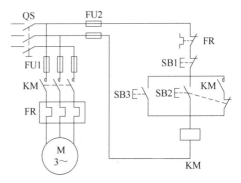

图6-4　电动机点动、连续运转控制电路

连续控制：按下SB3，KM线圈得电，KM主触点闭合，辅助常开触点闭合，电动机通电工作；停止时按下SB1，KM线圈断电，KM主触点断开，辅助常开触点KM断开，电动机停止。

点动控制：按下SB2，常闭触点先断开，虽然常开辅助触点KM闭合但不能形成自锁；然后SB2常开触点闭合，KM线圈得电，KM主触点闭合，电动机起动运行。

6.2.4　多地控制电路

能在两地或多地控制同一台电动机的控制方式称为电动机的多地控制。多地控制是用多组起动按钮、停止按钮来进行的，这些按钮连接的原则是：起动按钮常开触点要并联，即逻辑或的关系；停止按钮常闭触点要串联，即逻辑与的关系。图6-5所示为三地联锁控制电路图。

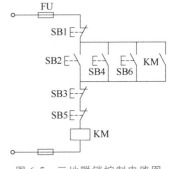

图6-5　三地联锁控制电路图

如图6-5所示，三地的起动按钮SB2、SB4、SB6并联在一起；停止按钮SB1、SB3、SB5串联在一起。这样就可以分别在甲、乙、丙三地起动和停止同一台电动机，以达到操作方便的目的。

6.2.5　顺序控制

在机床电路中，通常要求冷却泵电动机起动后，主轴电动机才能起动，这样可防止金属工件和刀具在高速运转切削运动时，由于产生大量的热量而毁坏工件和刀具。铣床的运行要求是主轴旋转后，工作台才可移动，以上所说的工作要求就是顺序控制。图6-6所示为两台电动机顺序起动、顺序停止电路原理图。

如图6-6所示，当辅助设备的接触器KM1得电之后，主设备的接触器KM2才能起动；主设备KM2不停止，辅助设备KM1也不能停止。但辅助设备在运行中如果因某原因停止运行（如FR1动作），主要设备也随之停止运行。

工作过程：

1）合上开关QF使电路的电源引入。

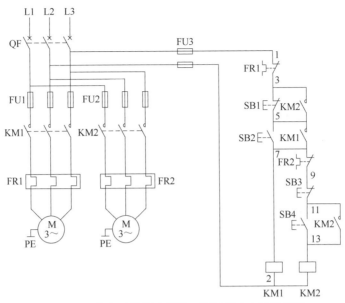

图 6-6 两台电动机顺序起动、顺序停止电路原理图

2）按辅助设备控制按钮 SB2，接触器 KM1 线圈得电吸合，主触点闭合，辅助设备运行，并且 KM1 辅助常开触点闭合，实现自锁。

3）按主设备控制按钮 SB4，接触器 KM2 线圈得电吸合，主触点闭合，主电动机开始运行，并且 KM2 的辅助常开触点闭合实现自锁。

4）KM2 的另一个辅助常开触点将 SB1 短接，使 SB1 失去控制作用，无法先停止辅助设备 KM1。

5）停止时只有先按 SB3 按钮，使 KM2 线圈失电辅助触点复位（触点断开），SB1 按钮才起作用。

6）主电动机的过电流保护由 FR2 热继电器来完成。

7）辅助设备的过电流保护由 FR1 热继电器来完成，但 FR1 动作后控制电路全断电，主、辅设备全停止运行。

6.3 三相异步电动机的正反转控制电路

6.3.1 电动机正反转控制电路

工农业生产中，生产机械的运动部件往往需要实现正反两个方向运动，这就要求拖动电动机能正反向旋转。例如，机床主轴的正转与反转或工作台的前进与后退，起重机吊钩的升与降等。从三相笼型异步电动机的结构原理可知，若使电动机在原来的旋转方向上反转，只要将通入电动机定子绕组的三相电源进线的任意两相对调即可，电动机的正反转控制电路如图 6-7 所示。接触器 KM1 和 KM2 可以将三相正弦交流电的线头对调，以使电动机的电源相序改变，从而改变电动机定子旋转磁场的方向，实现电动机正反方向运转。显然，KM1 和 KM2 两组主触点不能同时闭合，即 KM1 和 KM2 两接触器线圈不能同时得电，否则会引起电源短路。

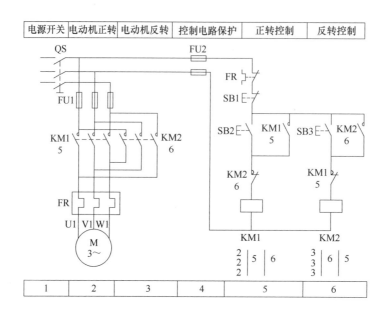

图 6-7　电动机正反转控制电路

　　控制电路中，正、反转接触器 KM1 和 KM2 线圈支路都分别串联了对方的常闭触点，任何一个接触器接通的条件是另一个接触器必须处于断电释放的状态，从而保证了 KM1 和 KM2 不能同时吸合，防止相间短路发生。例如，正转接触器 KM1 线圈被接通得电，它的辅助常闭触点被断开，将反转接触器 KM2 线圈支路切断，KM2 线圈在 KM1 接触器得电的情况下是无法接通得电的。两个接触器之间的这种相互关系称为"互锁"（也称联锁）。所谓"互锁控制"就是在同一时间里两个接触器只允许一个工作的控制方式。实现联锁控制的常用方法有接触器联锁、按钮联锁和复合联锁控制等。

　　电路的工作原理：合上总电源开关 QS 后，压下按钮 SB2 时，KM1 线圈得电，KM1 常闭触点断开，对 KM2 实现互锁，接着 KM1 的主触点和常开触点闭合，电动机 M 正方向连续运转；要想电动机 M 反转，必须先压下 SB1，接触器 KM1 线圈失电，KM1 常开触点断开解除自锁，同时 KM1 主触点断开使电动机失电，接着 KM1 常闭触点恢复闭合，解除对 KM2 的互锁，然后压下 SB3，KM2 线圈得电，KM2 常闭触点断开，对 KM1 实现互锁，接着 KM2 主触点闭合，电动机 M 反方向运转，同时 KM2 常开触点闭合实现自锁。

　　由此可见，通过 SB1、SB2 控制 KM1、KM2 动作，改变接入电动机的交流电的三相顺序，就改变了电动机的旋转方向。

6.3.2　三相异步电动机带按钮互锁的正反转控制电路

　　接触器互锁的控制电路存在一个缺点，就是在正转过程中要求反转，必须先按停止按钮解除互锁，才能按反转起动按钮使电动机反转；同理，在反转过程中要求正转，也必须先按停止按钮，然后才能按正转起动按钮使电动机正转，通常称这样的控制电路为"正-停-反"控制电路。这带来操作上的不方便。为了解决这个问题，可以采用带按钮互锁的正反转控制电路，如图 6-8 所示。复合按钮具有"先断后合"的特点，可用来实现机械联锁。

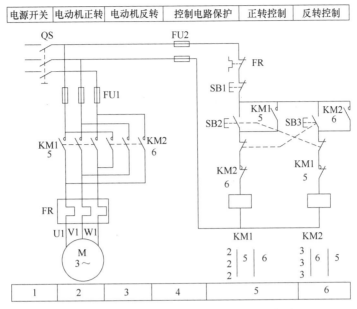

图 6-8 电动机带按钮互锁的正反转控制电路

6.4 三相异步电动机的减压起动控制电路

三相异步电动机全压起动时，起动电流很大，一般可达到额定电流的 4~7 倍，过大的起动电流会致使变压器二次侧电压大幅度下降，减小电动机的起动转矩，甚至使电动机根本无法起动。同时，过大的电流会降低电动机的使用寿命，并造成电源电网电压下降，影响网上其他电气设备的正常工作。一般情况下电动机的额定容量在 10kW 以上时，要采用减压起动方式来起动。起动时降低加在定子绕组上的电压，起动后再将电压恢复到额定值，使电动机在正常电压下工作。电枢的电压和电流成正比，所以降低电压就可以减小起动电流，不会在电网中造成过大的压降，并且限制和减少了起动转矩对机械设备的冲击作用。

三相异步电动机减压起动的方法有星形-三角形减压起动、定子绕组电路串电阻或电抗器、延边三角形和使用自耦变压器起动等。

6.4.1 星形-三角形减压起动控制电路

图 6-9 所示为用时间继电器控制星形-三角形自动换接减压起动控制电路原理图。起动时，定子绕组首先接成星形联结，将定子绕组末端连接在一点，始端接电源；待电动机转速上升到一定数值后，将定子绕组接成三角形联结，再接电源，电动机在额定电压下正常运转。

时间继电器控制星形-三角形减压起动电路的工作过程：合上总电源开关 QS 后，压下起动按钮 SB2，接触器 KM1 和时间继电器 KT 吸合，首先 KM1（8-9）断开联锁，接着 KM1 主触点闭合，电动机为星形联结，同时 KM 1（6-8）闭合，KM 2 吸合，KM 2（4-8）闭合自锁，KM2 主触点闭合，给电动机 M 供电。几秒钟以后，时间继电器 KT（6-7）延时断开，KM1 释放，KM1（6-8）断开，KM1 主触点断开，解除星形联结，KM1（8-9）恢复闭合，接触器 KM3 吸合，KM3 主触点闭合，电动机以三角形联结在额定电压下运转，此时供电的接触器 KM2 仍处在吸合状态，星形-三角形减压起动过程结束。由于接触器 KM3（5-6）断开，使 KM1、KT 释放，电动机正常以三角形联结运行后，将 KM1 和 KT 从控制电路中切除，以保证减少故障点，节约电能，延长设备寿命。由于有 KM3 的常闭触点与起动按钮 SB2 串联，所以在电动机正常运行时，当误按 SB2 时，能防止 KM1 吸合而造成相间短路，并且在 KM3 发生粘连时，电动机就不能再起动，从而也防止了电源的短路，使控制电路能可靠工作。

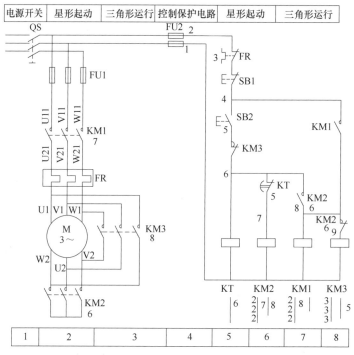

图 6-9　时间继电器控制星形-三角形减压起动控制电路原理图

三相笼形异步电动机的星形-三角形起动方法，适用于电动机定子绕组正常工作时三角形联结的电动机。起动时，定子绕组为星形接法，起动电压为直接起动时的 $1/\sqrt{3}$，起动电流为直接起动时的 $1/3$，所以减小了起动电流，同时起动转矩也相应下降为直接起动时的 $1/3$，起动转矩小，所以这种方法只适用于轻载或空载起动的场合。

6.4.2　定子串电阻或电抗器减压起动控制电路

异步电动机定子串电阻或电抗器减压起动，就是在电动机起动时，将电阻或电抗器串联在电动机定子绕组和电源之间，起动时在电阻或电抗器上有电压降落。此时电动机绕组上只施加小于电源的电压，从而降低了起动电流，电动机的转速升高到一定值时，再将电阻或电抗器短接，使电动机在额定电压下正常运转。

异步电动机定子串电阻减压起动控制电路如图 6-10 所示，当合上总电源开关 QS 后，压下 SB2，则接触器 KM1 和时间继电器 KT 的线圈得电吸合，KM1 闭合自锁，KM1 的主触点闭合，电动机 M 串电阻减压起动。当时间继电器 KT 数秒延时后，KT 延时闭合。KM2 线圈得电吸合，KM2 主触点闭合，电阻 R 被短接，电动机 M 以额定电压正常运转。

如图 6-10b 所示，KT 延时时间到，KT 常开触点闭合，KM2 线圈得电并自锁，KM2 主触点闭合，电动机 M 全压运转。

如图 6-10c 所示，KT 延时时间到，KT 常开触点闭合，KM2 线圈得电并自锁，KM2 主触点闭合，电动机 M 全压运转。KM2 辅助常闭触点断开，KM1、KT 线圈失电。

按下 SB1，KM2 线圈失电，KM2 主触点、辅助触点断开，电动机 M 停止。

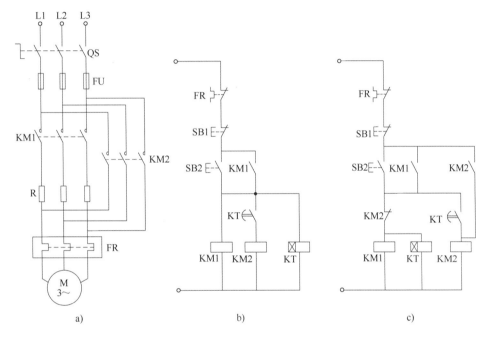

图 6-10　异步电动机定子串电阻减压起动控制电路

定子串电阻或电抗器的电动机减压起动方法，适用于正常运行时绕组做星形或三角形联结的电动机。这种起动方法的缺点是起动时电阻的功率损耗较大，电阻温升很高，又由于起动时电压的降低，起动转矩也会大大降低，所以适用于电动机轻载或空载起动的场合。为了减少电阻功率损耗可以用电抗器来代替，但会增大电网的无功分量，且电抗器的成本较高。

6.4.3　自耦变压器减压起动控制电路

异步电动机自耦变压器减压起动控制方法是利用自耦变压器来降低电动机起动时的电压，达到限制起动电流的目的。起动时，电源电压加在自耦变压器的高压绕组上，而电动机的定子与自耦变压器低压绕组连接，待电动机转速上升到一定数值时，再将自耦变压器切除，电动机直接与电源相接，在额定电压下运行。自耦变压器减压起动工作时可以采取手动控制和自动控制两种方式。一般手动控制时使用 QJ3 补偿器，自动控制时使用 XJ01 型自动补偿器。手动补偿器内部具有欠电压和过载保护装置，XJ01 型自动补偿器控制电路如图 6-11 所示。

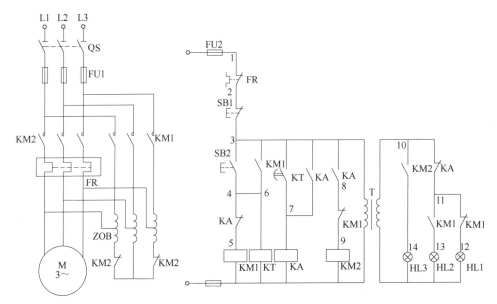

图 6-11 自耦变压器减压起动控制电路

6.5 三相异步电动机的制动控制电路

6.5.1 三相笼型交流异步电动机反接制动控制电路

三相笼形异步电动机从切断电源到完全停止旋转，由于惯性关系，会使电动机的非生产时间拖长，同时也不能适应某些生产机械要求拖动电动机能迅速、准确停车的要求，如镗床、车床的主电动机需要快速停车；起动机为使重物停位准确及现场安全要求，也必须采用快速、可靠的制动方法。对要求停转的电动机采取外部施加惯性转矩阻力措施，强迫其迅速停车，称为制动。三相异步电动机的制动方法可分为机械制动和电气制动。

机械制动是在电动机断电后利用机械装置对其转轴施加相反的作用力矩（制动力矩）来进行制动。电磁抱闸就是常用方法之一，结构上电磁抱闸由制动电磁铁和闸瓦制动器组成。断电制动型电磁抱闸在电磁线圈断电时，利用闸瓦对电动机轴进行制动；电磁铁线圈得电时，松开闸瓦，电动机可以自由转动。这种制动在起重机械上被广泛采用。电气制动要求在电动机停车时，产生一个与原来旋转方向相反的制动转矩，迫使电动机转速下降。电气制动主要有反接制动和能耗制动两种。必要时生产机械的制动可以采取机械—电气联合制动。这里重点介绍反接制动控制电路。

反接制动是采用改变输入电动机定子绕组的电源相序，而使电动机迅速停转的一种制动方法。电动机反接制动时，由于定子绕组的电源相序突然改变，旋转磁场和转子的相对转速升高，感生电动势很大，制动电流将会很大，因此反接制动可以使电动机迅速制动，效果好，制动快，但同时具有较大反向制动冲击电流，造成很大的机械冲击。为了限制制动电流，防止对设备的冲击、对精度的破坏及机械零部件的损坏，在制动时应在主电路中串有一定的电阻来限制反接制动电流，该电阻称为反接制动电阻。

反接制动电阻有对称接法和不对称接法两种，对称接法的反接制动电阻既限制了制动转矩，也限制了制动电流；不对称接法只限制了制动转矩，而未加制动电阻的一相仍具有较大的电流。

反接制动的电动机要求转速接近于零时，电路应及时切断反向相序的制动电源，以防止反向再起动。

电动机单向起动反接制动控制电路如图 6-12 所示，KM1 为电动机单向运行接触器，KM2 为反接制动接触器，R 为反接制动电阻。起动电动机时，合上电源开关，按下 SB2，KM1 线圈通电并自锁，主触点闭合，电动机全压起动，当与电动机有机械连接的速度继电器 KS 转速超过其动作值 140r/min 时，其相应触点闭合，为反接制动做准备。停止时，按下停止按钮 SB1，KM1 线圈断电，KM1 主触点断开，电动机定子绕组脱离三相电源，但电动机因惯性仍以很高速度旋转，KS 原闭合的常开触点仍保持闭合，当将 SB1 按到底，使 SB1 常开触点闭合，KM2 通电并自锁，电动机定子串接电阻接上反序电源，电动机进入反接制动状态。电动机转速迅速下降，当电动机转速接近 100r/min 时，KS 常开触点复位，KM2 断电，电动机断电，反接制动结束。

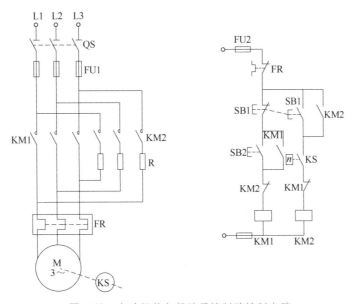

图 6-12　电动机单向起动反接制动控制电路

电动机的反接制动的特点是制动力矩大，制动快，但制动准确性能差，且制动过程中冲击力大，易破坏机床等生产机械的精度，甚至破坏传动零部件。此方法电流大，能耗大，只能用于不经常起动和制动的场合。

6.5.2　三相笼型交流异步电动机能耗制动控制电路

电动机的反接制动，制动力矩大，制动快，但制动准确性能差，且制动过程中冲击力大，易破坏机床等生产机械的精度，甚至破坏传动零部件。此方法电流大，能耗大，只能用于不经常起动和制动的场合，而多数场合采用能耗制动。

能耗制动原理如图 6-13 所示，电动机脱离三相交流电源后，定子绕阻中通以直流电流，

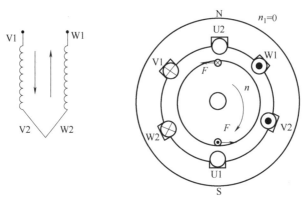

图 6-13　能耗制动原理图

使电动机制动，电流越大，制动越快。能耗制动原理是直流电通入电动机定子绕组中，产生一定恒磁场，被转动的转子导条切割磁力线，产生感生电流，载流导体在磁场中受力，作用力和转子转动方向相反，阻止转子的转动，起到制动作用，即转子导条中的感生电流消耗了转子的动能，使转子迅速停下来。

图 6-14 所示为按时间原则控制的单向能耗制动控制线路，图中 KM1 为单向旋转接触器，KM2 为能耗制动接触器，VC 为桥式整流电路。

1）起动。按下起动按钮 SB2→KM1 线圈通电→KM1 所有触点动作。

KM1 主触点闭合→电动机单向起动。

KM1 常开辅助触点闭合→自锁。

KM1 常闭辅助触点断开→互锁。

2）制动。按下停止按钮 SB1→SB1 的所有触点动作。

SB1 常闭触点先断开→KM1 线圈断电→KM1 所有触点复位。

KM1 主触点断开→电动机定子绕组脱离三相交流电源。

KM1 常开辅助触点断开→解除自锁。

KM1 常闭辅助触点闭合→为 KM2 线圈通电做准备。

SB1 常开触点后闭合→KM2、KT 线圈同时通电。

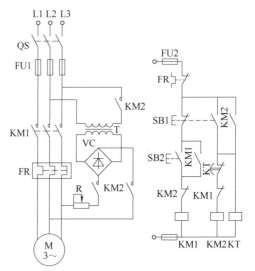

图 6-14　按时间原则控制的单向能耗制动控制电路

KM2 线圈通电→KM2 所有触点动作。

KM2 主触点闭合→将两相定子绕组接入直流电源进行能耗制动。

KM2 常开辅助触点闭合→自锁。

KM2 常闭辅助触点断开→互锁。

KT 线圈通电→开始延时→当转速接近零时 KT 延时结束→KT 常闭触点断开→KM2 线圈断电→KM2 所有触点复位。

KM2 主触点断开→制动过程结束。

KM2 常开辅助触点断开→KT 线圈断电→KT 常闭触点瞬时闭合。

KM2 常闭辅助触点闭合。

这种制动电路制动效果较好，但所需设备多，成本高。当电动机功率在 10kW 以下、且制动要求不高时，可采用无变压器的单管能耗制动控制电路。

图 6-15 所示为能耗制动控制电路，该电路采用无变压器的单管半波整流作为直流电源，采用时间继电器对制动时间进行控制。

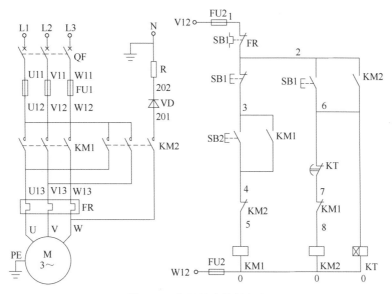

图 6-15　能耗制动控制电路

6.6　CA6140 型车床电气控制电路分析

6.6.1　电气控制电路分析基础

一、电气控制电路分析的内容

分析电气控制电路的具体内容和要求主要包括以下几方面。

1. 设备说明书

设备说明书由机械、液压和电气等部分组成。在分析时首先要分析各部分的说明书，了解设备的构造，主要技术指标，机械、液压和气动部分的原理；明确设备的电气传动方式，包括电动机和其他执行电器的数目、型号规格、安装位置、用途及控制要求；同时还要了解设备的使用方法，各操作手柄、开关、旋钮和指示装置等与电气有关部件的方位和布置方式，以及同机械和液压部分直接关联的电器的位置、工作状态和作用。

2. 电气控制原理图

电气控制原理图是控制电路分析的核心内容。电气控制原理图主要由主电路、控制电路和信号电路等部分组成。在分析电气控制原理图时，必须与其他技术资料结合起来。这就要求仔细阅读设备的说明书，了解电动机、电磁阀等执行电器的控制方式，各种开关电器的位置、作用及与机械状态位置有关的主令电器的状态等。

3. 电气设备总装接线图

电气设备的总装接线图是设备的安装、调试、检修的重要技术资料。通过阅读分析总装接线图，可以了解系统的组成分布状况，各部分的连接方式，主要电气部件的位置和安装要求，导线和穿线管的型号规格。

4. 电器元件布置图

电器元件布置图是制造、安装、调试和维护电气设备必须具有的技术资料。在调试和检修中，可通过布置图方便地找到各种电器元件和相关测试点，进行必要的调试、检测和维护保养。

二、电气原理图阅读分析的方法与步骤

在仔细阅读了设备说明书、了解了电气控制系统的总体结构、电动机和电器元件的分布状况及控制要求等内容之后，便可以阅读分析电气原理图了。分析的一般原则是：化整为零、顺藤摸瓜、先主后辅、集零为整、安全保护和全面检查。分析电气控制电路原理图时，通常要结合有关技术资料，将控制电路"化整为零"，即以某一电动机或电器元件（如接触器或继电器线圈）为对象，从电源开始，自上而下，自左而右，逐一分析其接通及断开的关系（逻辑条件）并区分出主令信号、联锁条件和保护要求等。根据图区坐标标注的检索可以方便地分析出各控制条件与输出的因果关系。常用分析电气原理图的方法有两种：查线读图法和逻辑代数法。这里只介绍查线读图法。

1. 分析主电路

电气原理图的分析首先从主电路开始，根据每台电动机和电磁阀等执行电器的控制要求去分析它们的控制内容，要求明确对执行电器有哪些动作，如起动、制动、换向、调速等。

2. 分析控制电路

根据主电路中各电动机和电磁阀等执行电器的控制要求，找出对应的控制电路中的控制环节，将控制电路按基本控制功能划分成若干个局部控制电路来进行分析。

3. 分析信号、照明、报警等辅助电路

辅助电路有各种信号电路、报警及照明等配合主电路工作的电气部分，此部分电路大部分由控制电路中的元件来控制的，在分析辅助电路过程时，还要对照控制电路来进行分析。

4. 分析联锁与保护环节

机床对于安全性和可靠性都有很高的要求，为了达到这一要求，应合理地选择拖动和控制方式，并在控制电路中还要设置一系列电气保护和必要的电气联锁，要明确电气保护的工作原理和电气联锁关系。

5. 总体检查

经过对电气原理图各个局部的"化整为零"分析后，明确了每一个局部的工作原理及各部分之间的控制关系，还应用"集零为整"的方法，阅读、检查整体控制电路，综合电气原理图各部分为一整体，从整体角度进一步检查和理解各控制环节之间的电气关系，理解电路中每个元件及环节的电气作用。

6.6.2 CA6140 型车床电气控制

车床在机械加工中应用广泛，根据其结构和用途不同，可分成卧式车床、立式车床、六角车床和仿形车床等。车床主要用于加工各种回转表面（内外圆柱面、圆锥面、成形回转面等）和回转体的端面。下面以 CA6140 型车床为例进行车床电气控制系统的分析。

一、车床的主要结构及控制要求

CA6140 型车床主要由床身、主轴箱、进给箱、溜板箱、刀架、光杠、丝杠和尾座等部件组成，如图 6-16 所示。主轴箱固定地安装在床身的左端，其内装有主轴和变速传动机构。床身的右侧装有尾座，其上可装后顶尖以支承长工件的一端，也可安装钻头等孔加工刀具以进行钻、扩、铰孔等工序。工件通过卡盘等夹具装夹在主轴的前端，由电动机经变速机构传动旋转，实现主运动并获得所需转速。刀架的纵横向进给运动由主轴箱经交换齿轮架、进给箱、光杠、丝杠、溜板箱传动。

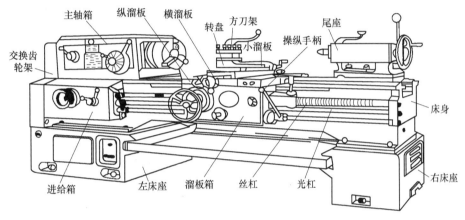

图 6-16　CA6140 型车床外形图

控制要求：

1）主轴电动机一般选用三相交流笼型异步电动机，为了保证主运动与进给运动之间严格的比例关系，由一台电动机采用齿轮箱进行机械有级调速来拖动。

2）车床在车削螺纹时，主轴通过机械方法实现正反转。

3）主轴电动机的起动、停止采用按钮操作。

4）刀架快速移动由单独的快速移动电动机拖动，采用点动控制。

5）车削加工时，由于刀具及工件温度过高，有时需要冷却，故配有冷却泵电动机。在主轴起动后，根据需要决定冷却泵电动机是否工作。

6）具有必要的过载、短路、欠电压、失电压、安全保护。

7）具有电源指示和安全的局部照明装置。

二、CA6140 型车床电气原理图分析

CA6140 型车床的电气原理图如图 6-17 所示。

（1）主电路　电源由总开关 QF 控制，熔断器 FU 用于主电路短路保护，熔断器 FU1 用于功率较小的两台电动机的短路保护。主电路包含三台电动机，即主轴电动机、冷却泵电动机和刀架快速移动电动机。

1）主轴电动机 M1。由交流接触器 KM 控制，热继电器 FR1 作过载保护。

2）冷却泵电动机 M2。由中间继电器 KA1 控制，热继电器 FR2 作过载保护。

3）刀架快速移动电动机 M3。由中间继电器 KA2 控制，因其为短时工作状态，热继电器来不及反映其过载电流，故不设过载保护。

（2）控制电路　由控制变压器 TC 的次级输出 AC 110V 电压，作为控制电路的电源。

1）机床电源的引入。合上配电箱门（使装于配电箱门后的 SQ2 常闭触点断开）、插入钥匙将开关旋至"接通"位置（使 SB 常闭触点断开），跳闸线圈 QF 无法通电，此时方能合上电源总开关 QF。

为保证人身安全，必须将传动带罩合上（装于主轴传动带罩后的位置开关 SQ1 常开触点闭合），才能起动电动机。

2）主轴电动机 M1 的控制。

① M1 起动。按下 SB2，KM 线圈得电，3 个位于 2 区的 KM 主触点闭合，M1 起动运转；同时位于 10 区的 KM 常开触点闭合（自锁）、位于 12 区的 KM 常开触点闭合（顺序起动，为 KA1 得电做准备）。

② M1 停止。按下 SB1，KM 线圈断电，KM 所有触点复位，M1 断电惯性停止。

3）冷却泵电动机 M2 的控制。

① M2 起动。当主轴电动机 M1 起动（位于 12 区的 KM 常开触点闭合）后，转动 SB4 至闭合，中间继电器 KA1 线圈得电，3 个位于 3 区的 KA1 触点闭合，冷却泵电动机 M2 起动。

② M2 停止。当主轴电动机 M1 停止，或转动 SB4 至断开后，中间继电器 KA1 线圈断电，KA1 所有触点复位，冷却泵电动机 M2 断电。

显然，冷却泵电动机 M2 与主轴电动机 M1 采用顺序控制。只有当 M1 起动后，M2 才能起动；M1 停止后，M2 自动停止。

4）快速移动电动机 M3 的控制。刀架移动方向（前、后、左、右）的改变，是由进给操作手柄配合机械装置实现的。

① M3 起动。按住 SB3，中间继电器 KA2 线圈通电，3 个位于 4 区的 KA2 触点闭合，M3 起动。

② M3 停止。松开 SB3，中间继电器 KA2 线圈断电，KA2 所有触点复位，M3 停止。

显然，这是一个点动控制。

（3）辅助电路　为保证安全、节约电能，控制变压器 TC 的次级输出 AC 24V 和 AC 6V 电压，分别作为机床照明灯和信号灯的电源。

1）指示电路。合上电源总开关 QF，信号灯 HL 亮；断开电源总开关 QF，信号灯 HL 灭。

2）照明电路。将转换开关 SA 旋至接通位置，照明灯 EL 亮；将转换开关 SA 旋至断开位置，照明灯 EL 灭。

（4）保护环节

1）短路保护。由 FU、FU1、FU2、FU3、FU4 分别实现对全电路、M2/M3/TC 一次侧、控制回路、信号回路、照明回路的短路保护。

2）过载保护。由 FR1、FR2 分别实现对主轴电动机 M1、冷却泵电动机 M2 的过载保护。

3）欠、失电压保护。由接触器 KM、中间继电器 KA1、KA2 实现。

4）安全保护。由行程开关 SQ1、SQ2 实现。

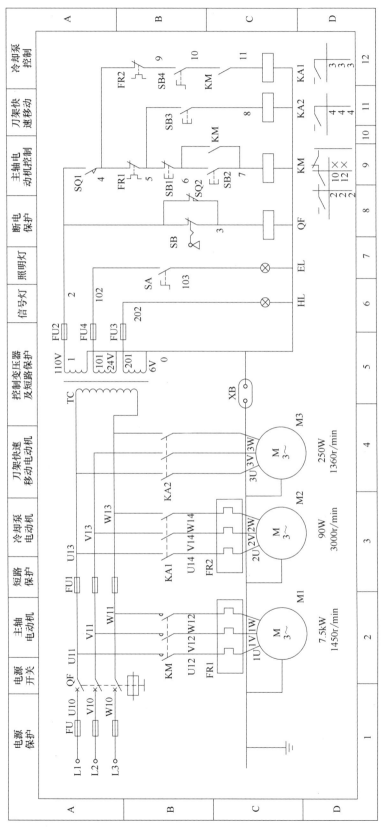

图 6-17 CA6140 型车床的电气原理图

习　题

一、设计题

1. 设计一个三相异步电动机两地起动的主电路和控制电路，并具有短路、过载保护。

2. 设计一个三相异步电动机正—反—停的主电路和控制电路，并具有短路、过载保护。

3. 设计一个三相异步电动机星形—三角形减压起动的主电路和控制电路，并具有短路、过载保护。

4. 设计一个三相异步电动机单向反接串电阻制动的主电路和控制电路，并具有短路、过载保护。

5. 某机床有两台三相异步电动机，要求第一台电动机起动运行 5s 后，第二台电动机自行起动，第二台电动机运行 10s 后，两台电动机停止；两台电动机都具有短路、过载保护。设计主电路和控制电路。

6. 某机床主轴工作和润滑泵各由一台电动机控制，要求主轴电动机必须在润滑泵电动机运行后才能运行，主轴电动机能正反转，并能单独停机，有短路、过载保护，设计主电路和控制电路。

7. 一台三相异步电动机运行要求为：按下起动按钮，电动机正转，5s 后，电动机自行反转，再过 10s，电动机停止，并具有短路、过载保护。设计主电路和控制电路。

8. 设计两台三相异步电动机 M1、M2 的主电路和控制电路，要求 M1、M2 可分别起动和停止，也可实现同时起动和停止，并具有短路、过载保护。

9. 一台小车由一台三相异步电动机拖动，动作顺序为：小车由原位开始前进，到终点后自动停止；在终点停留 20s 后自动返回原位并停止。要求在前进或后退途中，任意位置都能停止或起动，并具有短路、过载保护，设计主电路和控制电路。

二、分析题

1. 分析图 6-18 所示电路的工作原理。

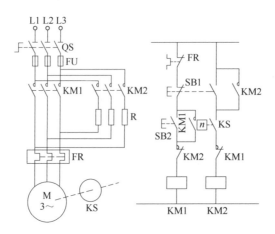

图 6-18　分析题 1

2. 分析图 6-19 所示点动控制电路的工作原理。

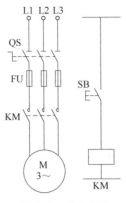

图 6-19　分析题 2

3. 分析图 6-20 所示起动、自保控制电路的工作原理。

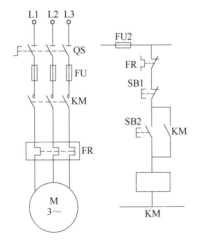

图 6-20　分析题 3

可编程序控制器及其应用

章节概述

可编程序控制器（Programmable Controller，PC），也称为可编程序逻辑控制器（Programmable Logic Controller，PLC），是专门用于工业自动控制的一种控制装置，鉴于现在 PC 已成为个人计算机（Personal Computer）的代名词，为避免混淆，一般将 PLC 作为可编程序控制器的简称。

章节目标

掌握可编程序控制器的结构组成、工作原理；掌握 S7-200 SMART 系列可编程序控制器的指令系统及以太网通信；能根据实际的动作要求，编程实现典型设备的 PLC 控制。

章节导读

1）可编程序控制器概述。

2）S7-200 SMART 系列可编程序控制器。

3）S7-200 SMART PLC 的指令。

4）S7-200 SMART PLC 程序编写。

5）S7-200 SMART PLC 的以太网通信。

6）S7-200 SMART PLC 实训（见本书配套资源）。

7.1 可编程序控制器概述

7.1.1 可编程序控制器的产生与定义

一、可编程序控制器的产生

在可编程序控制器问世以前，工业控制领域中占主导地位的是继电器控制。这种由继电器构成的控制系统有着明显的缺点：体积大、耗电多、可靠性差、寿命短、运行速度不高，尤其是对生产工艺多变的系统适应性更差，一旦生产项目和工艺发生变化，就必须重新设计并改变硬件结构，造成时间和资金的严重浪费。

20 世纪 60 年代末，美国通用汽车公司为了适应汽车型号不断更新，生产工艺不断变化的需要，实现小批量、多品种生产，希望能有一种新型工业控制器，它能做到尽可能减少重新设计和更换继电器控制系统及接线，以降低成本，缩短周期。

1969 年，美国数字设备公司（DEC）研制出第一台可编程序控制器，并在美国通用汽车自动装配线上试用，获得成功，随后很快就在美国得到了推广应用。

二、可编程序控制器的定义

1987 年，国际电工委员会（IEC）对 PLC 做了如下定义："PLC 是一种数字运算操作的电子系统，专为在工业环境下应用而设计。它采用可编程序的存储器，用来在其内部存储执行逻辑运算、顺序控制、定时、计数和算术运算等操作的指令，并通过数字式和模拟式的输入和输出，控制各种类型的机械或生产过程。可编程控制器及其有关外围设备，都应按易于与工业系统联成一个整体，易于扩充其功能的原则设计"。

PLC 是在电器控制技术和计算机技术的基础上开发出来的，并逐渐发展成为以微处理器为核心，把自动化技术、计算机技术、通信技术融为一体的新型工业控制装置。PLC 已广泛应用于各种生产机械和生产过程的自动控制中，是一种最重要、最普及、应用场合最多的工业控制装置，被公认为现代工业自动化的三大支柱（PLC、机器人、CAD/CAM）之一。

7.1.2 可编程序控制器的功能与分类

一、可编程序控制器的功能

PLC 采用微电子技术来完成各种控制功能，在现场的输入信号作用下，按照预先输入的程序，控制现场的执行机构，按照一定规律进行动作。其主要功能如下：

1. 顺序逻辑控制

这是 PLC 最基本的应用领域，用来取代继电器控制系统，实现逻辑控制和顺序控制。它既可用于单机控制或多机控制，又可用于自动化生产线的控制。PLC 可以根据操作按钮、限位开关及其他现场给出的指令信号，控制机械运动部件进行相应的操作。

2. 运动控制

在机械加工行业，可编程控制器与计算机数控（CNC）集成在一起，完成机床的运动控制。

3. 定时/记数控制

PLC 具有很强的定时、计数功能，它可以为用户提供数十甚至上百个定时器与计数器。对于定时器，定时间隔可以由用户加以设定；对于计数器，如果需要对频率较高的信号进行计数，则可以选择高速计数器。

4. 步进控制

PLC 为用户提供了一定数量的移位寄存器，用移位寄存器可方便地完成步进控制功能，在一道工序完成之后，自动进行下一道工序；一个工作周期结束后，自动进入下一个工作周期。有些 PLC 还专门设有步进控制指令，使得步进控制更为方便。

5. 数据处理

大部分 PLC 都具有不同程度的数据处理能力，它不仅能进行算术运算、数据传送，还能进行数据比较、数据转换、数据显示及打印等操作，有些 PLC 还可以进行浮点运算和函数运算。

6. 模拟控制（A-D 和 D-A 控制）

在工业生产过程中，许多连续变化的物理量（如温度、压力、流量、液位等）都属于模拟量。过去，PLC 常用于逻辑运算控制，对于模拟量的控制主要靠仪表或分布式控制系统，目前大部分 PLC 产品都具备处理这类模拟量的功能，而且编程和使用方便。

7. 通信联网

PLC 具备通信能力，能够实现 PLC 与计算机、PLC 与 PLC 之间的通信。通过这些通信技术，使 PLC 更容易构成工厂自动化（FA）系统，也可与打印机、监视器等外部设备相连，记录和监视有关数据。

二、可编程序控制器的分类

目前 PLC 种类很多，规格性能不一。对 PLC 的分类，通常可根据结构形式、容量或功能进行。

1. 按结构形式分类

（1）整体式 PLC　整体式 PLC 是将 PLC 各组成部分集装在一个机壳内，输入、输出接线端子及电源进线分别在机箱的上、下两侧，并有相应的发光二极管显示输入/输出状态。面板上留有编程器的插座、EPROM 存储器插座、扩展单元的接口插座等。编程器和主机是分离的，程序编写完毕后即可拔下编程器。整体式结构的 PLC 具有结构紧凑、体积小、重量轻、价格较低等特点，但主机的 I/O 点数固定，使用上不太灵活。小型的 PLC 通常使用这种结构，适用于比较简单的控制场合。

（2）模块式 PLC　把 PLC 的各组成部分以模块的形式分开，如电源模块、CPU 模块、输入模块、输出模块等，把这些模块插在底板上，组装在一个机架内。这种结构的 PLC 配置灵活、装配方便、便于扩展，但结构较复杂、价格较高。大型的 PLC 通常采用这种结构，适用于比较复杂的控制场合。

（3）叠装式 PLC　叠装式 PLC 吸收了整体式和模块式 PLC 的优点，它的基本单元、扩展单元和扩展模块等高等宽，但是长度不同。它们不用基板，仅用扁平电缆，紧密拼装后组成一个整齐的长方体，I/O 点数的配置也相当灵活。

2. 按容量分类

PLC 的容量主要是指其输入/输出点数。按容量大小，可将 PLC 分为小型、中型和大型三类。

（1）小型 PLC　I/O 点数一般在 256 点以下。

（2）中型 PLC　I/O 点数一般为 256~1024 点。

（3）大型 PLC　I/O 点数在 1024 点以上。

3. 按功能分类

按 PLC 功能的强弱可分为低档机、中档机和高档机。

（1）低档机　具有逻辑运算、计时、计数等功能，有的有一定的算术运算、数据处理和传送等功能，可实现逻辑、计时、计数等控制功能。

（2）中档机　除具有低档机的功能外，还具有较强的模拟量输出、算术运算、数据传送等功能，可完成既有开关量又有模拟量的控制项目。

（3）高档机　除具有中档机的功能外，还具有带符号运算、矩阵运算等功能，使得运算能力更强，还具有模拟量调节、强大的联网通信等功能，能进行智能控制、远程控制、大规模控制，可构成分布式控制系统，实现工厂自动化管理。

7.1.3 可编程序控制器的特点与发展趋势

一、可编程序控制器的特点

PLC 能迅速发展的原因，除了工业自动化的客观需要外，还因为它有许多独特的优点。它较好地解决了工业控制领域中普遍关心的可靠、安全、灵活、方便、经济等问题。其主要特点如下。

1. 可靠性高

可靠性指的是可编程序控制器平均无故障工作时间。由于可编程序控制器采取了一系列硬件和软件抗干扰措施，具有很强的抗干扰能力，平均无故障时间达到数万小时以上，可以直接用于有强烈干扰的工业生产现场。可编程序控制器已被广大用户公认为是最可靠的工业控制设备之一。

2. 控制功能强

一台小型可编程序控制器内有成百上千个可供用户使用的编程元件，可以实现非常复杂的控制功能。与相同功能的继电器系统相比，它具有很高的性能价格比。可编程序控制器可以通过通信联网，实现分散控制与集中管理。

3. 用户使用方便

可编程序控制器产品已经标准化、系列化、模块化，配备有品种齐全的各种硬件装置供用户选用，用户能灵活方便地进行系统配置，组成不同功能、不同规模的系统。可编程序控制器的安装接线也很方便，有较强的带负载能力，可以直接驱动一般的电磁阀和交流接触器。硬件配置确定后，可以通过修改用户程序，方便快速地适应工艺条件的变化。

4. 编程方便、简单

梯形图是可编程序控制器使用最多的编程语言，其电路符号、表达方式与继电器电路原理图相似。梯形图语言形象、直观、简单、易学，熟悉继电器电路图的电气技术人员只需要几天时间就可以熟悉梯形图语言，并用来编制用户程序。

5. 设计、安装、调试周期短

可编程序控制器用软件功能取代了继电器控制系统中大量的中间继电器、时间继电器、计数器等器件，使控制柜的设计、安装、接线工作量大大减少，缩短了施工周期。可编程序控制器的用户程序可以在实验室模拟调试，模拟调试好后再将 PLC 控制系统在生产现场进行安装和接线，在现场的统调过程中发现的问题一般通过修改程序就可以解决，大大缩短了设计和投运周期。

6. 易于实现机电一体化

可编程序控制器体积小、重量轻、功耗低、抗振防潮和耐热能力强，使之易于安装在机器设备内部，制造出机电一体化产品。目前以 PLC 作为控制器的 CNC 设备和机器人装置已成为典型。

二、可编程序控制器的发展趋势

随着 PLC 应用领域日益扩大，PLC 技术及其产品结构都在不断改进，功能日益强大，性价比越来越高。

（1）在产品规模方面，向两极发展 一方面，大力发展速度更快、性价比更高的小型和超小型 PLC，以适应单机及小型自动控制的需要。另一方面，向高速度、大容量、技术完善的大型 PLC 方向发展。随着复杂系统控制的要求越来越高和微处理器与计算机技术的不断发展，人们对 PLC 的信息处理速度要求也越来越高，要求用户存储器容量也越来越大。

（2）向通信网络化发展　PLC 网络控制是当前控制系统和 PLC 技术发展的潮流。PLC与 PLC 之间的联网通信、PLC 与上位计算机的联网通信已得到广泛应用。目前，PLC 制造商都在发展自己专用的通信模块和通信软件以加强 PLC 的联网能力。各 PLC 制造商之间也在协商制定通用的通信标准，以构成更大的网络系统。PLC 已成为集散控制系统（DCS）不可缺少的组成部分。

（3）向模块化、智能化发展　为满足工业自动化各种控制系统的需要，近年来，PLC厂家先后开发了不少新器件和模块，如智能 I/O 模块、温度控制模块和专门用于检测 PLC外部故障的专用智能模块等，这些模块的开发和应用不仅增强了功能，扩展了 PLC 的应用范围，还提高了系统的可靠性。

（4）编程语言和编程工具的多样化和标准化　多种编程语言的并存、互补与发展是PLC 软件进步的一种趋势。PLC 厂家在使硬件及编程工具换代频繁、丰富多样、功能提高的同时，日益向 MAP（制造自动化协议）靠拢，使 PLC 的基本部件，包括输入/输出模块、通信协议、编程语言和编程工具等方面的技术规范化和标准化。

7.1.4　可编程序控制器的结构组成

PLC 实质是一种专用于工业控制的计算机，具有与一般计算机相类似的结构，也是由硬件和软件组成的。

一、可编程序控制器的硬件系统

可编程序控制器的硬件系统由 CPU（中央处理器）、存储器、输入/输出模块、电源和编程器等几部分组成。如图 7-1、图 7-2 所示。

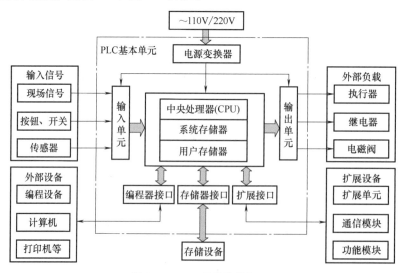

图 7-1　PLC 硬件结构框图

1. CPU（中央处理器）

CPU 是整个 PLC 控制的核心，它指挥、协调整个 PLC 的工作。它主要由控制器、运算器、寄存器等组成，其中，控制器控制 CPU 的工作，由它读取指令、解释指令及执行指令；

运算器用于进行数字或逻辑运算，在控制器指挥下工作；寄存器参与运算，并存储运算的中间结果，它也是在控制器指挥下工作。CPU 通过数据总线、地址总线和控制总线与存储器、输入/输出接口电路连接。

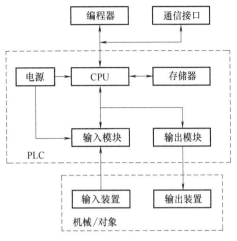

图 7-2　PLC 结构简化框图

PLC 中常用的 CPU 有通用微处理器（如 8080、8086、80286、80386）、单片机（如 8031、8096）和位片式微处理器（如 AMD2901、AMD2903）。

CPU 的主要功能如下：

1）接收从编程器、上位机或其他外围设备输入的用户程序、数据等信息。

2）用扫描方式接收输入设备的状态或数据，并存入指定输入存储单元或数据寄存器中。

3）诊断电源、PLC 内部电路故障和编程过程中存在的语法错误。

4）在 PLC 进入运行状态后，从存储器中逐条读取用户程序，经指令解释后，按指令规定的项目产生相应的控制信号，去开启、关闭有关控制电路，分时、分渠道地去执行数据的存取、传送、组合、比较和变换动作，完成用户程序中规定的逻辑运算或算术运算等项目。

5）根据运算结果，更新有关标志位数据寄存器和输出寄存器的内容，再由输出寄存器的位状态或数据寄存器的有关内容，实现输出控制、制表打印或数据通信等外部功能。

2. 存储器

存储器是 PLC 记忆或暂存数据的部件，一般由存储体、地址译码电路、读写控制电路和数据寄存器组成，用来存放系统程序、用户程序、逻辑变量及其他一些信息。PLC 的存储器分为系统存储器和用户程序存储器。

系统存储器的主要功能如下：

1）存放系统工作程序（监控程序）。

2）存放模块化应用功能子程序。

3）存放命令解释程序。

4）存放功能子程序的调用管理程序。

5）存放存储系统参数。

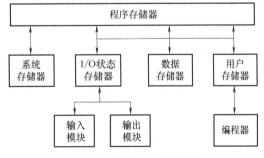

图 7-3　存储器之间的关系

用户存储器的类型可以是随机存储器、可擦除存储器（EPROM）和电擦除存储器（EEPROM），高档的 PLC 还可以使用 Flash ROM（闪速存储器）。用户存储器主要用于存放用户编写的程序。存储器之间的关系如图 7-3 所示。

在 PLC 中使用两种类型的存储器，一种是只读类型的存储器，如 EPROM 和 EEPROM，另一种是可读/写的随机存储器 RAM。PLC 的存储器分为 5 个区域，如图 7-4 所示。

3. 输入/输出接口

PLC 的输入和输出信号可以是开关量或模拟量。输入/输出接口是 PLC 内部弱电（Low

Power）信号和工业现场强电（High Power）信号联系的桥梁。

输入/输出接口主要有两个作用，一是利用内部的电隔离电路将工业现场和 PLC 内部进行隔离，起保护作用；二是调理信号，可以将把不同的信号（如强电、弱电信号）调理成 CPU 可以处理的信号（5V、3.3V 或 2.7V 等），如图 7-5 所示。

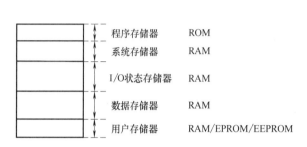

图 7-4 存储器的区域划分

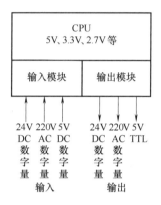

图 7-5 输入/输出接口

输入/输出接口模块是 PLC 系统中最大的部分，输入/输出接口模块通常需要电源，输入电路的电源可以由外部提供，对于模块化的 PLC 还需要背板（安装机架）。

（1）输入接口电路 PLC 的输入模块用以接收和采集外部设备各类输入信号（如按钮、各种开关、继电器触点等送来的开关量；电位器、测速发电机、传感器等送来的模拟量），并将其转换成 CPU 能接受和处理的数据。图 7-6 所示为 PLC 的输入接口电路。

输入电路中设有 RC 滤波电路，以防止由于输入触点抖动或外部干扰脉冲引起错误的输入信号。输入电路的主要功能如下：

1）接收开关量及数字量信号（数字量输入单元）。

2）接收模拟量信号（模拟量输入单元）。

3）接收按钮或开关命令（数字量输入单元）。

4）接收传感器输出信号。

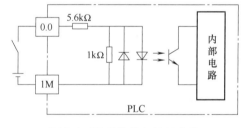

图 7-6 PLC 的输入接口电路

输入接口电路的结构如图 7-7a 所示，输入/输出接口如图 7-7b 所示。

（2）输出接口电路 PLC 的输出模块是将 CPU 输出的控制信息转换成外部设备所需要的控制信号去驱动控制元件（如接触器、指示灯、电磁阀、调节阀、调速装置等）。

输出接口电路由多路开关模块、信号锁存器、电隔离电路、状态显示电路、输出转换电路和接线端子组成，如图 7-8 所示。

PLC 有三种输出接口形式：晶体管输出、继电器输出和晶闸管输出。输出信号可以是离散信号，也可以是模拟信号。

输出电路的主要功能如下：

1）驱动直流负载（晶体管输出单元）。

2）驱动非频繁动作的交/直流负载（继电器输出单元）。

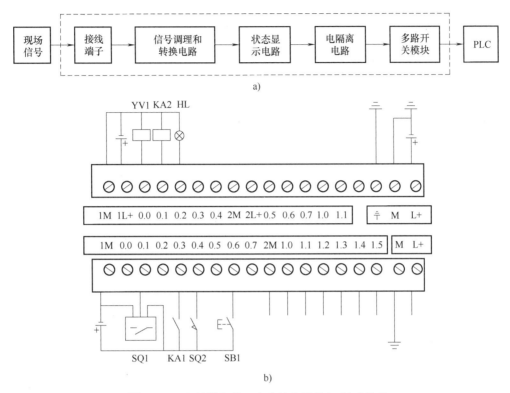

图 7-7 PLC 的输入接口电路结构及输入/输出接口

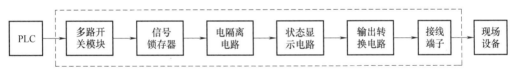

图 7-8 输出接口电路的结构

3）驱动频繁动作的交/直流负载（晶闸管输出单元）。

4. 编程器和其他外围设备

（1）编程器 编程器是对用户程序进行编辑、输入、调试，通过其键盘去调用和显示 PLC 内部的一些状态和系统参数，实现监控功能的设备。它是 PLC 最重要的外围设备，是 PLC 不可缺少的一部分。编程器由键盘、显示器、工作方式开关以及与 PLC 的通信接口等几部分组成。一般情况下它只在程序输入、调试阶段和检修时使用，所以一台编程器可供多台 PLC 使用。目前，许多 PLC 都用微型计算机作为编程工具，只要配上相应的硬件接口和软件包，就可以使用梯形图、语句表等多种编程语言进行编程。

（2）其他外围设备 根据系统软件控制需要，PLC 还可以通过自身的专用通信接口连接一些其他外围设备，例如盒式磁带机、EPROM 写入器、打印机、图形监控器等。

1）通信及编程接口——采用 RS-485 或 RS-422 串行总线。主要功能如下：

① 连接专用编程器。

② 连接个人计算机（PC），实现编程及在线监控。

③ 连接工控机，实现编程及在线监控。

④ 连接网络设备（如调制解调器），实现远程通信。

⑤ 连接打印机等计算机外设。

2）I/O 扩展接口——采用并行通信方式。主要功能如下：

① 扩展 I/O 模块。

② 扩展位置控制模块。

③ 扩展通信模块。

④ 扩展模拟量控制模块。

5. 电源

电源是整机的能源供给中心，电源的作用是把外部供应的电源变换成系统内部各单元所需的电源。有的电源单元还向外提供 24V 直流电源，可供开关量输入单元连接的现场无源开关等使用。电源单元还包括掉电保护电路和后备电池电源，以保持 RAM 在外部电源断电后存储的内容不丢失。PLC 的电源一般采用开关电源，其特点是输入电压范围宽、体积小、重量轻、效率高、抗干扰性能好。PLC 系统的电源分内部电源和外部电源。

内部电源：PLC 内部配有开关式稳压电源模块，用来将 220V 交流电源转换成 PLC 内部各模块所需的直流稳压电源。小型 PLC 的内部电源往往和 CPU 单元合为一体，大中型 PLC 都有专用的电源模块。

外部电源又称为用户电源，用于传送现场信号或驱动现场负载，通常由用户另备。

二、可编程序控制器的软件系统

PLC 的软件是指 PLC 工作所使用的各种程序的集合，它包括系统软件和应用软件两大部分。系统软件决定了 PLC 的基本职能，应用软件则规定了 PLC 的具体工作。

1. 系统软件

系统软件又称为系统程序，是由 PLC 生产厂家编制的用来管理、协调 PLC 的各部分工作，充分发挥 PLC 的硬件功能，方便用户使用的通用程序。系统软件通常被固化在 EPROM 中与机器的其他硬件一起提供给用户。

1）系统管理程序。系统管理程序决定系统的工作节拍，包括 PLC 运行管理（各种操作的时间分配安排）、存储空间管理（生成用户数据区）和系统自诊断管理（如电源、系统出错，程序语法、句法检验等）。

2）用户程序编辑和指令解释程序。编辑程序能将用户程序变为内码形式以便于程序的修改、调试。

3）标准子程序与调用管理程序。为提高运行速度，在程序执行中某些信息处理（如 I/O 处理）或特殊运算等是通过调用标准子程序来完成的。

2. 应用软件

应用软件又称为用户程序，是用户根据实际系统控制需要用 PLC 的编程语言编写的。用户程序包括开关量逻辑控制程序、模拟量运算程序、闭环控制程序和操作站系统应用程序等。

7.1.5 可编程序控制器的工作原理

1. PLC 的工作方式

PLC 对用户程序的执行采用循环扫描的工作方式。PLC 开始运行时，CPU 对用户程序做周期性循环扫描，在无跳转指令或中断的情况下，CPU 从第一条指令开始顺序逐条地执行用户程序，直到用户程序结束，然后又返回第一条指令开始新的一轮扫描，并周而复始地重复。在每次扫描过程中，还要完成对输入信号的采集和对输出状态的刷新等工作。

PLC 采用循环扫描的工作方式，这是有别于微型计算机、继电器-接触器控制的重要特点。微机一般采用等待命令的工作方式，继电器-接触器控制系统采用硬逻辑"并行"运行的方式。

PLC 采用循环扫描的工作方式，在工作过程中，如果某个软继电器的线圈接通，该线圈的所有常开和常闭触点并不一定会立即动作，只有 CPU 扫描到该触点时才会动作：其常闭触点断开，常开触点闭合。也就是说，PLC 在任一时刻只能执行一条指令，是以"串行"方式工作，这样便避免了继电器-接触器控制的触点竞争和时序失配问题。

2. PLC 的工作过程

用 PLC 实施控制，其实质是按一定算法进行输入、输出的变换，并将这种变换予以物理方式实现。

PLC 采用循环扫描串行运行的工作方式。PLC 的每个扫描过程分为三个阶段进行，即输入采样、程序执行和输出刷新。在 PLC 整个运行期间，PLC 的 CPU 以一定的扫描速度重复执行上述三个阶段，如图 7-9 所示。

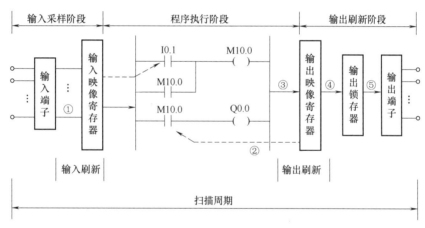

图 7-9　PLC 扫描工作过程

（1）输入采样阶段　在输入采样阶段，PLC 以扫描方式依次顺序读入各输入点的状态，并将各输入点的状态（"0"或"1"）存入输入映像寄存器，此时，输入映像寄存器被刷新。接着进入程序执行阶段或输出阶段，输入映像寄存器与外界隔离，无论信号如何变化，其内容保持不变，直到下一扫描周期的输入采样阶段，才重新写入输入端的新内容。

（2）程序执行阶段　在程序执行阶段，PLC 在系统程序的控制下，逐条解释并执行存放在用户程序存储器中的用户程序。根据 PLC 梯形图程序的扫描原则，PLC 按先左后右、先上后下的顺序逐步扫描。当指令中涉及输入、输出状态时，PLC 从输入映像寄存器中"读入"上一阶段采样的对应输入端子状态。从输出映像寄存器"读入"对应输出映像寄存器的当前状态。然后进行相应的运算，运算结果再存入输出映像寄存器中。对于输出映像寄存器来说，其状态会随着程序执行过程而变化。

（3）输出刷新阶段　当 CPU 扫描执行到 END 指令时，结束对用户程序的扫描，进入输出刷新阶段。在所有指令执行完毕后，输出映像寄存器中所有输出继电器的状态（接通/断开）在输出刷新阶段存到输出锁存器中，通过一定方式输出，驱动外部负载。

PLC 在输入/输出处理方面必须遵守以下规则：

1）输入映像寄存器中的数据，取决于各输入点在本次扫描输入取样阶段所刷新的状态。

2）输出映像寄存器中的数据，由本程序中输出指令的执行结果决定。

3）输出锁存器中的数据，由上一个扫描周期输出刷新阶段存入输出锁存器的数据来决定。

4）输出端子的通/断状态，由输出锁存器中的数据决定。

7.2 S7-200 SMART 系列可编程序控制器

7.2.1 S7-200 SMART 系列 PLC 简介

本书以西门子公司的 S7-200 SMART 系列 PLC 为主进行介绍。S7-200 SMART 是一款高性价比小型 PLC，是 S7-200 的加强版，与 S7-200 相比，它在性能上、硬件配置和软件组态方面都有提高，也得到了用户的广泛认可。在实际的工程项目中，客户越来越多地选择 S7-200 SMART 系列 PLC，并且在各个工程项目现场 S7-200 SMART 都有良好的表现。

一、硬件组成

S7-200 SMART 硬件主要由 CPU 模块、扩展模块和信号板组成。

1. CPU 模块

S7-200 SMART PLC 将微处理器（CPU）、集成电源、输入电路和输出电路组合到一个结构紧凑的外壳中，形成功能强大的 PLC。下载用户程序后，CPU 将包含监控应用中的输入和输出设备所需的逻辑。

CPU 具有不同型号，提供了各种各样的特征和功能，这些特征和功能可帮助用户针对不同的应用创建有效的解决方案。S7-200 SMART CPU 系列包括 14 个型号，分为两条产品线：紧凑型产品线和标准型产品线。

CPU 标识的第一个字母表示产品线，紧凑型（C）或标准型（S）。标识的第二个字母表示交流电源/继电器输出（R）或直流电源/直流晶体管输出（T）。标识中的数字表示总板载数字量 I/O 计数。I/O 计数后的小写字符"s"（仅限串行端口）表示新的紧凑型号。

2. 扩展模块和信号板

为更好地满足应用要求，S7-200 SMART PLC 包括各种扩展模块和信号板。可以将这些扩展模块与标准 CPU 型号（SR20、SR40、ST40、SR60 或 ST60）一起使用，为 CPU 增加附加功能。表 7-1 列出了当前提供的扩展模块和信号板。

表 7-1 扩展模块和信号板

类型	仅输入	仅输出	输入/输出组合	其他
数字信号模块	8 个直流输入	8 个直流输出 8 个继电器输出	8 个直流输入/8 个直流输出 8 个直流输入/8 个继电器输出 16 个直流输入/16 个直流输出 16 个直流输入/16 个继电器输出	

（续）

类型	仅输入	仅输出	输入/输出组合	其他
模拟信号模块	4 个模拟量输入 2 个 RTD 输入	2 个模拟量输出	4 个模拟量输入/2 个模拟量输出	
信号板		1 个模拟量输出	2 个直流输入/2 个直流输出	RS485/RS232

二、数据存储

1. 数据类型

S7-200 SMART PLC 的数据类型有字符串、布尔型（0 或 1）、整数型和实数型（浮点数）等。整数型数据包括 16 位整数（INT）和 32 位整数（DINT）。实数型数据采用 32 位单精度数来表示。数据类型、长度及数据范围见表 7-2。

表 7-2　数据类型、长度及数据范围

数据的类型（长度）	无符号整数范围		符号整数范围	
	十进制	十六进制	十进制	十六进制
字节 B(8 位)	0~255	0~FF	−128~127	80~7F
字 W(16 位)	0~65535	0~FFFF	−32768~32767	8000~7FFF
双字 D(32 位)	0~4294967295	0~FFFFFFFF	−2147483648~2147483647	80000000~7FFFFFFF
整数 INT(16 位)	0~65535	0~FFFF	−32768~32767	8000~7FFF
布尔 BOOL(1 位)	0、1			
实数 REAL	$−10^{38}~10^{38}$			
字符串	每个字符串以字节形式存储，最大长度为 255 字节，第一个字节中定义该字符串的长度			

2. 编址方式

数据区存储器编址方式有位编址、字节编址、字编址、双字编址等几种指定方式。

1）位编址：（区域标志符）字节号 . 位号，如 I0.0、Q0.0、I1.2。

2）字节编址：（区域标志符）B（字节号），如 IB0 表示由 I0.0~I0.7 这 8 位组成的字节。

3）字编址：（区域标志符）W（起始字节号），且最高有效字节为起始字节。例如 VW0 表示由 VB0 和 VB1 这 2 个字节组成的字。

4）双字编址：（区域标志符）D（起始字节号），且最高有效字节为起始字节。例如 VD0 表示由 VB0 到 VB3 这 4 个字节组成的双字。

3. 寻址方式

（1）直接寻址　直接寻址是在指令中直接使用存储器或寄存器的元件名称（区域标志）和地址编号，直接到指定的区域读取或写入数据。有按位、字节、字、双字的寻址方式，如图 7-10 所示。

（2）间接寻址　间接寻址时操作数并不提供直接数据位置，而是通过使用地址指针来存取存储器中的数据。在 S7-200 SMART PLC 中允许使用指针对 I、Q、M、V、S、T、C（仅当前值）存储区进行间接寻址。使用间接寻址前，要先创建一个指向该位置的指针。指针建立好后，利用指针存取数据，如图 7-11 所示。

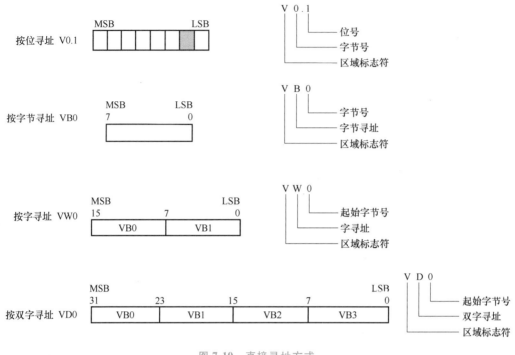

图 7-10   直接寻址方式

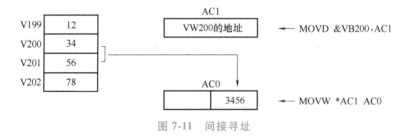

图 7-11   间接寻址

三、CPU 的存储区

（1）输入映像寄存器（I）   输入映像寄存器是 PLC 用来接收用户设备发来的输入信号。输入映像寄存器与 PLC 的输入点相连，如图 7-12a 所示。编程时应注意，输入映像寄存器的线圈必须由外部信号来驱动，不能在程序内部用指令来驱动。因此，在程序中输入映像寄存器只有触点，而没有线圈。

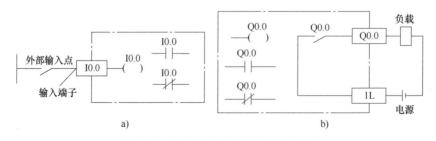

图 7-12   输入/输出映像寄存器示意图

a）输入映像寄存器等效电路   b）输出映像寄存器等效电路

（2）输出映像寄存器（Q）　输出映像寄存器用来存放 CPU 执行程序的数据结果，并在输出扫描阶段，将输出映像寄存器的数据结果传送给输出模块，再由输出模块驱动外部的负载，如图 7-12b 所示。

若梯形图中 Q0.0 的线圈通电，对应的硬件继电器的常开触点闭合，使接在标号 Q0.0 端子的外部负载通电，反之则外部负载断电。

在梯形图中每一个输出映像寄存器常开和常闭触点可以多次使用。

（3）变量存储器（V）　变量存储器用来在程序执行过程中存放中间结果，或者用来保存与工序或项目有关的其他数据。如模拟量控制、数据运算、设置参数等。变量存储器可按位使用，也可按字节、字或双字使用。变量存储器有较大的存储空间，如 CPU224 有 VB0.0 ~ VB5119.7 的 5KB。

（4）内部标志位存储器（M）　内部标志位存储器（M0.0 ~ M31.7）类似于继电器-接触器控制系统中的中间继电器，用来存放中间操作状态或其他控制信息。虽然名为"位存储器"，但是也可以按字节、字、双字来存取。内部标志位存储器在 PLC 中没有输入/输出端与之对应，其线圈的通断状态只能在程序内部用指令驱动，其触点不能直接驱动外部负载，只能在程序内部驱动输出继电器的线圈，再用输出继电器的触点去驱动外部负载。

（5）特殊标志位存储器（SM）　特殊标志位存储器用于 CPU 与用户程序之间交换信息，例如 SM0.0 一直为 ON 状态，SM0.1 仅在执行用户程序的第一个扫描周期为 ON 状态。SM0.4 和 SM0.5 分别提供周期为 1min 和 1s 的时钟脉冲。SM1.0、SM1.1 和 SM1.2 分别为零标志位、溢出标志和负数标志。

（6）局部变量存储器（L）　局部变量存储器用来存放局部变量。局部变量存储器和变量存储器很相似，主要区别在于局部变量存储器是局部有效的，变量存储器则是全局有效。全局有效是指同一个存储器可以被任何程序（如主程序、中断程序或子程序）存取，局部有效是指存储区和特定的程序相关联。

（7）定时器（T）　PLC 中定时器相当于继电器控制系统中的时间继电器，用于延时控制。每个定时器可提供无数对常开和常闭触点供编程使用，其设定时间由程序设置。S7-200 SMART PLC 有 3 种定时器，它们的时间基准增量分别为 1ms、10ms 和 100ms，定时器的当前值寄存器是 16 位有符号的整数，用于存储定时器累计的时间基准增量值（1 ~ 32767）。

（8）计数器（C）　计数器主要用来累计输入脉冲个数，其结构与定时器相似，可提供无数对常开和常闭触点供编程使用，其设定值由程序赋予。CPU 提供了 3 种类型的计数器，各为加计数器、减计数器和加/减计数器。计数器的当前值为 16 位有符号整数，用来存放累计的脉冲数（1 ~ 32767）。

（9）累加器（AC）　累加器是用来暂存数据的寄存器，可以同子程序之间传递参数，以及存储计算结果的中间值。CPU 中提供了 4 个 32 位累加器 AC0 ~ AC3。累加器支持以字节、字和双字的存取。按字节或字为单位存取时，累加器只使用低 8 位或低 16 位，数据存储长度由所用指令决定。

（10）高速计数器（HC）　一般计数器的计数频率受扫描周期的影响，不能太高。而高速计数器（每个计数器最高频率为 30kHz）用来累计比 CPU 扫描速率更快的事件。高速计数器的当前值为双字长的符号整数，且为只读值。

（11）顺序控制继电器（S）　顺序控制继电器又称为状态组件，与顺序控制继电器指令配合使用，用于组织设备的顺序操作，以实现顺序控制和步进控制。

（12）模拟量输入映像寄存器（AI） 模拟量输入映像寄存器用于接收模拟量输入模块转换后的 16 位数字量，其地址编号为 AIW0，AIW2，…模拟量输入映像寄存器 AI 为只读数据。

（13）模拟量输出映像寄存器（AQ） 模拟量输出映像寄存器用于暂存模拟量输出模块的输入值，该值经过模拟量输出模块（D/A）转换为现场所需要的标准电压或电流信号，其地址编号以偶数表示，如 AQW0，AQW2，…模拟量输出值是只写数据，用户不能读取模拟量输出值。

（14）CPU 存储器的范围与特性 标准型 CPU 存储器的范围见表 7-3。紧凑型 CPU 没有模拟量输入 AIW 和模拟量输出 AQW。

表 7-3 标准型 CPU 存储器的范围

寻址方式	紧凑型 CPU	CPU SR20/ST20	CPU SR30/ST30	CPU SR40/ST40	CPU SR60/ST60
位访问（字节.位）	I0.0~31.7 Q0.0~31.7 M0.0~31.7 SM0.0~1535.7 S0.0~31.7 T0~255 C0~255 L0.0~63.7				
	V0.0~8191.7	V0.0~12287.7	V0.0~16383.7	V0.0~20479.7	
字节访问	IB0~31 QB0~31 MB0~31 SMB0~1535 SB0~31 LB0~63 AC0~3				
	VB0~8191	VB0~12287	VB0~16383	VB0~20479	
字访问	IW0~30 QW0~30 MW0~30 SMW0~1534 SW0~30 T0~255 C0~255 LW0~62 AC0~3				
	VW0~8190	VW0~12286	VW0~16382	VW0~20478	
	—	AIW0~110 AQW0~110			
双字访问	ID0~28 QD0~28 MD0~28 SMD0~1532 SD0~28 LD0~60 AC0~3 HC0~3				
	VD0~8188	VD0~12284	VD0~16380	VD0~20476	

7.2.2 S7-200 SMART 编程基础

一、PLC 编程语言

PLC 有 5 种常用编程语言，包括梯形图（Ladder Diagram，LAD）、指令表（Instruction List，IL，也称为语句表 Statement List，STL）、功能块图（Function Block Diagram，FBD）、顺序功能图（Sequential Function Chart，SFC）、结构文本（Structured Text，ST），最常用的是梯形图和语句表。

1. 梯形图

梯形图是使用最多的 PLC 图形编程语言。梯形图与继电器控制系统的电路图很相似，具有直观易懂的优点，很容易被工程技术人员所熟悉和掌握，特别适合于数字量逻辑控制。

梯形图由触点、线圈和用方框表示的指令盒组成。触点代表逻辑输入条件，例如外部的开关、按钮和内部条件等。线圈通常代表逻辑运算的结果，常用来控制外部的指示灯、交流接触器和内部的标志位等。指令盒用来表示定时器、计数器或者数学运算等附加指令。

梯形图中的触点和线圈可以使用物理地址，例如 I0.2、M0.1 等。

在分析梯形图中的逻辑关系时，可以借用继电器电路图的分析方法。可以想象在梯形图的左右两侧垂直"电源线"之间有一个左正右负的直流电源电压，当图 7-13 中 I0.1 和 I0.2

的触点同时接通，或 M0.1 和 I0.2 的触点同时接通时，有一个假想的"能流"（Power Flow）流过 M0.1 的线圈，则 M0.1 线圈得电，或者说被激励。利用能流这一概念，可以帮助我们更好地理解和分析梯形图，能流只能从左向右流动。

图 7-13　梯形图和语句表
a）梯形图　b）语句表程序

如果没有跳转指令，在网络中，程序中的逻辑运算按从左往右的方向执行，与能流的方向一致。网络之间按从上到下的顺序执行，执行完所有的网络后，下一次循环返回最上面的网络（网络 1）重新开始执行。

梯形图按自上而下，从左到右的顺序排列，一侧的垂直公共线称为母线。每一个逻辑行起始于母线，然后是各触点的串、并联连接，最后是继电器线圈。

梯形图中的"继电器"是 PLC 内部的编程元件，因此称为"软继电器"。每一个编程元件与 PLC 的元件映像寄存器的一个存储单元相对应，若相应存储单元为"1"，表示继电器线圈"通电"，则其常开触点闭合（ON），常闭触点断开（OFF），反之亦然。

2. 语句表

S7 系列 PLC 将指令表称为语句表（Statement List，STL），它类似于微机汇编语言中的文本语言，由多条语句组成一个程序段。语句表比较适合经验丰富的程序员使用，可以实现某些不能用梯形图或功能块图表示的功能。图 7-13a 所示梯形图对应的语句表程序如图 7-13b 所示。

3. 功能块图

功能块图（FBD）的图形结构与数字电路中逻辑门电路比较相似，用类似于与门、或门的方框来表示逻辑运算、算术运算和数据处理指令，方框被"导线"连接在一起，信号自左向右流动。方框的左侧为逻辑运算的输入变量，右侧为输出变量，输入、输出端的小圆圈表示"非"运算。功能块图适合于熟悉数字电路的人员使用。

功能块图程序设计语言有如下特点：

1）以功能模块为单位，从控制功能入手，使控制方案的分析和理解变得容易。

2）功能模块是用图形化的方法描述功能，它的直观性大大方便了设计人员的编程和组态，有较好的易操作性。

3）对控制规模较大、控制关系较复杂的系统，由于控制功能的关系可以较清楚地表达出来，因此编程和组态时间可以缩短，调试时间也能减少。

4. 顺序功能图

顺序功能图也称为流程图或状态转移图，是一种图形化的功能性说明语言，专用于描述工业顺序控制程序，使用它可以对具有并行、选择等复杂结构的系统进行编程。顺序功能图程序设计语言有如下特点：

1）以功能为主线，条理清楚，便于对程序操作的理解和沟通。

2）对大型程序可分工设计，采用较为灵活的程序结构，这样能节省程序设计时间和调试时间。

3）常用于系统规模较大，程序关系较复杂的场合。

4）整个程序的扫描时间较其他程序设计语言编制的程序扫描时间要大大缩短。

5. 结构文本

结构文本是一种高级的文本语言，可以用来描述功能、功能块和程序的行为，还可以在顺序功能流程图中描述步、动作和转换的行为。结构文本程序设计语言有如下特点：

1）采用高级语言进行编程，可以完成较复杂的控制运算。

2）需要有计算机高级程序设计语言的知识和编程技巧，对编程人员要求较高。

3）直观性和易操作性较差。

4）常用于采用功能模块等其他语言较难实现的一些控制功能的实施。

在编程软件中，用户可以切换编程语言，选用梯形图、功能块图和语句表来编程。

梯形图与继电器电路图的表达方式极为相似，适合于熟悉继电器电路的用户使用。语句表程序较难阅读，其中的逻辑关系很难一眼看出，在设计和阅读有复杂的触点电路的程序时最好使用梯形图语言。

语句表可供习惯用汇编语言编程的用户使用，在运行时间和要求的存储空间方面最优。语句表的输入方便快捷，还可以在每条语句的后面加上注释，便于复杂程序的阅读和理解。在设计通信、数学运算等高级应用程序时建议使用语句表。

二、S7-200 SMART 的程序结构

S7-200 SMART CPU 的控制程序由主程序、子程序和中断程序组成。

1. 主程序

主程序是程序的主体，每一个项目都必须并且只能有一个主程序。在主程序中可以调用子程序和中断程序。

主程序通过指令控制整个应用程序的执行，每个扫描周期都要执行一次主程序。因为各个程序都存放在独立的程序块中，各程序结束时不需要加入无条件结束指令或无条件返回指令。

2. 子程序

子程序是可选的，仅在被其他程序调用时执行。同一个子程序可以在不同的地方被多次调用。使用子程序可以简化程序代码和减少扫描时间。

3. 中断程序

中断程序用来及时处理与用户程序的执行时序无关的操作，或者不能事先预测何时发生的中断事件。中断程序不是由用户程序调用，而是在中断事件发生时由操作系统调用。中断程序是用户编写的。

三、S7-200 SMART 与 S7-200 的指令比较

两者的指令基本上相同。S7-200 SMART 用 GET/PUT 指令取代了 S7-200 的网络读、写指令 NETR/NETW。用获取非致命错误代码指令 GET_ERROR 取代了诊断 LED 指令 DIAG_LED。S7-200 SMART 还增加了获取 IP 地址指令 GIP、设置 IP 地址指令 SIP，和指令列表的"库"文件夹中的 8 条开放式用户通信指令。

7.3 S7-200 SMART PLC 的指令

S7-200 SMART PLC 指令非常丰富，指令系统一般可分为基本指令和功能指令。基本指令包括位逻辑指令、运算指令、数据处理指令、转换指令等；功能指令包括程序控制类指令、中断指令、高速计数器、高速脉冲输出等。

SIMATIC 指令集是西门子公司专为 S7 系列 PLC 设计的，可以用梯形图 LAD、语句表 STL 和功能块图 FBD 进行编程。而梯形图 LAD 和语句表 STL 是 PLC 最基本的编程语言，本书将以这两种编程语言介绍 S7-200 SMART PLC 的指令系统。

7.3.1 位逻辑指令

一、触点指令

1. 装载指令 LD、LDN

LD（Load）指令：初始装载指令，用于常开触点与左母线连接，每一个以常开触点开始的逻辑行都要使用这一指令。其指令的梯形图与语句表如图 7-14 所示。

LDN（Load Not）指令：初始装载非指令，用于常闭触点与左母线连接，每一个以常闭触点开始的逻辑行都要使用这一指令。其指令的梯形图与语句表如图 7-15 所示。

a)

LD 位地址

b)

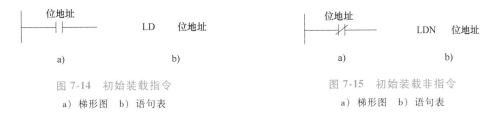

图 7-14 初始装载指令
a）梯形图 b）语句表

a)

LDN 位地址

b)

图 7-15 初始装载非指令
a）梯形图 b）语句表

2. 触点串联指令 A、AN

A（And）指令：“与”指令，用于常开触点的串联。其指令的梯形图与语句表如图 7-16 所示。

AN（And Not）指令：“与非”指令，用于常闭触点的串联。其指令的梯形图与语句表如图 7-17 所示。

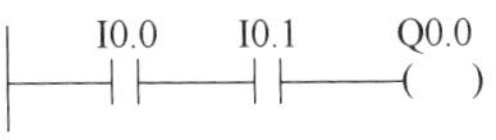

a)

```
LD   I0.0
A    I0.1
=    Q0.0
```

b)

图 7-16 “与”指令
a）梯形图 b）语句表

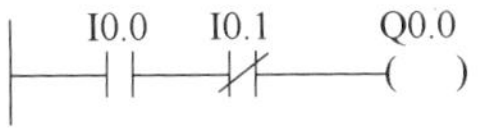

a)

```
LD   I0.0
AN   I0.1
=    Q0.0
```

b)

图 7-17 “与非”指令
a）梯形图 b）语句表

指令的含义：

用触点的串联表示“与”的逻辑关系，STL 指令中使用“A”检查常开触点的信号状态，使用“AN”检查常闭触点的信号状态，并将检查结果与逻辑运算结果进行“与”运算。如果串联回路里的所有触点皆闭合，该回路就通“电”了。

3. 触点并联指令 O、ON

O（Or）指令：“或”指令，用于常开触点的并联。其指令的梯形图与语句表如图 7-18 所示。

ON（Or Not）指令：“或非”指令，用于常闭触点的并联。其指令的梯形图与语句表如图 7-19 所示。

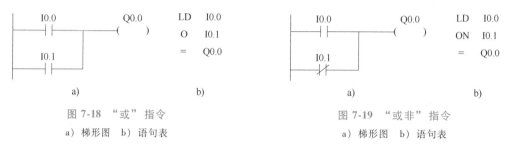

a)

```
LD   I0.0
O    I0.1
=    Q0.0
```

b)

图 7-18 “或”指令

a）梯形图 b）语句表

a)

```
LD   I0.0
ON   I0.1
=    Q0.0
```

b)

图 7-19 “或非”指令

a）梯形图 b）语句表

指令的含义：

用触点的并联表示“或”的逻辑关系，STL 指令中使用“O”检查常开触点的信号状态，使用“ON”检查常闭触点的信号状态，并将检查结果与逻辑运算结果进行“或”运算。在触点并联的情况下，若有一个或一个以上的触点闭合，则该回路就通“电”了。

二、输出指令

=（Out）指令：输出指令，用于线圈输出。其指令的梯形图和语句表如图 7-16～图 7-19 所示。

输出指令的功能是把前面各逻辑运算的结果由信号流控制线圈，从而使线圈驱动的常开触点闭合、常闭触点打开。

【例 7-1】 将图 7-20a 所示的梯形图，转换为对应的语句表（图 7-20b）。

a)

```
LD   I0.1    //装入常开触点
O    M0.1    //或常开触点
AN   I0.2    //与常闭触点
=    M0.1    //输出线圈
LD   I0.3    //装入常开触点
ON   I0.4    //或常闭触点
A    M0.1    //与常开触点
=    Q0.0    //输出线圈
```

b)

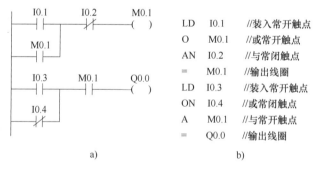

图 7-20 梯形图转换为语句表

a）梯形图 b）语句表

三、逻辑堆栈指令

S7-200 SMART 有一个 32 位的逻辑堆栈，最上面的第一层称为栈顶，用来存储逻辑动算的结果，下面的 31 位用来存储中间运算结果。逻辑堆栈中的数据一般按“先进后出”的原则访问，逻辑堆栈指令只有 STL 指令。

执行 LD 指令时，将指令指定的位地址中的二进制数据装载入栈顶。

执行 A（与）指令时，指令指定的位地址中的二进制数和栈顶中的二进制数作“与”

运算，运算结果存入栈顶，栈顶之外其他各层的值不变。每次逻辑运算只保留运算结果，栈顶原来的值丢失。

执行 O（或）指令时，指令指定的位地址中的二进制数和栈顶中的二进制数作"或"运算，运算结果存入栈顶。

执行常闭触点对应的 LDN、AN 和 ON 指令时，取出指令指定的位地址中的二进制数据后，先将它取反（0 变为 1，1 变为 0），然后再做对应的装载、与、或操作。

触点的串联或并联指令只能用于单个触点的串联或并联，在较复杂梯形图中，触点的串、并联关系不能全部用简单的与、或、非逻辑关系描述，若想将多个触点并联后进行串联或将多个触点串联后进行并联则需要用逻辑堆栈指令。

1. 或装载指令

或装载指令 OLD（Or Load）用于两个或两个以上的触点串联连接的电路之间的并联，又称为串联电路块并联指令，由助记符 OLD 表示。它对逻辑堆栈最上面两层中的二进制位进行"或"运算，运算结果存入栈顶。执行 OLD 指令后，逻辑堆栈的深度（即逻辑堆栈中保存的有效数据的个数）减 1。

触点的串并联指令只能将单个触点与别的触点或电路串并联。要想将图 7-21 中的 I0.3 和 I0.4 的触点组成的串联电路与它上面的电路并联，首先需要完成两个串联电路块内部的"与"逻辑运算（即触点的串联），这两个电路块用 LD 指令来表示电路块的起始触点。前两条指令执行完后，"与"运算的结果 S0 = I0.0·I0.1 存放在图 7-21 的逻辑堆栈的栈顶。执行完第 3 条指令时，将 I0.3 的值压入栈顶，原来在栈顶的 S0 自动下移到逻辑堆栈的第 2 层，第 2 层的数据下移到第 3 层，依次下移，逻辑堆栈最下面一层的数据丢失。执行完成第 4 条指令时，"与"运算的结果 S1 = I0.3·I0.4 保存在栈顶。

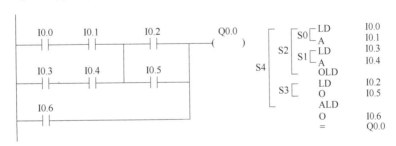

图 7-21　OLD 与 ALD 指令

第 5 条 OLD 指令对逻辑堆栈第 1 层和第 2 层的"与"运算的结果作"或"运算（将两个串联的电路块并联），并将运算结果 S2 = S0+S1 存入逻辑堆栈的栈顶，第 3～32 层中的数据依次向上移动一层。

OLD 指令不需要地址，它相当于需要并联的两块电路右端的一段垂直连线。图 7-22 所示逻辑堆栈中的×表示不确定的值。

OLD 指令的应用如图 7-23 所示。

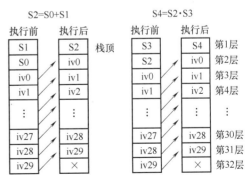

图 7-22　OLD 与 ALD 指令的堆栈操作

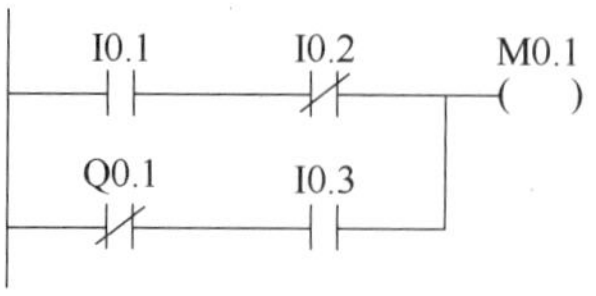

```
LD    I0.1    //装入常开触点
AN    I0.2    //与常闭触点
LDN   Q0.1    //装入常闭触点
A     I0.3    //与常开触点
OLD           //块或操作
=     M0.1    //输出线圈
```

图 7-23　OLD 指令的应用

2. 与装载指令

与装载指令 ALD（And Load）用于两个或两个以上触点并联连接的电路之间的串联，又称为并联电路块串联指令，由助记符 ALD 表示。它对逻辑堆钱最上面两层中的二进制位进行"与"运算，运算结果存入栈顶。图 7-21 的语句表中 OLD 下面的两条指令将两个触点并联，执行指令"LD I0.2"时，将运算结果压入栈顶，逻辑堆栈中原来的数据依次向下一层推移，逻辑堆栈最底层的值被推出丢失。与装载指令 ALD 对逻辑堆栈第 1 层和第 2 层的数据做"与"运算（将两个电路块串联），并将运算结果 S4＝S2·S3 存入逻辑堆栈的栈顶，第 3~32 层中的数据依次向上移动一层。

将电路块串并联时，每增加一个用 LD 或 LDN 指令开始的电路块的运算结果，逻辑堆栈中将增加一个数据，堆栈深度加 1，每执行一条 OLD 或 ALD 指令，堆栈深度减 1。

并联电路块与前面的电路串联时，使用 ALD 指令。并联电路块的开始用 LD 或 LDN 指令，并联电路块结束后使用 ALD 指令与前面的电路串联。ALD 指令的应用如图 7-24 所示。

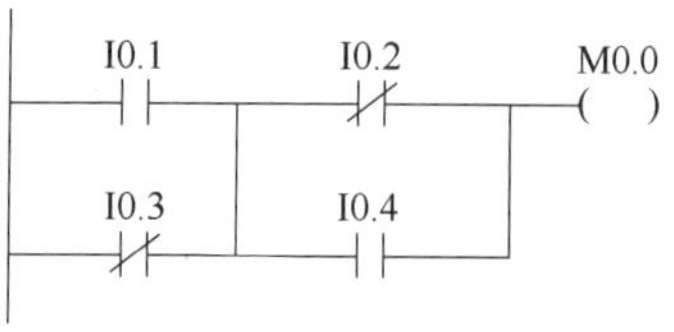

```
LD    I0.1    //装入常开触点
ON    I0.3    //与常闭触点
LDN   I0.2    //装入常闭触点
O     I0.4    //与常开触点
ALD           //块与操作
=     M0.0    //输出线圈
```

图 7-24　ALD 指令的应用

【例 7-2】　将图 7-25a 所示的梯形图，转换为对应的语句表（图 7-25b）。

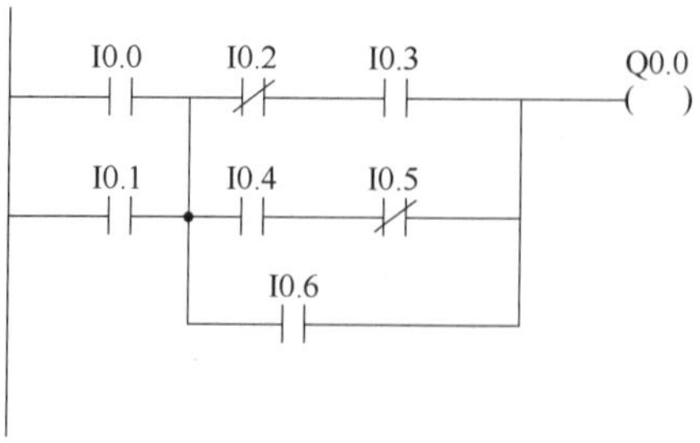

```
LD    I0.0
O     I0.1
LDN   I0.2
A     I0.3
LD    I0.4
AN    I0.5
OLD
O     I0.6
ALD
=     Q0.0
```

a)　　　　　　　　b)

图 7-25　电路块的串联/并联实例
a）梯形图　b）语句表

3. 其他逻辑堆栈指令

逻辑进栈（Logic Push，LPS）指令复制栈顶的值并将其压入栈的下一层，栈中原来的数据依次向下一层推移，栈底值被推出丢失，如图7-26所示。

逻辑读栈（Logic Read，LRD）指令将逻辑堆栈第2层的数据复制到栈顶，原来的栈顶值将复制值替代。第2~32层的数据不变。

逻辑出栈（Logic Pop，LPP）指令将栈顶值弹出，逻辑堆栈各层的数据向上移动一层，第2层的数据成为新的栈顶值。可以用语句表程序状态监控查看逻辑堆栈中保存的数据。

装载堆栈（Load Stack，LDS N，N = 1~31）指令复制逻辑堆栈内第N层的值到栈顶，逻辑堆栈中原来的数据依次向下移动一层，逻辑堆栈最底层的值将推出丢失。一般很少使用这条指令。

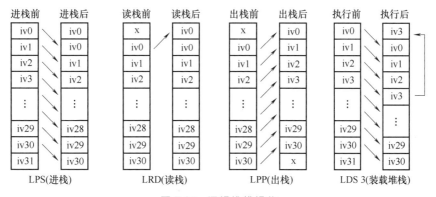

图7-26 逻辑堆栈操作

编辑梯形图和功能块图时，编辑器自动地插入处理逻辑堆栈操作所需要的指令。用编程软件将梯形图转换为语句表程序时，编程软件会自动生成逻辑堆栈指令。写入语句表程序时，必须由编程人员写入这些逻辑堆栈处理指令。每一条LPS指令必须有一条对应的LPP指令，中间支路都用LRD指令，最后一条支路必须使用LPP指令。

【例7-3】 将图7-27a所示的梯形图，转换为对应的语句表（图7-27b）。

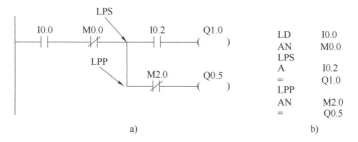

图7-27 栈指令的应用（1）
a）梯形图 b）语句表

注意：在只有两条分支电路时，只需要进栈LPS和出栈LPP两条指令，但必须成对使用。

【例7-4】 将图7-28a所示的梯形图，转换为对应的语句表（图7-28b）。

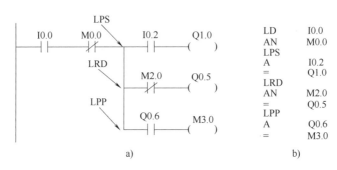

图 7-28　栈指令的应用（2）

a）梯形图　b）语句表

注意：在有 3 条及以上分支电路时，则需要同时使用进栈 LPS、读栈 LRD 和出栈 LPP 指令。

【例 7-5】　将图 7-29a 所示的梯形图，转换为对应的语句表（图 7-29b）。

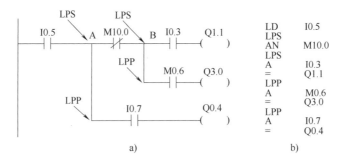

图 7-29　栈指令的应用（3）

a）梯形图　b）语句表

注意：在多点处出现分支电路时，需要使用堆栈的嵌套来实现语句表的编写。

四、置、复位和触发器指令

1. 置位指令 S

置位指令 S（Set）用于将指定的位地址开始的 n 个连续的位地址置位（置 1）并保持，其梯形图如图 7-30a 所示，由置位线圈、置位线圈的位地址（bit）和置位线圈数目（n）构成。语句表如图 7-30b 所示，由置位操作码、置位线圈的位地址（bit）和置位线圈数目（n）构成。

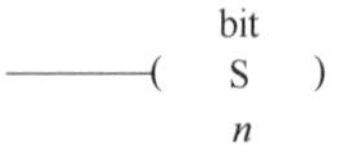

置位指令的应用如图 7-31 所示，当图中置位信号 I0.0 接通时，置位线圈 Q0.0 有信号流流过。当

```
        bit
————(  S  )          S    bit,    n
        n
a)                   b)
```

图 7-30　置位指令

a）梯形图　b）语句表

置位信号 I0.0 断开以后，置位线圈 Q0.0 的状态继续保持不变，直到线圈 Q0.0 的复位信号的到来，线圈 Q0.0 才恢复初始状态。

置位线圈数目是从指令中指定的位元件开始，共有 n（1~255）个。若在图 7-31 中位地址为 Q0.0，n 为 3，则置位线圈为 Q0.0、Q0.1、Q0.2 中同时有信号流流过。因此，这可用于数台电动机同时起动运行的控制要求，使控制程序大大简化。

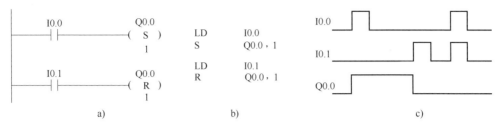

图 7-31 置位、复位指令的应用

a）梯形图 b）语句表 c）时序图

2. 复位指令 R

复位指令 R（Reset）用于将指定的位地址开始的 n 个连续的位地址复位（置 0）并保持，其梯形图如图 7-32a 所示，由复位线圈、复位线圈的位地址（bit）和复位线圈数目（n）构成。语

图 7-32 复位指令

a）梯形图 b）语句表

句表如图 7-32b 所示，由复位操作码、复位线圈的位地址（bit）和复位线圈数目（n）构成。

复位指令的应用如图 7-31 所示，当图中复位信号 I0.1 接通时，复位线圈 Q0.0 恢复初始状态。当复位信号 I0.1 断开以后，复位线圈 Q0.0 的状态继续保持不变，直到使线圈 Q0.0 的置位信号到来，线圈 Q0.0 才有信号流流过。

复位线圈数目是从指令中指定的位元件开始，共有 n 个。如在图 7-31 中若位地址为 Q0.3，n 为 5，则复位线圈为 Q0.3、Q0.4、Q0.5、Q0.6、Q0.7，即线圈 Q0.3～Q0.7 同时恢复初始状态。因此，这可用于数台电动机同时停止运行以及急停情况的控制要求，使控制程序大大简化。

在程序中同时使用 S 和 R 指令，应注意两条指令的先后顺序，使用不当有可能导致程序控制结果错误。在图 7-31 中，置位指令在前，复位指令在后，当 I0.0 和 I0.1 同时接通时，复位指令优先级高，Q0.0 中没有信号流流过。相反，在图 7-33 中将置位与复位指令的先后顺序对调，当 I0.0 和 I0.1 同时接通时，置位优先级高，Q0.0 中有信号流流过。因此使用置位和复位指令编程时，哪条指令在后面，则该指令的优先级高，这一点在编程时应引起注意。

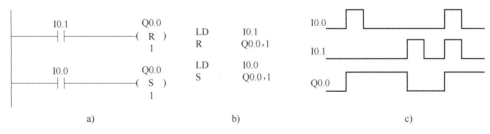

图 7-33 置位、复位指令的优先级

a）梯形图 b）语句表 c）时序图

3. 置位/复位触发器指令

置位/复位触发器指令（SR）是置位优先双稳态触发器指令，其梯形图如图 7-34 所示，

由置位/复位触发器助记符 SR、置位信号输入端 S1、复位信号输入端 R、输出端 OUT 和线圈的位地址 bit 构成。

【例 7-6】 置位/复位触发器指令的应用（图 7-35）。当置位信号 I0.0 接通时，线圈 Q0.0 有信号流流过。当置位信号 I0.0 断开时，线圈 Q0.0 的状态继续保持不变，直到复位信号 I0.1 接通时，线圈 Q0.0 没有信号流流过。

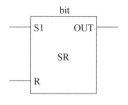

图 7-34 置位/复位触发器指令梯形图

如果置位信号 I0.0 和复位信号 I0.1 同时接通，则置位信号优先，线圈 Q0.0 有信号流流过。

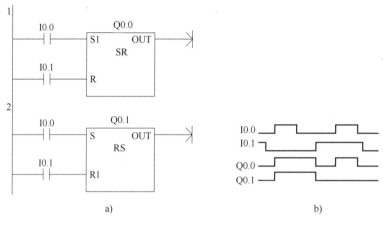

图 7-35 置位/复位触发器指令的应用

a）梯形图 b）时序图

4. 复位/置位触发器指令 RS

复位/置位触发器指令（RS）是复位优先双稳态触发器指令，其梯形图如图 7-36 所示，由复位/置位触发器助记符 RS、置位信号输入端 S、复位信号输入端 R1、输出端 OUT 和线圈的位地址 bit 构成。

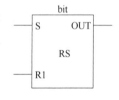

图 7-36 复位/置位触发器指令梯形图

置位/复位触发器指令的应用如图 7-35 所示，当置位信号 I0.0 接通时，线圈 Q0.1 有信号流流过。当置位信号 I0.0 断开时，线圈 Q0.1 的状态继续保持不变，直到复位信号 I0.1 接通时，线圈 Q0.1 没有信号流流过。

如果置位信号 I0.0 和复位信号 I0.1 同时接通，则复位信号优先，线圈 Q0.1 无信号流流过。

五、边沿触发指令

边沿触发指令分为正跳变触发指令（EU，又称为上升沿检测器）和负跳变触发指令（ED，又称为下降沿检测器）两种类型。

正跳变触发是指输入脉冲的上升沿使触点闭合 1 个扫描周期。负跳变触发是指输入脉冲的下降沿使触点闭合 1 个扫描周期，常用作脉冲整形。边沿触发指令格式及功能见表 7-4。

表 7-4 边沿触发指令格式及功能

梯形图	语句表	功能
—┤P├—	EU（Edge UP）	正跳变，无操作元件
—┤N├—	ED（Edge Down）	负跳变，无操作元件

边沿触发指令的应用如图 7-37 所示。

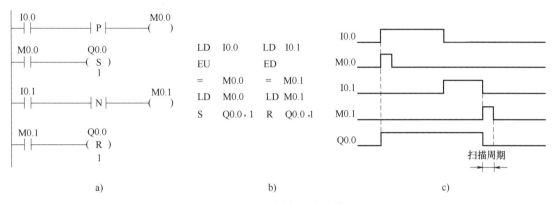

图 7-37 边沿触发指令的应用

a）梯形图 b）语句表 c）时序图

边沿触发指令用来检测触点状态的变化，可以用来起动一个控制程序、起动一个运算过程、结束一段控制等。

注意：

1）EU、ED 指令后无操作数。

2）正跳变触发和负跳变触发指令不能直接与母线相连，必须接在常开或常闭触点之后。

3）当条件满足时，正跳变触发和负跳变触发指令的常开触点只接通一个扫描周期，接受控制的元件应接在这一触点之后。

六、取反和空操作指令

取反和空操作指令格式及功能见表 7-5。

表 7-5 取反和空操作指令格式及功能

梯形图	语句表	功能
─┤ NOT ├─	NOT	取反指令
N ─┤ NOP ├─	NOP N	空操作指令

（1）取反指令 取反指令（NOT）指对存储器位的取反操作，用来改变能流的状态。取反指令在梯形图中用触点形式表示，触点左侧为 1 时，右侧则为 0，能流不能到达右侧，输出无效。反之触点左侧为 0 时，右侧则为 1，能流可以通过触点向右传递。

（2）空操作指令 空操作指令（NOP）起增加程序容量的作用。使能输入有效时，执行空操作指令，将稍微延长扫描期长度，不影响用户程序的执行，不会使能流输出断开。

操作数 N 为执行空操作指令的次数，N=0~255。

取反指令和空操作指令的应用如图 7-38 所示。

七、立即指令

立即指令允许对输入和输出点进行快速和直接存取。当用立即指令读取输入点的状态

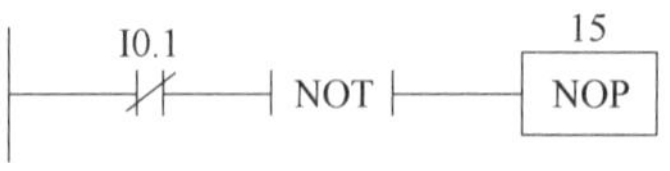

```
I0.1              15          LDN    I0.1
─┤/├──┤NOT├──────┤NOP├        NOT          //条件满足时
                              NOP    15     //空操作15次
        a)                        b)
```

图 7-38　取反指令和空操作指令的应用
a）梯形图　b）语句表

时，相应的输入映像寄存器中的值并未发生更新；用立即指令访问输出点时，访问的同时相应输出寄存器的内容也被刷新。只有输入继电器 I 和输出继电器 Q 可以使用立即指令。

1. 立即触点指令

立即触点指令只能用于输入信号 I，执行立即触点指令时，立即读入 PLC 输入点的值，根据该值决定触点的接通/断开状态，但是并不更新 PLC 输入点对应的输入映像寄存器的值。

在语句表中分别用 LDI、AI、OI 来表示开始、串联和并联的常开立即触点，用 LDNI、ANI、ONI 来表示开始、串联和并联的常闭立即触点，见表 7-6。

表 7-6　立即触点指令

语句		描述
LDI	bit	立即装载,电路开始的常开触点
AI	bit	立即与,串联的常开触点
OI	bit	立即或,并联的常开触点
LDNI	bit	取反后立即装载,电路开始的常闭触点
ANI	bit	取反后立即与,串联的常闭触点
ONI	bit	取反后立即或,并联的常闭触点

触点符号中间的"I"和"/I"用来表示立即常开触点和立即常闭触点，如图 7-39 所示。

2. 立即输出指令

执行立即输出指令时，将栈顶的值立即写入 PLC 输出位对应的输出映像寄存器，同时相应输出映像寄存器的内容也被刷新。该指令只能用于输出位，线圈符号中的"I"用来表示立即输出，如图 7-39 所示。

3. 立即置位与复位指令

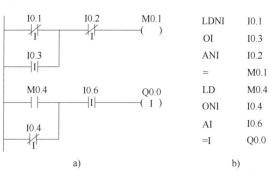

图 7-39　立即触点指令与立即输出指令的应用
a）梯形图　b）语句表

执行立即置位（SI）与立即复位（RI）指令时，从指定位地址开始的 N 个（最多 255 个）连续的输出点将被立即置位或复位，同时相应输出映像寄存器的内容也被刷新。该指令只能用于输出位。

7.3.2　定时器指令

在继电器-接触器控制系统中，常用时间继电器 KT 作为延时功能使用，在 PLC 控制系统中则无须使用时间继电器,可使用内部软元件定时器来实现延时功能。S7-200 SMART PLC 提供了 256 个定时器,分别为 T0~T255。定时器是对内部时钟累计时间增量计时的,用于实现时间控制,可以按照工作方式和时间基准(时基)分类。

1. 工作方式

按照工作方式,定时器可分为接通延时定时器(TON)、保持型接通延时定时器(TONR)、断开延时定时器(TOF)3 种。

2. 时间基准

按照时间基准,定时器又分为 1ms、10ms、100ms 三种类型,不同的时间基准,定时范围和定时器的刷新方式不同。时间基准又称为定时精度或分辨率。

(1) 定时精度 定时器的工作原理是定时器使能输入有效后,当前值寄存器对 PLC 内部的时基脉冲增 1 计数,最小计时单位为时基脉冲的宽度。故时间基准代表着定时器的定时精度,又称为定时器的分辨率。

(2) 定时范围 定时器使能输入有效后,当前值寄存器对时基脉冲递增计数,当计数值大于或等于定时器的设定值后,状态位置 1。从定时器输入有效,到状态位输出有效经过的时间为定时时间。定时时间 T 等于时基乘设定值,时基越大,定时时间越长,但精度越差。

(3) 定时器的刷新方式 1ms 定时器每隔 1ms 刷新一次,定时器刷新与扫描周期和程序处理无关。扫描周期较长时,定时器一个周期内可能多次被刷新(多次改变当前值)。

10ms 定时器在每个扫描周期开始时刷新,每个扫描周期之内,当前值不变。

100ms 定时器是定时器指令执行时被刷新,下一条执行的指令即可使用刷新后的结果,但应当注意,如果该定时器的指令不是每个周期都执行(如条件跳转时),定时器就不能及时刷新,可能会导致出错。

S7-200 SMART 提供的定时器分为 TON(TOF)和 TONR 工作方式,以及 3 种时间基准,TOF 与 TON 共享同一组定时器,不能重复使用。定时器的分辨率和编号范围见表 7-7。使用定时器时应参照表 7-7 的时间基准和工作方式合理选择定时器编号,同时要考虑刷新方式对程序执行的影响。

表 7-7 定时器工作方式及定时器编号

工作方式	分辨率/ms	最大当前值/s	定时器编号
TONR	1	32.767	T0, T64
	10	327.67	T1~T4, T65~T68
	100	3276.7	T5~T31, T69~T95
TON/TOF	1	32.767	T32, T96
	10	327.67	T33~T36, T97~T100
	100	3276.7	T37~T63, T101~T255

3. 定时器指令格式

定时器指令格式及功能见表 7-8。

表 7-8　定时器指令格式及功能

梯形图	语句表	功能
IN　TON PT	TON	通电延时型
IN　TONR PT	TONR	保持型
IN　TOF PT	TOF	断电延时型

IN 是使能输入端, 编程范围 T0~T255; PT 是设定值输入端, 最大设定值 32767。

(1) 接通延时定时器　当使能端输入有效 (接通) 时, 定时器开始计时, 当前值从 0 开始递增, 大于或等于设定值时, 定时器输出状态位置为 1 (输出触点有效), 当前值的最大值为 32767。

使能输入端无效 (断开) 时, 定时器复位 (当前值清零, 输出状态位置为 0)。接通延时定时器应用程序如图 7-40 所示。

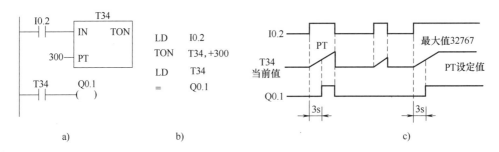

图 7-40　接通延时定时器应用程序
a) 梯形图　b) 语句表　c) 时序图

(2) 保持型接通延时定时器　使能端输入有效时, 定时器开始计时, 当前值递增, 当前值大于或等于设定值时, 输出状态位置为 1。

使能端输入无效 (断开) 时, 当前值保持 (记忆), 使能端再次接通有效时, 在原记忆值的基础上递增计时。TONR 采用线圈的复位指令进行复位操作, 当复位线圈有效时, 定时器当前值清零, 输出状态位置为 0。

保持型接通延时定时器应用程序如图 7-41 所示。

(3) 断开延时定时器　使能端输入有效时, 定时器输出状态位立即置 1, 当前值复位为 0。使能端断开时, 开始计时, 当前值从 0 递增, 当前值达到设定值时, 定时器状态位复位置 0, 并停止计时, 当前值保持。

断开延时定时器应用程序如图 7-42 所示。

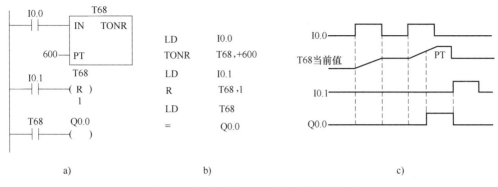

图 7-41 保持型接通延时定时器应用程序

a）梯形图 b）语句表 c）时序图

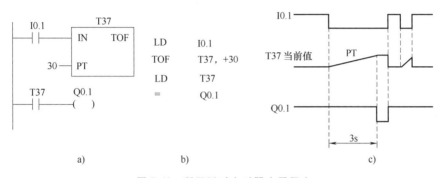

图 7-42 断开延时定时器应用程序

a）梯形图 b）语句表 c）时序图

7.3.3 计数器指令

计数器用来累计输入脉冲的数量。S7-200 SMART PLC 提供了 256 个计数器，编号为 C0~C255，共有 3 种类型，分别为加计数器（CTU）、减计数器（CTD）和加/减计数器（CTUD），不同类型的计数器不能共用同一个计数器编号。

1. 指令格式

计数器的梯形图指令符号为指令盒形式，指令格式及功能见表 7-9。

梯形图指令符号中 CU 为加 1 计数脉冲输入端；CD 为减 1 计数脉冲输入端；R 为复位脉冲输入端；LD 为减计数器的复位脉冲输入端；编程范围为 C0~C255；PV 设定值最大范围为 32767；PV 数据类型为 INT。

表 7-9 计数器指令格式及功能

梯形图			语句表	功能
CU CTU R PV	CD CTD LD PV	CU CTD CD R PV	CTU CTD CTUD	加计数器 减计数器 加/减计数器

2. 工作原理

（1）加计数器指令（CTU） 当加计数器的复位输入端电路断开，而计数输入端（CU）

有脉冲信号输入时，计数器的当前值加 1 计数。

当前值大于或等于设定值时，计数器状态位置 1，当前值累加的最大值为 32767。当计数器的复位输入端电路接通时，计数器的状态位复位（置 0），当前计数值为零，加计数器的应用如图 7-43 所示。

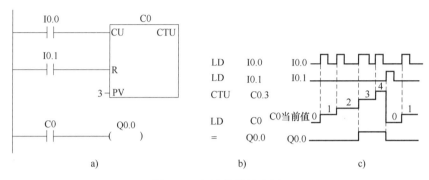

图 7-43　加计数器的应用

a）梯形图　b）语句表　c）时序图

（2）减计数器指令（CTD）　在减计数器 CD 脉冲输入信号的上升沿（从 OFF 变为 ON），从设定值开始，计数器的当前值减 1，当前值等于 0 时，停止计数，计数器位被置 1，如图 7-44 所示。

当减计数器的复位输入端有效时，计数器把设定值装入当前值存储器，计数器状态位复位（置 0）。

减计数器指令应用程序及时序图如图 7-44 所示。

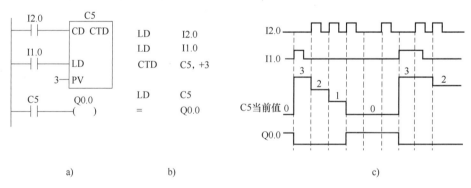

图 7-44　减计数器指令应用程序及时序图

a）梯形图　b）语句表　c）时序图

减计数器在计数脉冲 I2.0 的上升沿减 1 计数，当前值从设定值开始减至 0 时，计数器输出状态位置 1，Q0.0 通电（置 1），在复位脉冲 I1.0 的上升沿，定时器状态位复位（置 0），当前值等于设定值，为下次计数工作做好准备。

（3）加/减计数器指令（CTUD）　加/减计数器有两个脉冲输入端，其中 CU 用于加计数，CD 用于减计数，执行加/减计数时，CU/CD 的计数脉冲上升沿加 1/减 1 计数。

当前值大于或等于计数器设定值时，计数器状态位置位。复位输入有效或执行复位指令时，计数器状态位复位，当前值清零。达到计数最大值（32767）后，下一个 CU 输入上升沿将使计数值变为最小值（-32768）。

同样，达到最小值后，下一个 CD 输入上升沿将使计数值变为最大值。加/减计数器应用程序及时序图如图 7-45 所示。

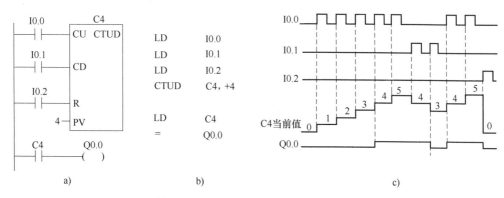

图 7-45 加/减计数器应用程序及时序图

a）梯形图 b）语句表 c）时序图

7.3.4 数据处理指令

一、比较指令

1. 比较指令介绍

比较指令是将两个数据类型相同的操作数 IN1 和 IN2 按指定的条件比较数值大小，可以比较字节无符号数、整数、双整数、实数和字符串。在梯形图中用带参数和运算符的触点表示比较指令。

满足比较关系给出的条件时，比较指令对应的触点就闭合，否则触点断开。指令格式见表 7-10。

表 7-10 指令格式

STL	LAD	说明
LD□××IN1,IN2	IN1 ─┤××□├─ IN2	比较触点接起始母线
LD N A□××IN1,IN2	N IN1 ─┤├─┤××□├─ IN2	比较触点的"与"
LD N O□××IN1,IN2	N ─┤├─┐ IN1 ─┤××□├─ IN2	比较触点的"或"

注：1. "××"表示比较关系运算符：＝＝（等于）、＜（小于）、＞（大于）、＜＝（小于或等于）、＞＝（大于或等于）、
　　＜＞（不等于）。

　　2. "□"表示对什么类型的数据进行比较，□代表操作数 IN1、IN2 的数据类型，分为 B、I、D、R、S，分别表
　　示字节无符号数、有符号整数、有符号双整数、有符号实数和字符串。

　　3. IN1、IN2 可以体现存储类型（具体表现为编址方式），存储类型有 B（字节 8 位）、W（字 16 位）、DW（双
　　字 32 位）。

比较指令中体现的数据类型、存储类型、编址方式应当匹配，见表 7-11。

表 7-11 类型对照关系

数据类型	字节无符号数 B	有符号整数 1	有符号双整数 D	有符号实数 R
存储类型	字节 B	字 W	双字 D（W）	
编址方式举例	VB0	VW0	VD0	

2. 比较指令类型

比较指令包括字节无符号数比较指令、整数比较指令、双整数比较指令、实数比较指令和字符串比较指令。

1）字节无符号数比较指令用来比较两个字节无符号数 IN1 与 IN2 的大小，字节无符号数的范围 0~255（16#80~16#7F）。

2）整数比较指令用来比较两个有符号整数 IN1 与 IN2 的大小，最高位为符号，有符号整数的范围是 -32768 ~ 32767（16#8000~16#7FFF）。

3）双整数比较指令用来比较两个有符号双整数 IN1 与 IN2 的大小，有符号双整数的范围是 -2147483648 ~ 2147483647（16#80000000~16#7FFFFFFF）。

4）实数比较指令用来比较两个有符号实数 IN1 与 IN2 的大小，实数的范围是 -10^{38} ~ 10^{38}。

5）字符串比较指令用来比较两个数据类型为 STRING 的 ASCII 码字符串相等或不等。字符串比较指令的比较条件只有等于 "＝＝" 和不等于 "＜＞"。

可以在两个字符串变量之间，或一个常数字符串和一个字符串变量之间进行比较。如果比较中使用了常数字符串，它必须是梯形图中比较触点上面的参数，或语句表比较指令中的第一个参数。

在程序编辑器中，常数字符串参数赋值必须以英文半角双引号字符开始和结束。常数字符串的最大长度为 126 个字符，每个字符占一字节。

3. 比较指令应用举例

【例 7-7】 变量存储器 VW10 中的数值与十进制 30 相比较，当变量存储器 VW10 中的数值等于 30 时，常开触点接通，Q0.0 有信号流流过，如图 7-46 所示。

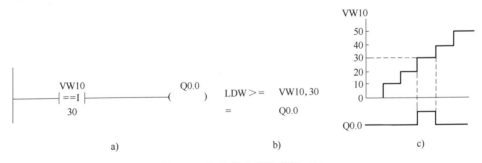

图 7-46 比较指令应用举例（1）
a）梯形图 b）语句表 c）指令功能图

【例 7-8】 3 盏灯循环亮，控制要求：用两个按钮 SB0、SB1 控制，按下起动按钮 SB0，3 盏灯能够循环亮起，每个灯亮 1s，按下停止按钮 SB1，所有的灯全部灭。要求使用定时器和比较指令结合实现。

设 PLC 的输入端子 I0.0 为起动按钮输入端，I0.1 为停止按钮输入端，Q0.0、Q0.1、Q0.2 分别控制 3 盏灯 L0、L1、L2。其对应的梯形图如图 7-47 所示。

【例 7-9】 多台电动机分时起动控制，按下起动按钮后，3 台电动机每隔 3s 依次起动，按下停止按钮，3 台电动机同时停止。

设 PLC 的输入端子 I0.0 为起动按钮输入端，I0.1 为停止按钮输入端，Q0.0、Q0.1、Q0.2 分别为 3 台电动机的电源接触器输入端子。其对应的梯形图如图 7-48 所示。

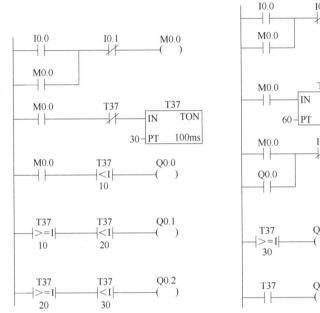

图 7-47　比较指令应用举例（2）

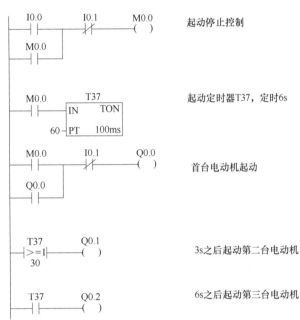

图 7-48　比较指令应用举例（3）

二、传送指令

数据传送指令主要作用是将常数或某存储器中的数据传送到另一存储器中，它包括单个数据传送及成组数据传送两大类。通常用于设定参数、协助处理有关数据以及建立数据或参数表格等。

1. 单个数据传送指令

单个数据传送指令 MOV 用来传送单个的字节、字、双字、实数。指令格式及功能见表 7-12。

表 7-12　单个数据传送指令格式及功能

LAD	MOV_B —EN　ENO— ????—IN　OUT—????	MOV_W —EN　ENO— ????—IN　OUT—????	MOV_DW —EN　ENO— ????—IN　OUT—????	MOV_R —EN　ENO— ????—IN　OUT—????
STL	MOVB IN,OUT	MOVW IN,OUT	MOVD IN,OUT	MOVR IN,OUT
类型	字节	字、整数	双字、双整数	实数
功能	使能输入有效时，即 EN=1 时，将一个输入 IN 的字节、字/整数、双字/双整数或实数送到输出 OUT 指定的存储器。在传送过程中不改变数据的大小。传送后，输入存储器 IN 中的内容不变			

【例 7-10】 初始化程序设计。

存储器初始化程序是用于开机运行时对某些存储器清 0 或置数的一种操作，通常采用传送指令来编程。若开机运行时将 VB10 清 0、将 VW100 置数 1800，则对应的梯形图程序如图 7-49 所示。

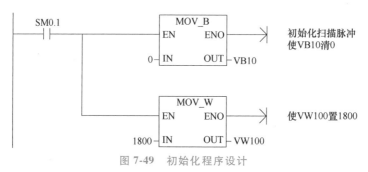

图 7-49　初始化程序设计

2. 数据块传送指令

数据块传送指令 BLKMOV 用于将从输入地址 IN 开始的 N 个数据传送到输出地址 OUT 开始的 N 个单元中，N 的范围为 1～255，N 的数据类型为字节。指令格式及功能见表 7-13。

表 7-13　数据块传送指令格式及功能

	BLKMOV_B	BLKMOV_W	BLKMOV_D
LAD	EN ENO ???? IN OUT ???? ???? N	EN ENO ???? IN OUT ???? ???? N	EN ENO ???? IN OUT ???? ???? N
STL	BMB IN,OUT,N	BMW IN,OUT,N	BMD IN,OUT,N
操作数及数据类型	IN:VB、IB、QB、MB、SB、SMB、LB OUT:VB、IB、QB、MB、SB、SMB、LB 数据类型:字节	IN: VW、IW、QW、MW、SW、SMW、LW、T、C、AIW OUT: VW、IW、QW、MW、SW、SMW、LW、T、C、AQW 数据类型:字	IN/OUT: VD、ID、QD、MD、SD、SMD、LD 数据类型:双字
	N:VB、IB、QB、MB、SB、SMB、LB、AC、常量 数据类型:字节 数据范围:1～255		
功能	使能输入有效时，即 EN=1 时，把从输入地址 IN 开始的 N 个字节(字、双字)传送到以输出地址 OUT 开始的 N 个字节(字、双字)中		

【例 7-11】 数据块传送指令应用举例。

I0.0 闭合时，将从 VB0 开始的连续 4 个字节传送到 VB10 开始的连续 4 个字节，如图 7-50 所示。

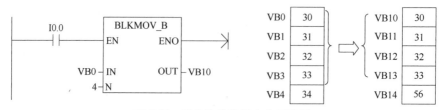

图 7-50　数据块传送指令应用举例

3. 字节立即传送指令

字节立即传送指令包括字节立即读取指令和字节立即写入指令。指令格式见表7-14。

表7-14　字节立即传送指令格式

指令名称	指令形式	IN 的寻址范围	OUT 的寻址范围
字节立即读取指令	MOV_BIR　EN　ENO　????—IN　OUT—????	IB、* VD、* LD、* AC	IB、QB、VB、MB、SMB、SB、LB、AC、* VD、* LD、* AC
字节立即写入指令	MOV_BIW　EN　ENO　????—IN　OUT—????	IB、QB、VB、MB、SMB、SB、LB、AC、* VD、* LD、* AC、常数	QB、* VD、* LD、* AC

1）字节立即读取指令功能。当使能输入 EN 有效时，MOV_BIR 指令立即读取物理输入 IN 的状态，并将结果写入存储器地址 OUT 中，但不更新过程映像寄存器。

2）字节立即写入指令功能。当使能输入 EN 有效时，MOV_BIW 指令从存储器地址 IN 读取数据，并将其写入物理输出 OUT 以及相应的过程映像寄存器。

4. 字节交换指令

字节交换指令用于交换字 IN 的最高有效字节和最低有效字节。字节交换指令的格式见表7-15。

表7-15　字节交换指令格式

指令名称	指令形式	IN 的寻址范围
字节交换指令	SWAP　EN　ENO　????—IN	IW、QW、VW、MW、SMW、SW、T、C、LW、AC、* VD、* LD、* AC

【例7-12】　字节交换指令应用举例，如图7-51所示。

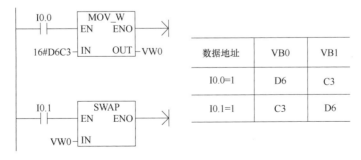

数据地址	VB0	VB1
I0.0=1	D6	C3
I0.1=1	C3	D6

图7-51　字节交换指令应用举例

三、移位指令

移位指令的作用是将寄存器中的数据按要求进行某种移位操作，在控制系统中可用于数据的处理、跟踪和步进控制等。

1. 移位指令

移位指令包括左移位（SHL, Shift Left）和右移位（SHR, Shift Right）指令，其梯形图及语句表见表 7-16。

表 7-16 移位指令的梯形图及语句表

梯形图	语句表	指令名称
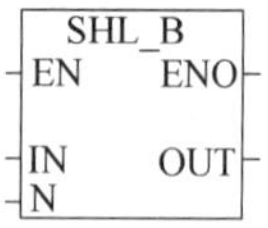 SHL_B EN ENO IN OUT N	SLB OUT,N	字节左移位指令
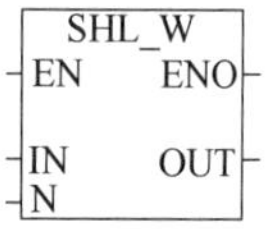 SHL_W EN ENO IN OUT N	SLW OUT,N	字左移位指令
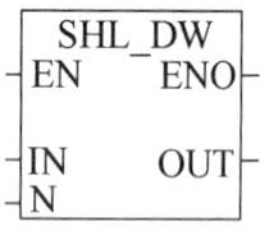 SHL_DW EN ENO IN OUT N	SLD OUT,N	双字左移位指令
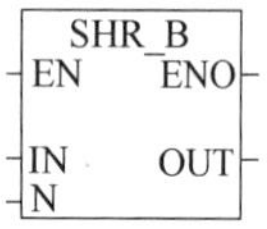 SHR_B EN ENO IN OUT N	SRB OUT,N	字节右移位指令
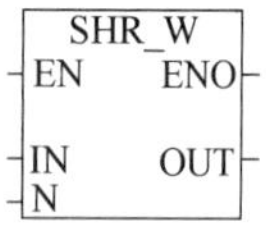 SHR_W EN ENO IN OUT N	SRW OUT,N	字右移位指令
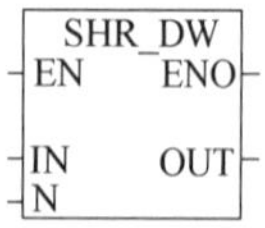 SHR_DW EN ENO IN OUT N	SRD OUT,N	双字右移位指令

移位指令是将输入 IN 中的各位数值向左或向右移动 N 位后，将结果送给输出 OUT 中。移位指令对移出的位自动补 0，如果移动的位数 N 大于或等于最大允许值（对于字节操作为 8 位，对于字操作为 16 位，对于双字操作为 32 位），实际移动的位数为最大允许值。如果移位次数大于 0，则溢出标志位（SM1.1）中就是最后一次移出位的值；如果移位操作的结果为 0，则零标志位（SM1.0）被置为 1。另外，字节操作是无符号的。对于字和双字操作，当使用符号数据类型时，符号位也被移位。

2. 循环移位指令

循环移位指令包括循环左移位（ROL, Rotate Left）和循环右移位（ROR, Rotate Right）指令，其梯形图及语句表见表 7-17。

表 7-17　循环移位指令的梯形图及语句表

梯形图	语句表	指令名称
ROL_B EN　ENO IN　OUT N	RLB OUT,N	字节循环左移位指令
ROL_W EN　ENO IN　OUT N	RLW OUT,N	字循环左移位指令
ROL_DW EN　ENO IN　OUT N	RLD OUT,N	双字循环左移位指令
ROR_B EN　ENO IN　OUT N	RRB OUT,N	字节循环右移位指令
ROR_W EN　ENO IN　OUT N	RRW OUT,N	字循环右移位指令
ROR_DW EN　ENO IN　OUT N	RRD OUT,N	双字循环右移位指令

循环移位指令将输入值 IN 中的各位数向左或向右循环移动 N 位后，将结果送给输出 OUT 中。循环移位是环形的，即被移出来的位将返回到另一端空出来的位置。如果移动的位数 N 大于或等于最大允许值（对于字节操作为 8 位，对于字操作为 16 位，对于双字操作为 32 位），执行循环移位之前先对 N 进行取模操作（例如对于字移位，将 N 除以 16 后取余数），从而得到一个有效的移位位数。移位位数的取模操作结果，对于字节操作是 0~7，对于字操作为 0~15，对于双字操作为 0~31。如果取模操作的结果为 0，不进行循环移位操作。

如果循环移位指令被执行时，移出的最后一位的数值会被复制到溢出标志位（SM1.1）中。如果实际移位次数为 0 时，零标志位（SM1.0）被置为 1。

另外，字节操作是无符号的，对于字和双字操作，当使用有符号数据类型时，符号位也被移位。

【例 7-13】　移位指令和循环移位指令的应用，如图 7-52 所示。

当 I0.0 接通时，将累加器 AC0 中的数据 0100 0010 0001 1000 向左移动两位变成 0000 1000 0110 0000，同时将变量存在器 VW100 中的数据 1101 1100 0011 0100 向右循环移动 3 位变为 1001 1011 1000 0110。

3. 移位寄存器指令

移位寄存器指令（SHRB，Shift Register Bit）是可以指定移位寄存器的长度和移位方向

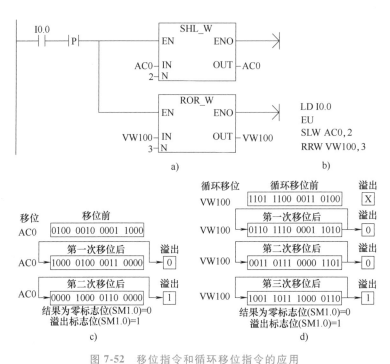

图 7-52 移位指令和循环移位指令的应用

a) 梯形图　b) 语句表　c) 左移位指令功能　d) 右循环移位指令功能

的移位指令，实现将 DATA 数值移入移位寄存器，其梯形图及语句表如图 7-53 所示。

1. 指令说明

1）EN 为使能输入端，连接移位脉冲信号，每次使能有效时，整个移位寄存器的值移动。

2）DATA 为数据的移入位。

3）S_BIT 指定移位寄存器的最低位（起始位）。

4）N 指定移位寄存器的长度和移位方向，N 的数

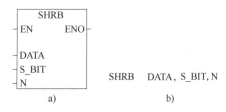

图 7-53 移位寄存器指令梯形图及语句表

a) 梯形图　b) 语句表

值表示数据的长度。N 的符号表示移位方向，N 为正值表示左移操作；N 为负值表示右移操作。

2. 移位操作

左移位操作用长度 N 的正值表示。将 DATA 的输入值移入由 S_BIT 指定的最低有效位位置，然后移出移位寄存器的最高有效位，将移出的数值放在溢出存储器位 SM1.1 中。

右移位操作用长度 N 的负值表示。将 DATA 的输入值移入移位寄存器的最高有效位，然后移出由 S_BIT 指定的最低有效位。然后将移出的数据放在溢出存储器位 SM1.1 中。

四、转换指令

S7-200 SMART 中的主要数据类型包括字节、整数、双整数和实数，主要数制有 BCD 码、ASCII 码、十进制和十六进制等。不同指令对操作数的类型要求不同，因此在指令使用前需要将操作数转化成相应的类型，数据转换指令可以完成这样的功能。数据转换指令包括数据类型之间的转换、数制之间的转换和数据与码制之间的转换、段码指令、解码与码指令等。转换指令的梯形图及语句表见表 7-18。

表 7-18 转换指令的梯形图及语句表

梯形图	语句表	指令名称
BCD_I EN ENO IN OUT	BCDI OUT	BCD 码转换成整数指令
I_BCD EN ENO IN OUT	IBCD OUT	整数转换成 BCD 码指令
B_I EN ENO IN OUT	BTI IN,OUT	字节转换成整数指令
I_B EN ENO IN OUT	ITB IN,OUT	整数转换成字节指令
I_DI EN ENO IN OUT	ITD IN,OUT	整数转换成双整数指令
DI_I EN ENO IN OUT	DTI IN,OUT	双整数转换成整数指令
DI_R EN ENO IN OUT	DTR IN,OUT	双整数转换成实数指令
ROUND EN ENO IN OUT	ROUND IN,OUT	取整指令
TRUNC EN ENO IN OUT	TRUNC IN,OUT	截断指令
SEG EN ENO IN OUT	SEG IN,OUT	段码指令
DECO EN ENO IN OUT	DECO IN,OUT	解码指令
ENCO EN ENO IN OUT	ENCO IN,OUT	编码指令

（1）BCD 码转换成整数指令　BCD 码转换成整数指令是将输入 BCD 码形式的数据转换成整数类型，并且将结果存到输出指定的变量中。输入 BCD 码数据有效范围为 0~9999，该指令输入和输出的数据类型均为字型。

（2）整数转换成 BCD 码指令　整数转换成 BCD 码指令是将输入整数类型的数据转换成BCD 码形式的数据，并且将结果存到输出指定的变量中。输入整数类型数据的有效范围是0~9999，该指令输入和输出的数据类型均为字型。

（3）字节转换成整数指令　字节转换成整数指令是将输入字节型数据转换成整数型，并且将结果存到输出指定的变量中。字节型数据是无符号的，所以没有符号扩展位。

（4）整数转换成字节指令　整数转换成字节指令是将输入整数转换成字节型，并且将结果存到输出指定的变量中。只有 0~255 之间的输入数据才能被转换，超出字节范围会产生溢出。

（5）整数转换成双整数指令　整数转换成双整数指令是将输入整数转换成双整数类型，并且将结果存到输出指定的变量中。

（6）双整数转换成整数指令　双整数转换成整数指令是将输入双整数转换成整数类型，并且将结果存到输出指定的变量中，输出数据如果超出整数范围则产生溢出。

（7）双整数转换成实数指令　双整数转换成实数指令是将输入 32 位有符号整数转换成 32 位实数，并且将结果存到输出指定的变量中。

（8）取整指令　取整指令是将 32 位实数值转换为双精度整数值，并将取整后的结果存入分配给 OUT 的地址中。如果小数部分大于或等于 0.5，该实数值将进位。

（9）截断指令　截断指令是将 32 位实数值转换为双精度整数值，并将结果存入分配给 OUT 的地址中。只有转换了实数的整数部分之后，才会丢弃小数部分。

（10）段码指令　段码（Segment）指令 SEG 将输入字节（IN）的低 4 位确定的十六进制数（16#00~16#0F）转换，生成点亮七段数码管各段的代码，并送到输出字节（OUT）指定的变量中。七段数码管上的 a~g 段分别对应于输出字节的最低位（第 0 位）~第 6 位，某段应点亮时输出字节中对应的位为 1，反之为 0。段码转换表见表 7-19。

表 7-19　段码转换表

输入的数据		七段码组成	输出的数据								七段数码管显示
十六进制	二进制		.	g	f	e	d	c	b	a	
16#00	2#0000 0000		0	0	1	1	1	1	1	1	
16#01	2#0000 0001		0	0	0	0	0	1	1	0	
16#02	2#0000 0010		0	1	0	1	1	0	1	1	
16#03	2#0000 0011		0	1	0	0	1	1	1	1	
16#04	2#0000 0100		0	1	1	0	0	1	1	0	
16#05	2#0000 0101	a	0	1	1	0	1	1	0	1	
16#06	2#0000 0110	f　b	0	1	1	1	1	1	0	1	
16#07	2#0000 0111	g	0	0	0	0	0	1	1	1	
16#08	2#0000 1000	e　c	0	1	1	1	1	1	1	1	
16#09	2#0000 1001	d	0	1	1	0	0	1	1	1	
16#0A	2#0000 1010		0	1	1	1	0	1	1	1	
16#0B	2#0000 1011		0	1	1	1	1	1	0	0	
16#0C	2#0000 1100		0	1	1	1	1	0	0	0	
16#0D	2#0000 1101		0	1	0	1	1	1	1	0	
16#0E	2#0000 1110		0	1	1	1	1	0	0	1	
16#0F	2#0000 1111		0	1	1	1	0	0	0	1	

（11）解码与编码指令　解码（Decode，或称为译码）指令 DECO 根据输入字节 IN 的最低 4 位表示的位号，将输出字 OUT 对应的位置为 1，输出字的其他位均为 0。

编码（Encode）指令 ENCO 将输入字 IN 中的最低有效位（有效位的值为 1）的位编号写入输出字节 OUT 的最低 4 位。

注意：如果要转换的值不是有效的实数值，或者该值过大以至于无法在输出中表示，则溢出位将置位，且输出不受影响。转换指令的操作数范围见表 7-20。

表 7-20　转换指令的操作数范围

指令	输入或输出	操作数
BCD 码转换成整数指令	IN	IW、QW、VW、MW、SMW、SW、LW、T、C、AIW、AC、* VD、* LD、* AC、常数
	OUT	IW、QW、VW、MW、SMW、SW、LW、T、C、AC、* VD、* LD、* AC
整数转换成 BCD 码指令	IN	IW、QW、VW、MW、SMW、SW、LW、T、C、AIW、AC、* VD、* LD、* AC、常数
	OUT	IW、QW、VW、MW、SMW、SW、LW、T、C、AC、* VD、* LD、* AC
字节转换成整数指令	IN	IB、QB、VB、MB、SMB、SB、LB、AC、* VD、* LD、* AC、常数
	OUT	IW、QW、VW、MW、SMW、SW、LW、T、C、AC、* VD、* LD、* AC
整数转换成字节指令	IN	IW、QW、VW、MW、SMW、SW、LW、T、C、AIW、AC、* VD、* LD、* AC、常数
	OUT	IB、QB、VB、MB、SMB、SB、LB、AC、* VD、* LD、* AC
整数转换成双整数指令	IN	IW、QW、VW、MW、SMW、SW、LW、T、C、AIW、AC、* VD、* LD、* AC、常数
	OUT	ID、QD、VD、MD、SMD、SD、LD、AC、* VD、* LD、* AC
双整数转换成整数指令	IN	ID、QD、VD、MD、SMD、SD、LD、HC、AC、* VD、* LD、* AC、常数
	OUT	IW、QW、VW、MW、SMW、SW、LW、T、C、AC、* VD、* LD、* AC
双整数转换成实数指令	IN	ID、QD、VD、MD、SMD、SD、LD、HC、AC、* VD、* LD、* AC、常数
	OUT	ID、QD、VD、MD、SMD、SD、LD、AC、* VD、* LD、* AC
取整指令	IN	ID、QD、VD、MD、SMD、SD、LD、AC、* VD、* LD、* AC、常数
	OUT	ID、QD、VD、MD、SMD、SD、LD、AC、* VD、* LD、* AC
截断指令	IN	ID、QD、VD、MD、SMD、SD、LD、AC、* VD、* LD、* AC、常数
	OUT	ID、QD、VD、MD、SMD、SD、LD、AC、* VD、* LD、* AC
段码指令	IN	IB、QB、VB、MB、SMB、SB、LB、AC、* VD、* LD、* AC、常数
	OUT	IB、QB、VB、MB、SMB、SB、LB、AC、* VD、* LD、* AC
解码指令	IN	IB、QB、VB、MB、SMB、SB、LB、AC、* VD、* LD、* AC、常数
	OUT	IW、QW、VW、MW、SMW、SW、T、C、LW、AC、AQW、* VD、* LD、* AC
编码指令	IN	IW、QW、VW、MW、SMW、SW、T、C、LW、AC、AIW、* VD、* LD、* AC、常数
	OUT	IB、QB、VB、MB、SMB、SB、LB、AC、* VD、* LD、* AC

7.3.5　数学运算指令

一、算术运算指令

算术运算指令主要包括整数、双整数和实数的加、减、乘、除、加 1、减 1 指令，还包括整数乘法产生双整数指令和带余数的整数除法指令。

1. 加法运算指令

加法运算指令的梯形图及语句表见表 7-21。

表 7-21　加法运算指令的梯形图及语句表

梯形图	语句表	指令名称
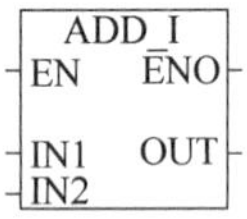 ADD_I EN　ENO IN1　OUT IN2	+I IN1,OUT	整数加法指令
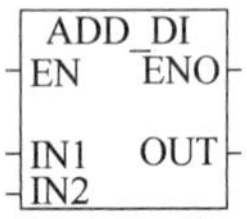 ADD_DI EN　ENO IN1　OUT IN2	+D IN1,OUT	双整数加法指令
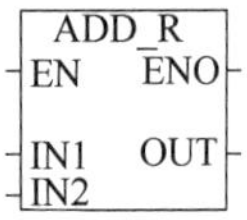 ADD_R EN　ENO IN1　OUT IN2	+R IN1,OUT	实数加法指令

2. 减法运算指令

减法运算指令的梯形图及语句表见表 7-22。

表 7-22　减法运算指令的梯形图及语句表

梯形图	语句表	指令名称
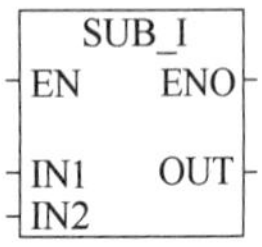 SUB_I EN　ENO IN1　OUT IN2	−I IN1,OUT	整数减法指令
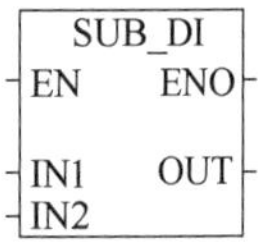 SUB_DI EN　ENO IN1　OUT IN2	−D IN1,OUT	双整数减法指令
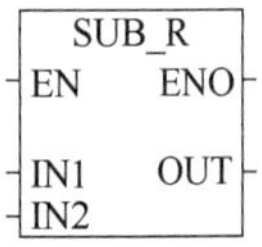 SUB_R EN　ENO IN1　OUT IN2	−R IN1,OUT	实数减法指令

3. 乘法运算指令

乘法运算指令的梯形图及语句表见表 7-23。

表 7-23　乘法运算指令的梯形图及语句表

梯形图	语句表	指令名称
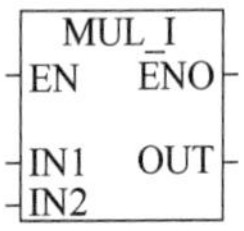 MUL_I EN　ENO IN1　OUT IN2	* I IN1,OUT	整数乘法指令
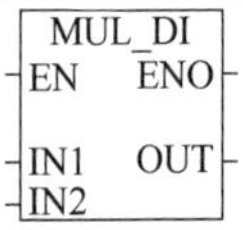 MUL_DI EN　ENO IN1　OUT IN2	* D IN1,OUT	双整数乘法指令

（续）

梯形图	语句表	指令名称
MUL_R EN ENO IN1 OUT IN2	＊R IN1,OUT	实数乘法指令
MUL EN ENO IN1 OUT IN2	MUL IN1,OUT	整数乘法产生双整数指令

4. 除法运算指令

除法运算指令的梯形图及语句表见表7-24。

表7-24 除法运算指令的梯形图及语句表

梯形图	语句表	指令名称
DIV_I EN ENO IN1 OUT IN2	/I IN1,OUT	整数除法指令
DIV_DI EN ENO IN1 OUT IN2	/D IN1,OUT	双整数除法指令
DIV_R EN ENO IN1 OUT IN2	/R IN1,OUT	实数除法指令
DIV EN ENO IN1 OUT IN2	DIV IN1,OUT	带余数的整数除法指令

5. 加 1 运算指令

加1运算指令的梯形图及语句表见表7-25。

表7-25 加 1 运算指令的梯形图及语句表

梯形图	语句表	指令名称
INC_B EN ENO IN OUT	INCB IN	字节加1指令
INC_W EN ENO IN OUT	INCW IN	字加1指令
INC_DW EN ENO IN OUT	INCD IN	双字加1指令

6. 减 1 运算指令

减 1 运算指令的梯形图及语句表见表 7-26。

表 7-26　减 1 运算指令的梯形图及语句表

梯形图	语句表	指令名称
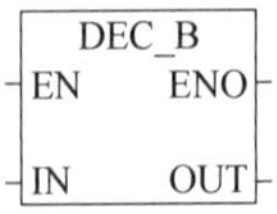 DEC_B EN　　ENO IN　　OUT	DECB IN	字节减 1 指令
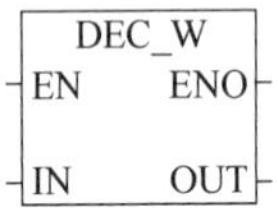 DEC_W EN　　ENO IN　　OUT	DECW IN	字减 1 指令
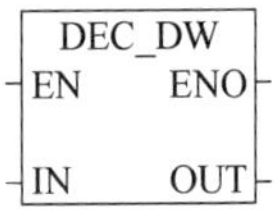 DEC_DW EN　　ENO IN　　OUT	DECD IN	双字减 1 指令

在梯形图中，整数、双整数和实数的加、减、乘、除、加 1、减 1 指令分别执行下列运算：

IN1+IN2 = OUT

IN1−IN2 = OUT

IN1 * IN2 = OUT

IN1/IN2 = OUT

IN1+1 = OUT

IN1−1 = OUT

在语句表中，整数、双整数和实数的加、减、乘、除、加 1、减 1 指令分别执行下列运算：

IN1+OUT = OUT

OUT−IN1 = OUT

IN1 * OUT = OUT

OUT/IN1 = OUT

OUT+1 = OUT

OUT−1 = OUT

（1）整数的加、减、乘、除运算指令　整数的加、减、乘、除运算指令是将两个 16 位整数进行加、减、乘、除运算，产生一个 16 位的结果，而除法的余数不保留。

（2）双整数的加、减、乘、除运算指令　双整数的加、减、乘、除运算指令是将两个 32 位整数进行加、减、乘、除运算，产生一个 32 位的结果，而除法的余数不保留。

（3）实数的加、减、乘、除运算指令　实数的加、减、乘、除运算指令是将两个 32 位实数进行加、减、乘、除运算，产生一个 32 位的结果。

（4）整数乘法产生双整数指令　整数乘法产生双整数指令（Multiply Integer to Double Inter，MUL）是将两个 16 位整数相乘，产生一个 32 位的结果。在语句表中，32 位 OUT 的低 16 位被用作乘数。

（5）带余数的整数除法指令 带余数的整数除法（Divide Integer with Remainder，DIV）是将两个 16 位整数相除，产生一个 32 位的结果，其中高 16 位为余数，低 16 位为商。在语句表中，32 位 OUT 的低 16 位被用作被除数。

（6）算术运算指令使用说明

1）表中指令执行将影响特殊存储器 SM 中的 SM1.0（零）、SM1.1（溢出）、SM1.2（负）、SM1.3（除数为 0）。

2）若运算结果超出允许的范围，溢出位 SM1.1 置 1。

3）若在乘除法操作中溢出位 SM1.1 置 1，则运算结果不写到输出，且其他状态位均清 0。

4）若除法操作中，除数为 0，则其他状态位不变，操作数也不改变。

5）字节加 1 和减 1 操作是无符号的，字和双字的加 1 和减 1 操作是有符号的。

算术运算指令的操作数范围见表 7-27。

表 7-27 算术运算指令的操作数范围

指令	输入或输出	操作数
整数加、减、乘、除指令	IN1、IN2	IW、QW、VW、MW、SMW、SW、LW、AIW、AC、T、C、*VD、*LD、*AC、常数
	OUT	IW、QW、VW、MW、SMW、SW、LW、AC、T、C、*VD、*LD、*AC
双整数加、减、乘、除指令	IN1、IN2	ID、QD、VD、MD、SMD、SD、LD、AC、HC、*VD、*LD、*AC、常数
	OUT	ID、QD、VD、MD、SMD、SD、LD、AC、*VD、*LD、*AC
实数加、减、乘、除指令	IN1、IN2	ID、QD、VD、MD、SMD、SD、LD、AC、*VD、*LD、*AC、常数
	OUT	ID、QD、VD、MD、SMD、SD、LD、AC、*VD、*LD、*AC
整数乘法产生双整数指令和带余数的整数除法指令	IN1、IN2	IW、QW、VW、MW、SMW、SW、LW、AIW、AC、T、C、*VD、*LD、*AC、常数
	OUT	ID、QD、VD、MD、SMD、SD、LD、AC、*VD、*LD、*AC
字节加 1 和减 1 指令	IN	IB、QB、VB、MB、SMB、SB、LB、AC、*VD、*LD、*AC、常数
	OUT	IB、QB、VB、MB、SMB、SB、LB、AC、*VD、*LD、*AC
字加 1 和减 1 指令	IN	IW、QW、VW、MW、SMW、SW、LW、AIW、AC、T、C、*VD、*LD、*AC、常数
	OUT	IW、QW、VW、MW、SMW、SW、LW、AC、T、C、*VD、*LD、*AC
双字加 1 和减 1 指令	IN	ID、QD、VD、MD、SMD、SD、LD、AC、HC、*VD、*LD、*AC、常数
	OUT	ID、QD、VD、MD、SMD、SD、LD、AC、*VD、*LD、*AC

二、逻辑运算指令

逻辑运算指令主要包括字节、字、双字的与、或、异或和取反逻辑运算指令。

1. 逻辑与运算指令

逻辑与运算指令的梯形图及语句表见表 7-28。

表 7-28 逻辑与运算指令的梯形图及语句表

梯形图	语句表	指令名称
WAND_B EN ENO IN1 OUT IN2	ANDB IN1,OUT	字节与指令

（续）

梯形图	语句表	指令名称
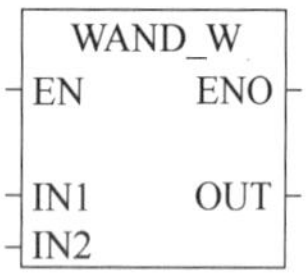 WAND_W EN　ENO IN1　OUT IN2	ANDW IN1,OUT	字与指令
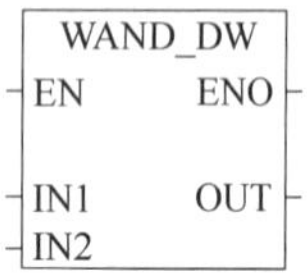 WAND_DW EN　ENO IN1　OUT IN2	ANDD IN1,OUT	双字与指令

2. 逻辑或运算指令

逻辑或运算指令的梯形图及语句表见表7-29。

表7-29　逻辑或运算指令的梯形图及语句表

梯形图	语句表	指令名称
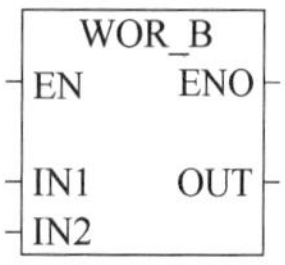 WOR_B EN　ENO IN1　OUT IN2	ORB IN1,OUT	字节或指令
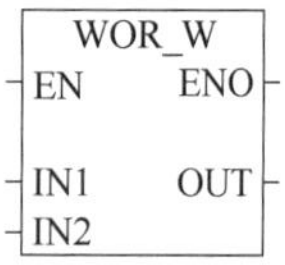 WOR_W EN　ENO IN1　OUT IN2	ORW IN1,OUT	字或指令
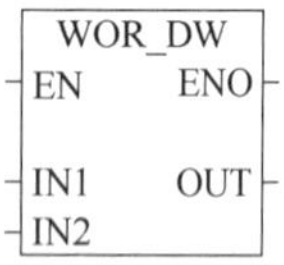 WOR_DW EN　ENO IN1　OUT IN2	ORD IN1,OUT	双字或指令

3. 逻辑异或运算指令

逻辑异或运算指令的梯形图及语句表见表7-30。

表7-30　逻辑异或运算指令的梯形图及语句表

梯形图	语句表	指令名称
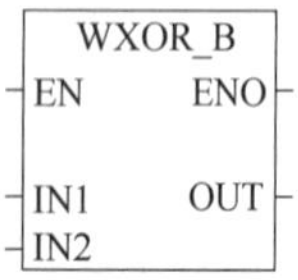 WXOR_B EN　ENO IN1　OUT IN2	XORB IN1,OUT	字节异或指令
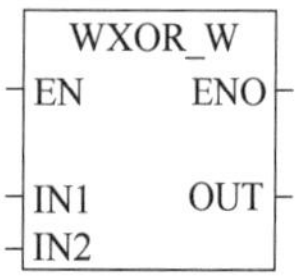 WXOR_W EN　ENO IN1　OUT IN2	XORW IN1,OUT	字异或指令

（续）

梯形图	语句表	指令名称
WXOR_DW EN　ENO IN1　OUT IN2	XORD IN1,OUT	双字异或指令

4. 逻辑取反运算指令

逻辑取反运算指令的梯形图及语句表见表 7-31。

表 7-31　逻辑取反运算指令的梯形图及语句表

梯形图	语句表	指令名称
INV_B EN　ENO IN　OUT	INVB OUT	字节取反指令
INV_W EN　ENO IN　OUT	INVW OUT	字取反指令
INV_DW EN　ENO IN　OUT	INVD OUT	双字取反指令

梯形图中的与、或、异或指令对两个输入量 IN1 和 IN2 进行逻辑运算，运算结果均存放在输出量中；取反指令是对输入量的二进制数逐位取反，即二进制数的各位由 0 变为 1，由 1 变为 0，并将运算结果存放在输出量中。

两二进制数逻辑与就是有 0 出 0；两二进制数逻辑或就是有 1 出 1；两二进制数逻辑异或就是相同出 0，相异出 1。

逻辑运算指令的操作数范围见表 7-32。

表 7-32　逻辑运算指令的操作数范围

指令	输入或输出	操作数
字节与、或、异或 指令	IN	IB、QB、VB、MB、SMB、SB、LB、AC、＊VD、＊LD、＊AC、常数
	OUT	IB、QB、VB、MB、SMB、SB、LB、AC、＊VD、＊LD、＊AC
字 与、或、异或 指令	IN	IW、QW、VW、MW、SMW、SW、LW、AIW、AC、T、C、＊VD、＊LD、＊AC、常数
	OUT	IW、QW、VW、MW、SMW、SW、LW、AC、T、C、＊VD、＊LD、＊AC
双字与、或、异或 指令	IN	ID、QD、VD、MD、SMD、SD、LD、AC、HC、＊VD、＊LD、＊AC、常数
	OUT	ID、QD、VD、MD、SMD、SD、LD、AC、＊VD、＊LD、＊AC
字节取反指令	IN	IB、QB、VB、MB、SMB、SB、LB、AC、＊VD、＊LD、＊AC、常数
	OUT	IB、QB、VB、MB、SMB、SB、LB、AC、＊VD、＊LD、＊AC
字取反指令	IN	IW、QW、VW、MW、SMW、SW、LW、AIW、AC、T、C、＊VD、＊LD、＊AC、常数
	OUT	IW、QW、VW、MW、SMW、SW、LW、AC、T、C、＊VD、＊LD、＊AC

（续）

指令	输入或输出	操作数
双字取反指令	IN	ID、QD、VD、MD、SMD、SD、LD、AC、HC、＊VD、＊LD、＊AC、常数
	OUT	ID、QD、VD、MD、SMD、SD、LD、AC、＊VD、＊LD、＊AC

三、函数运算指令

函数运算指令主要包括三角函数指令、自然对数及自然指数指令、平方根指令，这类指令的输入参数 IN 与输出参数 OUT 均为实数（即浮点数），指令执行后影响零标志 SM1.0、溢出标志 SM1.1 和负数标志 SM1.2。

1. 三角函数指令

三角函数指令包括正弦（SIN）、余弦（COS）和正切（TAN），它们用于计算输入参数 IN（角度）的三角函数，结果存放在输出参数 OUT 指定的地址中，输入值是以弧度为单位的浮点数，求三角函数前应将以度为单位的角度乘以 $\pi/180$（0.01745329）。三角函数指令的梯形图及语句表见表 7-33。

表 7-33　三角函数指令的梯形图及语句表

梯形图	语句表	指令名称
SIN EN　ENO IN　OUT	SIN IN,OUT	正弦指令
COS EN　ENO IN　OUT	COS IN,OUT	余弦指令
TAN EN　ENO IN　OUT	TAN IN,OUT	正切指令

对于数学函数指令，SM1.1 用于指示溢出错误和非法值。如果 SM1.1 置位，则 SM1.0 和 SM1.2 的状态无效，原始输入操作数不变。如果 SM1.1 未置位，则数学运算已完成且结果有效，并且 SM1.0 和 SM1.2 包含有效状态。

2. 自然对数和自然指数指令

自然对数和自然指数指令的梯形图及语句表见表 7-34。

表 7-34　自然对数和自然指数指令的梯形图及语句表

梯形图	语句表	指令名称
LN EN　ENO IN　OUT	LN IN,OUT	自然对数指令
EXP EN　ENO IN　OUT	EXP IN,OUT	自然指数指令

自然对数指令 LN（Natural Logarithm）计算输入值 IN 的自然对数，并将结果存放在输出参数 OUT 中，即 ln（IN）= OUT。求以 10 为底的对数时，应将自然对数值除以 2.302585（10 的自然对数值）。

自然指数指令 EXP（Natural Exponential）计算输入值 IN 的以 e 为底的指数（e 约等于 2.71828），结果用 OUT 指定的地址存放。该指令与自然对数指令配合，可以实现以任意实数为底，任意实数为指数的运算。

3. 平方根指令

平方根指令的梯形图及语句表见表 7-35。

表 7-35　平方根指令的梯形图及语句表

梯形图	语句表	指令名称
SQRT EN ENO IN OUT	SQRT IN,OUT	平方根指令

平方根指令 SQRT（Square Root）将 32 位正实数 IN 开平方，得到 32 位实数运算结果 OUT。

函数运算指令的操作数范围见表 7-36。

表 7-36　函数运算指令的操作数范围

指令	输入或输出	操作数
三角函数指令	IN	ID、QD、VD、MD、SMD、SD、LD、AC、＊VD、＊LD、＊AC、常数
	OUT	ID、QD、VD、MD、SMD、SD、LD、AC、＊VD、＊LD、＊AC
自然对数和自然指数指令	IN	ID、QD、VD、MD、SMD、SD、LD、AC、＊VD、＊LD、＊AC、常数
	OUT	ID、QD、VD、MD、SMD、SD、LD、AC、＊VD、＊LD、＊AC
平方根指令	IN	ID、QD、VD、MD、SMD、SD、LD、AC、＊VD、＊LD、＊AC、常数
	OUT	ID、QD、VD、MD、SMD、SD、LD、AC、＊VD、＊LD、＊AC

7.3.6　程序控制指令

程序控制指令用于程序运行状态的控制，主要包括系统控制、跳转、循环、子程序调用、顺序控制等指令。

一、系统控制指令

系统控制指令主要包括停止指令、条件结束指令、看门狗复位指令，指令的格式及功能见表 7-37。

表 7-37　系统控制指令格式及功能

梯形图	语句表	功能
——(STOP)	STOP	停止指令
——(END)	END	条件结束指令
——(WDR)	WDR	看门狗复位指令

1. 停止指令

停止指令（STOP）使 PLC 从运行模式进入停止模式，立即终止程序的执行，令 CPU 从 RUN 模式切换到 STOP 模式。如果在中断程序中执行停止指令，中断程序立即终止，并忽略全部等待执行的中断，继续执行主程序的剩余部分，在本次扫描的最后，将 CPU 从 RUN 切换到 STOP。

2. 条件结束指令

条件结束指令（END）在使能输入有效时，终止用户程序的执行返回到主程序的第一条指令行。梯形图中该指令不连在左侧母线，END 指令只能用于主程序，不能在子程序和中断程序中使用。

3. 看门狗复位指令

看门狗复位指令（WDR），它的定时时间为 500 ms，每次扫描它都被自动复位一次，然后又开始定时。正常工作时扫描周期小于 500 ms，它不起作用。如果扫描周期超过 500ms，CPU 会自动切换到 STOP 模式，并会产生非致命错误"扫描看门狗超时"。

如果扫描周期可能超过 500ms，可以在程序中使用看门狗复位指令 WDR，以扩展允许使用的扫描周期。每次执行 WDR 指令时，看门狗超过时间都会复位为 500ms。即使使用了 WDR 指令，如果扫描持续时间超过 5s，CPU 将会无条件地切换到 STOP 模式。

二、跳转、循环指令

1. 跳转指令

跳转指令（JMP）的功能是根据不同的逻辑条件，有选择地执行不同的程序。利用跳转指令可使程序结构更加灵活，减少扫描时间，从而加快系统的响应速度。跳转指令的格式及功能见表 7-38。

表 7-38　跳转指令格式及功能

梯形图	语句表	指令功能
n —(JMP)	JMP n	条件满足时,跳转指令(JMP)可使程序转移到同一程序的具体标号(n)处
n LBL	LBL n	跳转标号指令(LBL)标记跳转目的地的位置(n)

跳转指令（JMP）和跳转标号指令（LBL）配合使用实现程序的跳转，在同一个程序内，当使能输入有效时，使程序跳转到指定标号 n 处执行，跳转标号 $n = 0 \sim 255$。当使能输入无效时，将顺序执行程序。

【例 7-14】　设 I0.3 为点动/连动控制选择开关，当 I0.3 得电时，选择点动控制；当 I0.3 不得电时，选择连续运行控制。

采用跳转指令控制的点动/连动控制程序如图 7-54 所示。

2. 循环指令

在需要对某个程序段重复执行一次时，可采用循环结构。由 FOR 指令和 NEXT 指令构成程序的循环体，FOR 指令表示循环开始，NEXT 指令表示循环体结束。循环指令的梯形图及语句表见表 7-39。

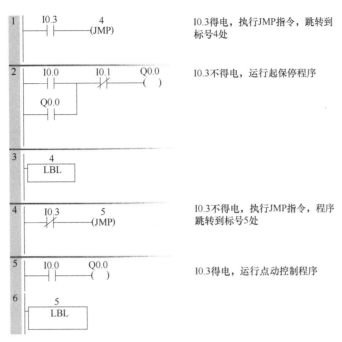

图 7-54　跳转指令控制的点动/连动控制程序

表 7-39　循环指令的梯形图及语句表

梯形图	语句表	指令名称
FOR EN　ENO INDX INIT FINAL	FOR INDX,INIT,FINAL	循环指令
—(NEXT)	NEXT	循环结束指令

　　循环结构用于描述一段程序的重复执行，FOR 和 NEXT 必须成对使用。当 FOR 指令的使能输入端条件满足时，反复执行 FOR 与 NEXT 之间的指令。在 FOR 指令中，需要设置 INDX（索引值或当前值循环次数计数器）、初始值 INIT 和结束值 FINAL，它们的数据类型均为 INT。NEXT 指令标记 FOR 循环程序段的结束，以线圈的形式编程。

　　工作原理：FOR 指令使能输入 EN 有效，循环体开始执行，执行到 NEXT 指令时返回，每执行一次循环体，当前值计数器 INDX 增 1，达到终值 FINAL 时，循环结束。例如 FINAL 为 10，使能输入有效时，执行循环体，同时 INDX 从 1 开始计数，INDX 当前值加 1，执行到 10 次时，当前值也计到 10，循环结束。

　　使能输入无效时，循环体程序不执行。每次使能输入有效，指令自动将各参数复位。循环可以嵌套，最多为 8 层。

　　【例 7-15】　FOR-NEXT 循环指令应用，程序如图 7-55 所示。

　　三、子程序指令

　　S7-200 SMART 的控制程序由主程序、子程序和中断程序组成。STEP7-Micro/WIN

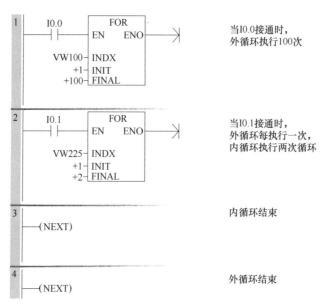

图 7-55 FOR-NEXT 循环指令应用程序

SMART 在程序编辑窗口里为每个 POU（程序组成单元）提供一个独立的页。主程序总是第 1 页，后面是子程序和中断程序。

在程序设计时，经常需要多次反复执行同一段程序，为了简化程序结构、减少程序编写工作量，在程序结构设计时常将需要反复执行的程序编写为一个子程序，以便反复调用。子程序的调用是有条件的，未调用它时不会执行子程序中的指令，因此使用子程序可以减少扫描时间。

在编写复杂的 PLC 程序时，最好把全部控制功能划分为几个符合工艺控制规律的子功能块，每个子功能块由一个或多个子程序组成。子程序使程序结构简单清晰，易于调试、查错和维护。在子程序中尽量使用局部变量，避免使用全局变量，这样可以很方便地将子程序移植到其他项目中。

1. 建立子程序

系统默认 SBR_0 为子程序，可以通过以下三种方法建立子程序。

1）从"编辑"菜单，选择"对象"→"子程序"。

2）从"指令树"，用鼠标右击"程序块"图标，从弹出选择"插入"→"子程序"。

3）用"程序编辑窗口"，鼠标右击，从弹出快捷菜单中选择"插入"→"子程序"。

新建子程序后，在指令树窗口可以看到新建的子程序图标，默认的程序名是 SBR_N，编号 N 从 0 开始按递增顺序生成，系统自带一个子程序 SBR_0，一个项目最多可以有 128 个子程序。

单击 POU（程序组成单元）中相应的图标就可以进入相应的程序单元，在此单击图标 SBR_0 即可进入子程序编辑窗口。用鼠标双击主程序图标 MAIN 可切换回主程序编辑窗口。

若子程序需要接收（传入）调用程序传递的参数，或者需要输出（传出）参数给调用程序，则在子程序中可以设置参变量。子程序参变量应在子程序编辑窗口的子程序局部变量表中定义。

2. 子程序调用和返回指令

在子程序建立后，可以通过子程序调用指令反复调用子程序。子程序的调用可以带参数，也可以不带参数。它在梯形图中以指令盒的形式编程。

子程序调用指令为 CALL，当使能输入端 EN 有效时，将程序执行转移至编号为 SBR_0 的子程序。子程序调用及返回指令的梯形图和语句表见表 7-40。

表 7-40 子程序调用及返回指令的梯形图和语句表

梯形图	语句表	指令名称
SBR_0 EN	CALL SBR_N：SBRN	子程序调用指令
——(RET)	CRET	子程序返回指令

3. 子程序调用

可以在主程序、其他子程序或中断程序中调用子程序。调用子程序时将执行子程序中的指令，直至子程序结束，然后返回调用它的程序中该子程序调用指令的下一条指令处。

4. 子程序返回

子程序返回指令分两种：无条件返回指令 RET 和有条件返回指令 CRET。子程序在执行完时必须返回到调用程序。如无条件返回则编程人员无须在子程序最后插入任何返回指令，由 STEP7-Micro/WIN SMART 软件自动在子程序结尾处插入返回指令 RET；若为有条件返回则必须在子程序的最后插入 CRET 指令。

5. 子程序嵌套

如果在子程序的内部又对另一个子程序执行调用指令，这种调用称为子程序的嵌套。子程序最多可以嵌套 8 级。

当一个子程序被调用时，系统自动保存当前的堆栈数据，并把栈顶置为 1，堆栈中的其他位置为 0，子程序占有控制权。子程序执行结束，通过返回指令自动恢复原来的逻辑堆栈值，调用程序又重新取得控制权。

注意：

1）当子程序在一个周期内被多次调用时，不能使用上升沿、下降沿、定时器和计数器指令。

2）在中断服务程序调用的子程序中不能再出现子程序嵌套调用。

3）因为累加器可在调用程序和被调子程序之间自由传递数据，所以累加器的值在子程序开始时不需要另外保存，在子程序调用结束时也不用恢复。

6. 带参数的子程序调用

子程序中可以有参变量，带参数的子程序调用扩大了子程序的使用范围，增加了调用的灵活性。子程序的调用过程如果存在数据的传递，则在调用指令中应包含相应的参数。

（1）子程序参数 子程序最多可以传递 16 个参数，参数应在子程序的局部变量表中加以定义。参数包含变量名（符号）、变量类型和数据类型。

1）变量名。由不超过 8 个字符的字母和数字组成，但第一个字符必须是字母。

2）变量类型。变量类型是按变量对应数据的传递方向来划分的，可以是传入子程序参数（IN）、传入/传出子程序参数（IN/OUT）、传出子程序参数（OUT）和暂时变量（TEMP）4 种类型。4 种变量类型的参数在局部变量表中的位置必须遵循以下先后顺序。

① IN 类型（传入子程序参数）。IN 类型表示传入子程序参数，参数的寻址方式可以是直接寻址（如 VB20），将指定位置的数据直接传入子程序；间接寻址（如 * AC1），将由指针决定的地址中的数据传入子程序；立即数寻址（如 16#2345），将立即数传入子程序；地址编号寻址（如 &VB10），将数据的地址值传入子程序。

② IN/OUT 类型（传入/传出子程序参数）。IN/OUT 类型表示传入/传出子程序参数，调用子程序时，将指定地址的参数值传入子程序，执行结束返回时，将得到的结果值返回到同一个地址。参数的寻址方式可以是直接寻址和间接寻址。但立即数（如 16#1234）和地址值（如 &VB100）不能作为参数。

③ OUT 类型（传出子程序参数）。OUT 类型表示传出子程序参数，它将从子程序返回的结果值传送到指定的参数位置。参数的寻址方式可以是直接寻址和间接寻址，不能是立即数或地址编号。

④ TEMP 类型（暂时变量参数）。TEMP 类型的变量，用于在子程序内部暂时存储数据，不能用来与主程序传递参数数据。

3）数据类型。局部变量表中还要对数据类型进行声明。数据类型可以是能流型、布尔型、字节型、字型、双字型、整数型、双整数型和实数型。

① 能流型。该数据类型仅对位输入操作有效，它是位逻辑运算的结果。对能流输入类型的数据，要安排在局部变量表的最前面。

② 布尔型。该数据类型用于单独的位输入和位输出。

③ 字节型、字型、双字型。该数据类型分别用于说明 1 字节、2 字节和 4 字节的无符号的输入参数或输出参数。

④ 整数型和双整数型。该数据类型分别用于说明 2 字节和 4 字节的有符号的输入参数或输出参数。

⑤ 实数型。该数据类型用于说明 IEEE 标准的 32 位浮点输入参数或输出参数。

（2）参数子程序调用的规则　常数参数必须声明数据类型，如果缺少常数参数的这一描述，常数可能会被当作不同类型使用。

输入或输出参数没有自动数据类型转换功能。例如，局部变量表中声明一个参数为实型，而在调用时使用一个双字，则子程序中的值就是双字。

参数在调用时必须按照一定的顺序排列，显示输入参数，然后是输入/输出参数，最后是输出参数。

（3）局部变量与全局变量　I、Q、M、V、SM、AI、AQ、S、T、C、HC 地址区中的变量称为全局变量。在符号表中定义的上述地址区中的符号称全局符号。程序中的每个 POU，均有自己的由 64B 局部（Local）存储器组成的局部变量。局部变量用来定义有使用范围限制的变量，它们只能在被创建的 POU 中使用。与此相反，全局变量在符号表中定义，在各 POU 中均可使用。

（4）局部变量表的使用　单击"视图"菜单的"组件"按钮，在弹出的下拉菜单中选择"变量表"，变量表就出现在程序编辑器的下面。用鼠标右击上述菜单中的"变量表"，可以用出现的快捷菜单命令将变量表放在快速访问工具栏上。

局部变量表使用局部变量存储器，CPU 在执行子程序时，自动分配给每个子程序 64 个局部变量存储器单元，在进行子程序参数调用时，将调用参数按照变量类型 IN、IN/OUT、OUT 和 TEMP 的顺序依次存入局部变量表中。

当给子程序传递数据时，这些参数被存放在子程序的局部变量存储器中，当调用子程序时，输入参数被复制到子程序的局部变量存储器中，当子程序执行完成时，从局部变量存储器复制输出参数到指定的输出参数地址。

按照子程序指令的调用顺序，将参数值分配到局部变量存储器，起始地址是 I0.0。使用编程软件时，地址分配是自动的。

四、顺序控制指令

梯形图的设计思想也和其他高级语言一样，首先用程序流程图来描述程序的设计思想，然后再用指令编写出符合程序设计思想的程序。梯形图常用的一种程序流程图称为功能流程图，使用功能流程图可以描述程序的顺序执行、循环、条件分支、程序的合并等功能流程概念。

在运用 PLC 进行顺序控制中常采用顺序控制指令，顺序控制指令可以将程序功能流程图转换成梯形图。

1. 功能流程图

功能流程图是按照顺序控制的思想，根据工艺过程将程序的执行分成各个程序步，每一步由进入条件、程序处理、转换条件和程序结束四部分组成。通常用顺序控制继电器的位 S0.0~S31.7 代表程序的状态步。图 7-56 所示为一个 3 步循环步进的功能流程图，图中的每个方框代表一个状态步，1、2、3 分别代表程序 3 步状态，程序执行到某步时，该步状态位置 1，其余为 0，步进条件又称为转换条件。状态步之间用有向连线连接，表示状态步转移的方向，有向连线上没有箭头标注时，方向为自上而下、自左而右。有向连线上的短线表示状态步的转换条件。

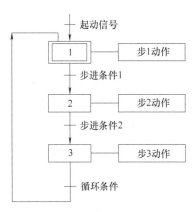

图 7-56 循环步进功能流程图

2. 顺序控制指令

顺序控制指令有 3 条，描述了程序的顺序控制步进状态，指令格式见表 7-41。

1）步开始指令（LSCR）LSCR 为步开始指令，当顺序控制继电器位 $S_{X.Y} = 1$ 时，该程序步执行。

2）步结束指令（SCRE）SCRE 为步结束指令，步的处理程序在 LSCR 和 SCRE 之间。

3）步转移指令（SCRT）SCRT 为步转移指令，使能输入有效时，将本顺序步的顺序控制继电器位清零，下一步顺序控制继电器位置 1。

表 7-41 顺序控制指令格式

LAD	STL	功能
??.? ⊢[SCR]	LSCR *n*	步开始指令：为步开始的标志，该步的状态元件位置 1 时，执行该步
??.? ——(SCRT)	SCRT *n*	步转移指令：使能有效时，关断本步，进入下一步。该指令由转换条件启动，*n* 为下一步的顺序控制状态元件

（续）

LAD	STL	功能
─(SCRE)	SCRE	步结束指令：为步结束的标志

【例 7-16】 使用顺序控制结构，编写出实现红、绿灯循环显示的程序（要求循环间隔时间为 1s）。

根据控制要求，首先画出红绿灯顺序显示的功能流程图，如图 7-57 所示。起动条件为按钮 I0.0，步进条件为时间，状态步的动作为点红灯、熄绿灯，同时起动定时器，步进条件满足时，关断本步，进入下一步。梯形图如图 7-58 所示。

分析：当 I0.0 输入有效时，起动 S0.0，执行程序的第一步，输出 Q0.0 置 1（点亮红灯），Q0.1 置 0（熄灭绿灯），同时起动定时器 T37，经过 1s，步进转移指令使得 S0.1 置 1，S0.0 置 0，程序进入第二步，

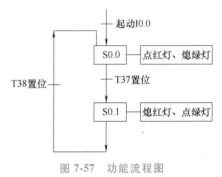

图 7-57 功能流程图

输出点 Q0.1 置 1（点亮绿灯），输出点 Q0.0 置 0（熄灭红灯），同时起动定时器 T38，经过 1s，步进转移指令使得 S0.0 置 1，S0.1 置 0，程序进入第一步执行。如此周而复始，循环工作。

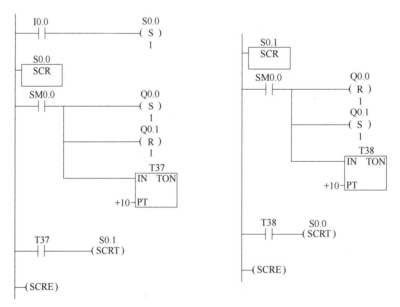

图 7-58 顺序控制结构实现红绿灯循环点亮梯形图

7.3.7 中断指令

S7-200 SMART PLC 设置了中断功能，用于实时控制、高速处理、通信和网络等复杂和特殊的控制项目。中断就是终止当前正在运行的程序，去执行为立即响应的信号而编制的中断服务程序，执行完毕再返回原先终止的程序并继续执行。

一、中断源

中断源是指发出中断请求的事件，又称为中断事件。为了便于识别，系统给每个中断源都分配一个编号，称为中断事件号。中断事件描述见表7-42。

表 7-42　中断事件描述

优先级分组	中断事件号	中断描述	优先级分组	中断事件号	中断措述
通信（最高）	8	端口0接收字符	I/O（中等）	7	I0.3 下降沿
	9	端口0发送字符		36*	信号板输入 I7.0 下降沿
	23	端口0接收信息完成		38*	信号板输入 I7.1 下降沿
	24*	端口1接收信息完成		12	HSC0 当前值=预量值
	25*	端口1接收字符		27	HSC0 输入方向改变
	26*	端口1发送字符		28	HSC0 外部复位
I/O（中等）	0	I0.0 上升沿	时基（最低）	13	HSC1 当前值=预置值
	2	I0.1 上升沿		16	HSC2 当前值=预置值
	4	I0.2 上升沿		17	HSC2 输入方向改变
	6	I0.3 上升沿		18	HSC2 外部复位
	35*	信号板输入 I7.0 上升沿		32	HSC3 当前值=预置值
	37*	信号板输入 I7.1 上升沿		10	定时中断0（SMB34）
	1	I0.0 下降沿		11	定时中断1（SMB35）
	3	I0.1 下降沿		21	T32 当前值=预置值
	5	I0.2 下降沿		22	T96 当前值=预置值

注：S7-200 SMART PLC CPU CR40/ CR60 不支持表中标有"＊"的中断事件。

二、中断类型

S7-200 SMART PLC 的中断分为通信中断、输入/输出（I/O）中断和时基中断。

1. 通信中断

CPU 的串行通信端口可通过程序进行控制，通信端口的这种操作模式称为自由端口模式。在自由端口模式下，程序定义波特率、每个字符的位数、奇偶校验和通信协议等参数。用户通过编程控制通信端口的事件为通信中断。

2. I/O 中断

I/O 中断包括上升/下降沿中断和高速计数器中断。S7-200 SMART PLC CPU 可以为输入通道 I0.0、I0.1、I0.2 和 I0.3（以及带有可选数字量输入信号板的标准 CPU 的输入通道 I7.0 和 I7.1）生成输入上升/下降沿中断，可捕捉这些输入点中的每一个上升沿和下降沿事件。这些上升沿和下降沿事件可用于指示在事件发生时必须立即处理的情况。

高速计数器中断可以对下列情况做出响应：当前值达到预设值，计数方向发生改变或计数器外部复位。这些高速计数器事件均可触发实时执行的操作，以响应在可编程序控制器扫描速度下无法控制的高速事件。

3. 时基中断

时基中断包括定时中断和定时器中断。定时中断用于支持一个周期性的活动。周期时间为 1～255ms，时基是 1ms。使用定时中断 0，必须在 SMB34 中写入周期时间；使用定时中断 1，必须在 SMB35 中写入周期时间。

定时器中断指允许对指定时间间隔产生中断。这类中断只能用时基为 1ms 的定时器 T32/T96 构成。当中断被启用后，当前值等于预置值时，在 S7-200 SMART PLC 定时器更新的过程中执行中断程序。

三、中断优先级

优先级是指多个中断事件同时发出中断请求时，CPU 对中断事件响应的优先次序。S7-200 SMART PLC 规定的中断优先由高到低依次是通信中断、I/O 中断和时基中断。每类中断中不同的中断事件又有不同的优先权。优先级见表 7-42。

一个程序中总共可有 128 个中断。S7-200 SMART PLC 在任何时刻，只能执行一个中断程序；在中断各自的优先级组内按照先来先服务的原则为中断提供服务，一旦一个中断程序开始执行，则一直执行至完成，不能被另一个中断程序打断，即使是更高优先级的中断程序；中断程序执行中，新的中断请求按优先级排队等候，中断队列能保存的中断个数有限，若超出，则会产生溢出。

四、中断指令

中断指令包括中断允许指令 ENI、中断禁止指令 DISI、中断连接指令 ATCH、中断分离指令 DTCH，清除中断事件指令 CLR_EVNT 和中断返回指令 RETI/CRETI。指令格式见表 7-43。

表 7-43 中断指令格式

梯形图	语句表	描述	梯形图	语句表	描述
—(ENI)	ENI	中断允许	ATCH EN ENO INT EVNT	ATCH INT,EVNT	中断连接
—(DISI)	DISI	中断禁止	DTCH EN ENO EVNT	DTCH INT,EVNT	中断分离
—(RETI)	RETI	中断返回	CLR_EVNT EN ENO EVNT	CEVNT EVNT	清除中断事件

1. 中断允许指令

中断允许指令 ENI 又称为开中断指令，其功能是全局性地开放所有被连接的中断事件，允许 CPU 接收所有中断事件的中断请求。

2. 中断禁止指令

中断禁止指令 DISI 又称为关中断指令，其功能是全局性地关闭所有被连接的中断事件，禁止 CPU 接收所有中断事件的请求。

3. 中断返回指令

中断返回指令 RETI/CRETI 的功能是当中断结束时，通过中断返回指令退出中断服务程序，返回到主程序。RETI 是无条件返回指令，即在中断程序的最后无须插入此指令，编程软件自动在程序结尾加上 RETI 指令；CRETI 是有条件返回指令，即中断程序的最后必须插入该指令。

4. 中断连接指令

中断连接指令 ATCH 的功能是建立一个中断事件 EVNT 与一个标号为 INT 的中断服务程序的联系，并对该中断事件开放。

5. 中断分离指令

中断分离指令 DTCH 的功能是取消某个中断事件 EVNT 与所对应中断程序的关联，并对该中断事件关闭。

6. 清除中断事件指令

清除中断事件指令的功能是从中断队列中清除所有类型 EVNT 的中断事件。如果该指令用来清除假的中断事件，则应在从队列中清除事件之前分离事件。否则，在执行清除事件指令后，将向队列中添加新的事件。

注意：中断程序不能嵌套，即中断程序不能再被中断。中断程序正在执行时，如果又有事件发生，将会按照发生的时间、顺序和优先级排队。

一个中断事件只能连接一个中断程序，但多个中断事件可以调用一个中断程序。

五、中断程序

中断程序是为处理中断事件而事先编好的程序。中断程序不是由程序调用，而是在中断事件发生时由操作系统调用。在中断程序中不能改写其他程序使用的存储器，最好使用局部变量。

在中断程序中禁止使用 DISI、ENI、HDEF、LSCR、END 指令。

【例 7-17】　I/O 中断示例。在 I0.0 的上升沿通过中断使 Q0.0 立即置位，在 I0.1 的下降沿通过中断使 Q0.0 立即复位。

根据要求编写的主程序及中断程序如图 7-59 所示。

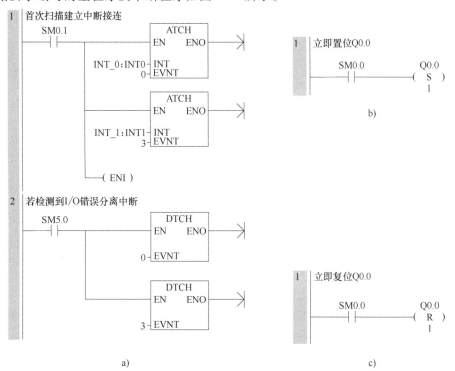

图 7-59　I/O 中断示例

a）主程序　b）中断程序 0　c）中断程序 1

【例 7-18】 时基中断示例。用定时中断 0 实现周期为 2s 的定时，使接在 Q0.0 上的指示灯闪烁。

根据要求编写的主程序及中断程序如图 7-60 所示。

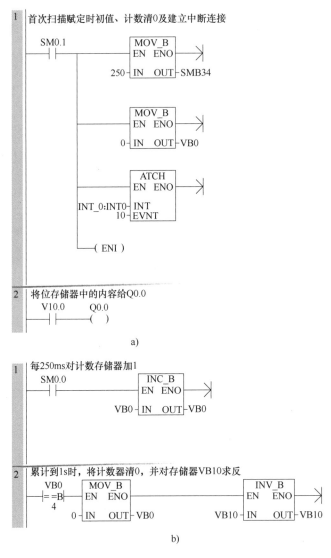

图 7-60 时基中断示例

a) 主程序 b) 中断程序 0

7.3.8 高速计数器

前面讲的计数器指令的计数速度受扫描周期的影响，对比 CPU 扫描频率高的脉冲输入，就不能满足控制要求了。高速计数器 HSC 用来累计比 PLC 扫描频率高得多的脉冲输入，利用产生的中断事件完成预定的操作。

工业控制中有很多场合输入的是一些高速脉冲，如编码器信号，这时 PLC 可以使用高速计数器对这些特定的脉冲进行加/减计数，来最终获取所需要的工艺数据（如转速、角度、位移等）。PLC的普通计数器的计数过程与扫描工作方式有关，CPU通过每一扫描周期读取一次被测信号的方法来捕捉被测信号的上升沿。当被测信号的频率较高时，将会丢失计数脉冲，因此普通计数器的工作频率很低，一般仅有几十赫兹。高速计数器可以对普通计数器无法计数的高速脉冲进行计数。

一、高速计数器简介

高速计数器（High Speed Counter，HSC）在现代自动控制中的精确控制领域有很高的应用价值，它用来累计比PLC扫描频率高得多的脉冲输入，利用产生的中断事件来完成预定的操作。

1. 组态数字量输入的滤波时间

使用高速计数器计数高频信号，必须确保对其输入进行正确接线和滤波。在S7-200 SMART PLC CPU中，所有高速计数器输入均连接至内部输入滤波电路。S7-200 SMART PLC的默认输入滤波设置为6.4ms，这样便将最大计数速率限定为78Hz。如需以更高频率计数，必须更改滤波器设置。

首先打开系统块，选中系统块上面的CPU模块、有数字量输入的模块或信号板，单击图7-61左边窗口某个数字量输入字节，可以在右边窗口设置该字节输入点的属性。

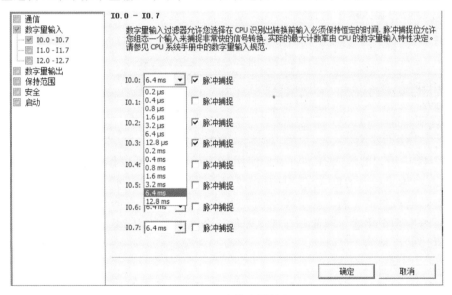

图 7-61　组态数字量输入

输入滤波时间用来滤除输入线上的干扰噪声，例如触点闭合或断开时产生的抖动。输入状态改变时，输入必须在设置的时间内保持新的状态，才能被认为有效。可以选择的时间值如图7-61中的下拉列表，默认的滤波时间为6.4ms，为了消除触点抖动的影响，应选12.8ms。

为了防止高速计数器的高速输入脉冲被滤掉，应按脉冲的频率和高速计数器指令的在线帮助（高速输入降噪）中表格设置输入滤波时间（检测到最大脉冲频率200kHz时，输入滤波时间可设置为0.2~1.6μs）。

图7-61中脉冲捕捉功能是用来捕捉持续时间很短的高电平脉冲或低电平脉冲。因为在每一个扫描周期开始时读取数字量输入，CPU可能发现不了宽度小于一个扫描周期的脉冲。某个输入点启用了脉冲捕捉功能后（多选框打钩），输入状态的变化被锁存并保存到下一次

输入更新。可以用图 7-61 中的 "脉冲捕捉" 多选框逐点设置 CPU 的前 14 个数字量输入点和信号板 SB DT04 的数字量输入点是否有脉冲捕捉功能。默认的设置是禁止所有的输入点捕捉脉冲。

2. 数量及编号

高速计数器在程序中使用时，地址编号用 HSCn（或 HCn）来表示，HSC 表示为高速计数器，n 为编号。

HSCn 除了表示高速计数器的编号之外，还代表两方面的含义，即高速计数器位和高速计数器当前值。编程时，从所用的指令中可以看出是位还是当前值。

S7-200 SMART PLC 提供 4 个高速计数器（HSC0~HSC3），西门子 S 型号 PLC 的 CPU 最高计数频率为 200kHz，西门子 C 型号 PLC 的 CPU 最高计数频率为 100kHz。

3. 中断事件号

高速计数器的计数和动作可采用中断方式进行控制，与 CPU 的扫描周期关系不大，各种型号的 PLC 可用的计数器的中断事件大致分为当前值等于预置值中断、输入方向改变中断和外部信号复位中断。所有高速计数器都支持当前值等于预置值中断，每种中断都有其相应的中断事件号。

4. 高速计数器输入端子的连接

各高速计数器对应的输入端子见表 7-44。

表 7-44　各高速计数器对应的输入端子

高速计数器	使用的输入端子	高速计数器	使用的输入端子
HSC0	I0.0、I0.1、I0.4	HSC2	I0.2、I0.3、I0.5
HSC1	I0.1	HSC3	I0.3

在表 7-44 中用到的输入点，如果不使用高速计数器，可以作为一般的数字量输入点，或者作为输入/输出中断的输入点。只有在使用高速计数器时，才分配给相应的高速计数器，实现高速计数器产生的中断。在 PLC 实际应用中，每个输入点的作用是唯一的，不能对某一个输入点分配多个用途。因此要合理分配每一个输入点的用途。

二、高速计数器的工作模式

1. 高速计数器的计数方式

1）内部方向控制功能的单相时钟计数器，即只有一个脉冲输入端，通过高速计数器的控制字节的第 3 位来控制其做加/减计数。该位为 1 时，加计数；该位为 0 时，减计数。该计数方式可调用当前值等于预置值中断，即当高速计数器的当前计数值与预置值相等时，调用中断程序。

2）外部方向控制功能的单相时钟计数器，即只有一个脉冲输入端，有一个方向控制端，方向输入信号等于 1 时，加计数；方向输入信号等于 0 时，减计数。该计数方式可调用当前值等于预置值中断和外部输入方向改变的中断。

3）加、减时钟输入的双相时钟计数器，即有两个脉冲输入端，一个是加计数脉冲，一个是减计数脉冲，计数值为两个输入端脉冲的代数和。该计数方式可调用当前值等于预置值中断和外部输入方向改变的中断。

4）A/B 相正交计数器，即有两个脉冲输入端，输入的两路脉冲 A、B 相，相位差 90°

（正交）。A 相超前 B 相 90°时，加计数；A 相滞后 B 相 90°时，减计数。在这种计数方式下，可选择 1×模式（单倍频，一个时钟脉冲计一个数）和 4×模式（4 倍频，一个时钟脉冲计 4 个数）。

2. 高速计数器的工作模式

S7-200 SMART PLC 的高速计数器有 4 类工作模式：具有内部方向控制功能的单相时钟计数器（模式 0、1）；具有外部方向控制功能的单相时钟计数器（模式 3、4）；具有加、减时钟脉冲输入的双相时钟计数器（模式 6、7）；A/B 相正交计数器（模式 9、10）。

根据有无外部复位输入，上述 4 类工作模式又可以分别分为两种。每种计数器所拥有的工作模式和其占有的输入端子的数目有关，见表 7-45。

表 7-45　高建计数器的工作模式和输入端子的关系

HSC 编号及其对应的输入端子		功能及说明		占有的输入端子及其功能		
		HSC0		I0.0	I0.1	I0.2
		HSC1		I0.1	×	×
		HSC2		I0.2	I0.3	I0.4
		HSC3		I0.3	×	×
HSC 模式	0	单路脉冲输入的内部方向控制加/减计数。控制字 SM37.3 = 0,减计数		脉冲输入端	×	×
	1	SM37.3 = 1,加计数			×	复位端
	3	单路脉冲输入的外部方向控制加/减计数。方向控制端 = 0,减计数		脉冲输入端	方向控制端	×
	4	方向控制端 = 1,加计数				复位端
	6	两路脉冲输入的双相正交计数 加计数端有脉冲输入,加计数		加计数脉冲输入端	减计数脉冲输入端	×
	7	减计数端有脉冲输入,减计数				复位端
	9	两路脉冲输入的双相正交计数 A 相脉冲超前 B 相脉冲,加计数		A 相脉冲输入端	B 相脉冲输入端	×
	10	A 相脉冲滞后 B 相脉冲,减计数				复位端

选用某个高速计数器在某种工作方式下工作后，高速计数器所使用的输入端子不是任意选择的，必须按指定的输入点输入信号。

三、高速计数器的控制字节和状态字

1. 控制字节

定义了高速计数器的工作模式后，还要设置高速计数器的有关控制字节。每个高速计数器均有一个控制字，它决定了计数器的计数允许或禁用、方向控制或对所有其他模式的初始化计数方向、装入初始值和预置值等。高速计数器控制字节每个控制位的说明见表 7-46。

表 7-46　高速计数器的控制字节

HSC0	HSC1	HSC2	HSC3	说明
SM37.0	不支持	SM57.0	不支持	复位有效电平控制： 0 = 高电平有效;1 = 低电平有效
SM37.1	SM47.1	SM57.1	SM137.1	保留
SM37.2	不支持	SM57.2	不支持	正交计数器计数倍率选择： 0 = 4×计数倍率;1 = 1×计数倍率

(续)

HSC0	HSC1	HSC2	HSC3	说明
SM37.3	SM47.3	SM57.3	SM137.3	计数方向控制位: 0=减计数;1=加计数
SM37.4	SM47.4	SM57.4	SM137.4	向 HSC 写入计数方向: 0=无更新;1=更新计数方向
SM37.5	SM47.5	SM57.5	SM137.5	向 HSC 写入预置值: 0=无更新;1=更新预置值
SM37.6	SM47.6	SM57.6	SM137.6	向 HSC 写入初始值: 0=无更新;1=更新初始值
SM37.7	SM47.7	SM57.7	SM137.7	HSC 指令执行允许控制: 0=禁用 HSC;1=启用 HSC

2. 状态字节

每个高速计数器都有一个状态字节,状态位表示当前计数方向以及当前值是否大于或等于预置值。每个高速计数器状态字节的状态位见表 7-47,状态字节的 0~4 位不用。监控高速计数器状态的目的是使外部事件产生中断,以完成重要的操作。

表 7-47　高速计数器状态字节的状态位

HSC0	HSC1	HSC2	HSC3	说明
SM36.5	SM46.5	SM56.5	SM136.5	当前计数方向状态位: 0 为减计数;1 为加计数
SM36.6	SM46.6	SM56.6	SM136.6	当前值等于预置值状态位: 0 为不相等;1 为相等
SM36.7	SM46.7	SM56.7	SM136.7	当前值大于预置值状态位: 0 为小于或等于;1 为大于

四、高速计数器指令及应用

1. 高速计数器指令

高速计数器指令有两条:高速计数器定义指令 HDEF 和高速计数器指令 HSC。高速计数器指令格式见表 7-48。

表 7-48　高速计数器指令格式

梯形图	HDEF —EN　　ENO— ????—HSC ????—MODE	HSC —EN　　ENO— ????—N
语句表	HDEF HSC,MODE	HSC N
功能说明	高速计数器定义指令 HDEF	高速计数器指令 HSC
操作数	HSC:高速计数器的编号,为常量(0~3) MODE:工作模式,为常量(0~10,2、5、8 除外)	N:高速计数器的编号,为常量(0~3)
ENO=0 的 出错条件	SM4.3(运行时间):003(输入点冲突),004(中断中的非法指令),00A(HSC 重复主义)	SM4.3(运行时间):0001(HSC 在 HDEF 之前),005(HSC/PLS 同时操作)

1）高速计数器定义指令 HDEF。指令指定高速计数器 HSCn 的工作模式。工作模式的选择即选择了高速计数器的输入脉冲、计数方向、复位和起动功能。每个高速计数器只能用一条高速计数器定义指令。

2）高速计数器指令 HSC。根据高速计数器控制位的状态和按照 HDEF 指令指定的工作模式，控制高速计数器。参数 n 指定高速计数器的编号。

2. 高速计数器指令的使用

每个高速计数器都有一个 32 位初始值（就是高速计数器的起始值）和一个 32 位预置值（就是高速计数器运行的目标值），当前值（就是当前计数器）和预置值均为带符号的整数值。要设置高速计数器的当前值和预置值，必须设置控制字节，见表 7-46。令其第 5 位和第 6 位为 1，允许更新当前值和预置值，当前值和预置值写入特殊内部标志位存储区。然后执行 HSC 指令，将新数值传输到高速计数器。初始值、预置值和当前值的寄存器与计数器的对应关系见表 7-49。

表 7-49　初始值、预置值和当前值的寄存器与计数器的对应关系表

要装入的数值	HSC0	HSC1	HSC2	HSC3
初始值	SMD38	SMD48	SMD58	SMD138
预置值	SMD42	SMD52	SMD62	SMD142
当前值	HC0	HC1	HC2	HC3

除控制字节以及预置值和当前值外，还可以使用数据类型 HC（高速计数器当前值）加计数器编号（0、1、2 或 3）读取每个高速计数器的当前值。因此，读取操作可直接读取当前值，但只有用上述 HSC 指令才能执行写入操作。

执行 HDEF 指令前，必须将高速计数器控制字节的位设置成需要的状态，否则将采用默认设置。默认设置为复位输入高电平有效，正交计数速率选择 4× 模式。执行 HDEF 令后，就不能再改变计数器的设置。

3. 高速计数器指令的初始化

1）用 SM0.1 对高速计数器指令进行初始化（或在启用时对其进行初始化）。

2）在初始化程序中根据希望的控制方法设置控制字节（SMB37、SMB47、SMB57、SMB137），如设置 SMB47 = 16#F8，则允许计数、允许写入当前值、允许写入预置值、更新计数方向为加计数，若将正交计数设为 4× 模式，则复位和起动设置为高电平有效。

3）执行 HDEF 指令，设置 HSC 的编号（0~3），设置工作模式（0~10），如 HSC 的编号设置为 1，工作模式输入设置为 10，则为具有复位功能的正交计数工作模式。

4）把初始值写入 32 位当前值寄存器（SMD38、SMD48、SMD58、SMD138）。如写入 0，则清除当前值，用指令"MOVD 0，SMD48"实现。

5）把预置值写入 32 位当前值寄存器（SMD42、SMD52、SMD62、SMD142）。如执行指令"MOVD 1000，SMD52"，则设置预置值为 1000。若写入预置值为 16#00，则高速计数器处于不工作状态。

6）为了捕捉当前值等于预置值的事件，将条件 CV = PV 中断事件（如事件 16）与一个中断程序相联系。

7）为了捕捉计数方向的改变，将方向改变的中断事件（如事件 17）与一个中断程序相联系。

8）为了捕捉外部复位，将外部复位中断事件（如事件 18）与一个中断程序相联系。

9）执行全部中断允许指令（ENI）允许 HSC 中断。

10）执行 HSC 指令使 S7-200 SMART PLC 对高速计数器进行编程。

11）编写中断程序。

【例 7-19】 用高速计数器 HSC0 计数，当计数值达到 500～1000 时报警，报警灯 Q0.0 亮。

从控制要求可以看出，报警有上限 1000 和下限 500，因此当高速计数达到计数值时要两次执行中断程序。主程序如图 7-62 所示，中断程序 0 如图 7-63 所示，中断程序 1 如图 7-64 所示。

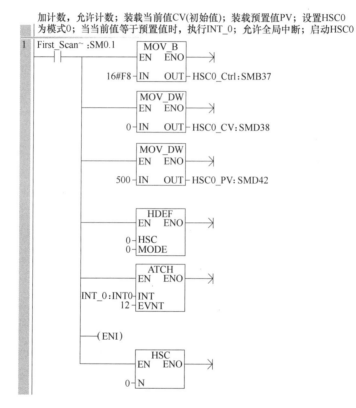

图 7-62 主程序

7.3.9 高速脉冲输出

高速脉冲输出功能可以在 PLC 的某些输出端产生高速脉冲，用来驱动负载实现精确控制，这在步进电动机控制中有广泛的应用。PLC 的数字量输出分继电器输出和晶体管输出，继电器输出一般用于开关频率不高于 0.5Hz（通 1s，断 1s）的场合，对于开关频率较高的应用场合则应选用晶体管输出。

一、高速脉冲的输出形式

S7-200 SMART PLC CPU 提供两种开环运动控制的方式：脉冲宽度调制和运动轴。脉冲宽度调制（Pulse Width Modulation，PWM）内置于 CPU 中，用于速度、位置或占空比的控制；运动轴内置于 CPU 中，用于速度和位置的控制。

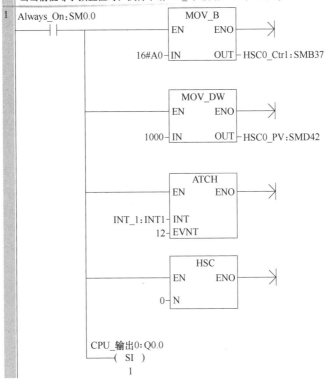

图 7-63 中断程序 0

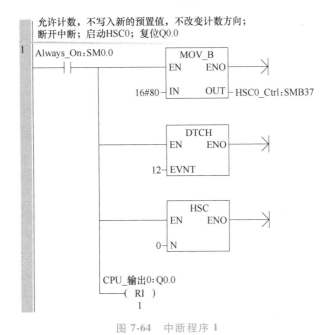

图 7-64 中断程序 1

CPU 提供最多 3 个数字量输出（Q0.0、Q0.1 和 Q0.3），这 3 个数字量输出可以通过 PWM 向导组态为 PWM 输出，或者通过运动向导组态为运动控制输出。当作为 PWM 操作组态输出时，输出的周期固定不变，脉宽或脉冲占空比可通过程序进行控制。脉宽的变化可在应用中控制速度或位置。

运动轴提供了带有集成方向控制和禁用输出的单脉冲串输出。运动轴还包括可编程序输入，允许将 CPU 组态为包括自动参考点搜索在内的多种操作模式。运动轴为步进电动机或伺服电动机的速度和位置开环控制提供了统一的解决方案。

二、高速脉冲的输出端子

S7-200 SMART PLC 经济型的 CPU 没有高速脉冲输出点，标准型的 CPU 有高速脉冲输出点，CPU ST20 有两个脉冲输出通道 Q0.0 和 Q0.1，CPU ST30/ST40T/ST60 有 3 个脉冲输出通道 Q0.0、Q0.1 和 Q0.3，支持的最高脉冲频率为 100kHz，PWM 脉冲发生器与过程映像寄存器共同使用 Q0.0、Q0.1 和 Q0.3。如果不需要使用高速脉冲输出，Q0.0、Q0.1 和 Q0.3 可以作为普通的数字量输出点使用；一旦需要使用高速脉冲输出功能，必须通过 Q0.0、Q0.1 和 Q0.3 输出高速脉冲，此时，如果对 Q0.0、Q0.1 和 Q0.3 执行输出刷新、强制输出、立即输出等指令时，均无效。建议在启用 PWM 操作之前，用 R 指令将对应的过程映像输出寄存器复位为 0。

三、脉冲输出指令

脉冲输出指令（PLS）配合特殊存储器用于配置高速输出功能。脉冲输出指令格式见表 7-50。

表 7-50　脉冲输出指令格式

梯形图	语句表	操作数
PLS EN　ENO ????—N	PLS N	N:常量(0、1 或 2)

PWM 的周期范围为 $10 \sim 65535\mu s$ 或者 $2 \sim 65535ms$，PWM 的脉冲宽度时间范围为 $0 \sim 65535\mu s$ 或者 $0 \sim 65535ms$。

四、与 PLS 指令相关的特殊寄存器

如果要装入新的脉冲宽度（SMW70、SMW80 或 SMW570）和周期（SMW68、SMW78 或 SMW568），应该在执行 PLS 指令前装入这些值到控制寄存器，然后 PLS 指令会从特殊存储器 SM 中读取数据，并按照存储数值控制 PWM 发生器。这些特殊寄存器分为 PWM 功能状态字、PWM 功能控制字和 PWM 功能寄存器。这些寄存器的含义见表 7-51 ~ 表 7-53。

表 7-51　PWM 功能状态字

Q0.0	Q0.1	Q0.3	功能描述
SM67.0	SM77.0	SM567.0	PWM 更新周期值:0 为不更新,1 为更新
SM67.1	SM77.1	SM567.1	PWM 更新脉冲宽度值:0 为不更新,1 为更新
SM67.2	SM77.2	SM567.2	保留
SM67.3	SM77.3	SM567.3	PWM 时间基准选择:0 为 μs/刻度,1 为 ms/刻度
SM67.4	SM77.4	SM567.4	保留
SM67.5	SM77.5	SM567.5	保留
SM67.6	SM77.6	SM567.6	保留
SM67.7	SM77.7	SM567.7	PWM 允许输出:0 为禁止,1 为允许

表 7-52 PWM 功能控制字

Q0.0	Q0.1	Q0.3	功能描述
SMW68	SMW78	SMW568	PWM 周期值(范围:2~65535)
SMW70	SMW80	SMW570	PWM 脉冲宽度值(范围:0~65535)

表 7-53 PWM 功能寄存器

控制字节	启用	时基	脉冲宽度	周期时间
16#80	是	1μs/周期		
16#81	是	1μs/周期		更新
16#82	是	1μs/周期	更新	
16#83	是	1μs/周期	更新	更新
16#88	是	1μs/周期		
16#89	是	1μs/周期		更新
16#8A	是	1μs/周期	更新	
16#8B	是	1μs/周期	更新	更新

注意:受硬件输出电路响应速度的限制,对于 Q0.0、Q0.1 和 Q0.3 从断开到接通为 $1.0μs$,从接通到断开 $3.0μs$,因此最小脉宽不可能小于 $4.0μs$。最大的频率为 100kHz,此最小周期为 $10.0μs$。

五、高速脉冲应用举例

【例 7-20】 用 CPU ST40 的 Q0.0 端输出一串脉冲,周期为 100ms,脉冲宽度时间为 50ms,要求有起停控制。

根据控制要求编程,程序如图 7-65 所示。

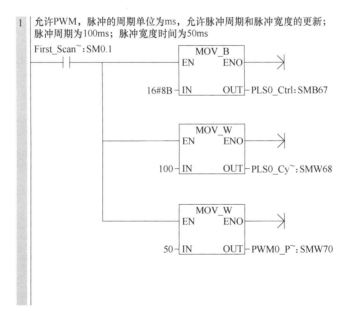

图 7-65 控制程序

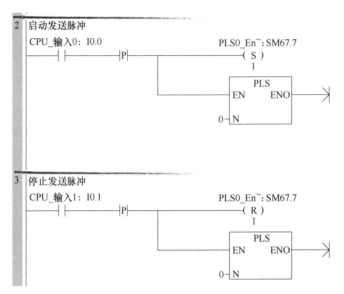

图 7-65　控制程序（续）

7.4　S7-200 SMART PLC 程序编写

7.4.1　PLC 控制系统设计步骤和编程原则

一、PLC 控制系统设计步骤

随着 PLC 功能的不断提高和完善，PLC 几乎可以完成工业控制领域的所有项目。但 PLC 还是有它最适合的应用场合，所以在接到一个控制项目后，要分析被控对象的控制过程和要求，确定用什么控制装备（PLC、单片机、DCS 或 IPC）来完成该项目最合适。PLC 最适合的控制对象是工业环境较差，而对安全性、可靠性要求较高，系统工艺复杂的工业自控系统或装置。在很多情况下，PLC 已可取代工业控制计算机作为主控制器，来完成复杂的工业自动控制项目。

控制装置选定为 PLC 后，在设计一个 PLC 控制系统时，一般都要按照以下设计步骤进行：

1）熟悉被控制对象，制订控制方案。

2）确定 I/O 点数。

3）选择 PLC 机型。

4）选择 I/O 设备，分配 I/O 地址。

5）设计和编辑程序。

6）进行系统调试。

7）编制技术文件。

二、PLC 控制系统设计原则

设计 PLC 控制系统时，要全面考虑许多因素，一般要遵循以下原则进行系统设计：

1）最大限度地满足对电气控制的要求，这是 PLC 控制系统设计的前提条件。

2）控制系统要简单、经济、安全、可靠，便于操作和维护。

3）尽可能降低长期运行成本。

4）留有适当余量，以利于系统的调整和扩充。

5）程序结构简明，逻辑关系清晰，注释明了，动作可靠。

6）程序尽可能简单，占用内存和资源少，扫描周期尽可能短。

7）程序可读性强，调整、修改、增添和删减简单易行。

三、PLC 编程原则

学习 PLC 的硬件系统、指令系统和编程方法以后，就可以根据系统的控制要求编制程序了，下面介绍 PLC 编程的一些基本原则。

1）输入/输出继电器、内部辅助继电器、定时器、计数器等器件的触点，可多次重复使用，无需用复杂的程序结构来减少触点的使用次数。

2）在梯形图中，每一行都是从左边的母线开始，线圈接在最右边，触点不能放在线圈的右边，如图 7-66 所示。

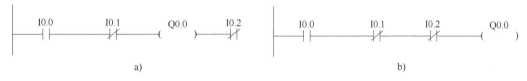

图 7-66　线圈接在最右边

a）错误　b）正确

3）线圈不能直接与左边的母线相连。如果需要线圈不受任何逻辑关系控制而直接与母线相连，可以通过在母线与线圈之间加上一个特殊存储器 SM0.0 来实现，如图 7-67 所示。

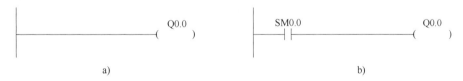

图 7-67　线圈不能直接与左边的母线相连

a）错误　b）正确

4）同一编号的继电器线圈在一个程序中不能重复使用，否则线圈的状态只受最后一个逻辑关系的控制，如图 7-68 所示。

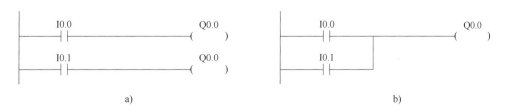

图 7-68　同一线圈在一个程序中不能重复使用

a）错误　b）正确

5）在梯形图中串联和并联的触点使用次数没有限制，可无限次使用，如图 7-69 所示。

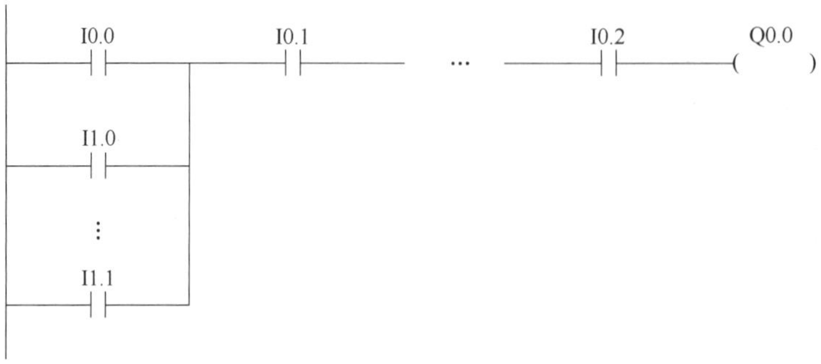

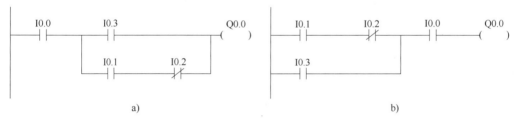

图 7-69 串、并联触点使用次数没有限制

6）将串联触点多的电路写在梯形图上方，如图 7-70 所示。

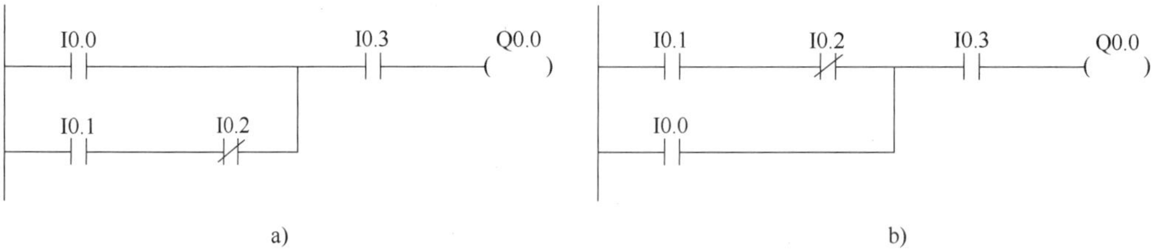

图 7-70 串联触点多的电路写在梯形图上方

a）安排不当 b）安排得当

7）将并联触点多的电路写在梯形图左边，如图 7-71 所示。

图 7-71 并联触点多的电路写在梯形图左边

a）安排不当 b）安排得当

7.4.2 S7-200 SMART PLC 控制编程示例

PLC 程序有多种表达形式，其中梯形图和语句表是最常用的两种，分别对应梯形图符号和助记符指令（语句表）。在编程之前，需要先进行 I/O 分配，并根据 I/O 分配进行硬件连接。因此，要设计完成一个 PLC 控制系统，至少要分 3 步：I/O 分配、硬件连接、编程（梯形图和/或语句表指令），更多 PLC 控制编程示例见本书配套资源。

7.4.3 STEP 7-Micro/WIN SMART 编程软件

一、编程软件概述

S7-200 SMART 的编程软件 STEP 7-Micro/WIN SMART 为用户开发、编辑和监控应用程序提供了良好的编程环境。为了能快捷高效地开发用户的应用程序，STEP 7-Micro/WIN

SMART 软件提供了 3 种程序编辑器，即梯形图（LAD）、语句表（STL）和功能块图（FBD）。STEP 7-Micro/WIN SMART 编程软件界面如图 7-72 所示。

图 7-72　STEP 7-Micro/WIN SMART 编程软件界面

1. 快速访问工具栏

STEP 7-Micro/WIN SMART 编程软件设置了快速访问工具栏，包括新建、打开、保存和打印等默认的按钮。用鼠标左键单击访问工具栏右边的 ▼ 按钮，出现"自定义快速访问工具栏"菜单，单击"更多命令…"，打开"自定义"对话框，可以增加快速访问工具栏上的命令按钮。

单击界面左上角的"文件"按钮 可以简单快速地访问"文件"菜单的大部分功能，并显示出最近打开过的文件。单击其中的某个文件，可以直接打开它。

2. 菜单栏

STEP 7-Micro/WIN SMART 采用带状式菜单，每个菜单的功能区占的位置较宽。用鼠标右键单击菜单功能区，执行出现的快捷菜单中的命令"最小化功能区"，在未单击菜单时，不会显示菜单的功能区。单击某个菜单项可以打开和关闭该菜单的功能区。如果勾选了某个菜单项的"最小化功能区"功能，则在打开该菜单项后，可单击该菜单功能区之外的区域（菜单功能区的右侧除外），也能关闭该菜单项的功能区。

3. 项目树与导航栏

项目树用于组织项目。用鼠标右键单击项目树的空白区域，可以用快捷菜单中的"单击打开项目"命令，设置用鼠标单击或双击打开项目中的对象。

项目树上面的导航栏有符号表、状态图表、数据块、系统块、交叉引用和通信等按钮。单击它们可以直接打开项目树中对应的对象。

单击项目树中文件夹左边带加减号的小方框，可以打开或关闭该文件夹，也可以用鼠标双击文件夹打开。用鼠标右键单击项目树中的某个文件夹，可以用快捷菜单中的命令进行打开、插入、选项等操作，允许的操作与具体的文件夹有关。右键单击文件夹中的某个对象，可以进行打开、复制、粘贴、插入、删除、重命名和设置属性等操作，允许的操作与具体的对象有关。

单击"工具"菜单功能区中的"选项"按钮，再单击打开的"选项"对话框左边窗口中的"项目树"，右边窗口的多选框"启用指令树自动折叠"用于设置在打开项目树中的某个文件夹时是否自动折叠项目树原来打开的文件夹，如图 7-73 所示。

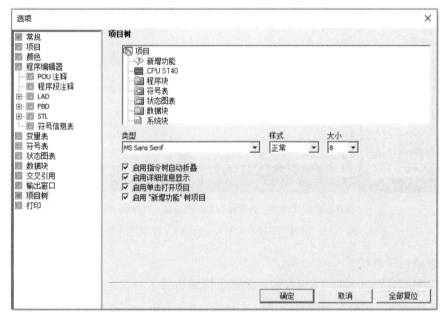

图 7-73　项目树文件夹的"自动折叠"功能

将光标放到项目右侧的垂直分界线上，光标变为水平方向的双向箭头，按住鼠标左键，移动鼠标，可以拖动垂直分界线，调整项目树的宽度。

4. 状态栏

状态栏位于主窗口底部，提供软件中执行操作的相关信息。在编辑模式，状态栏显示编辑器的信息，例如当前是插入（INS）模式还是覆盖（OVR）模式。可以用计算机的<Insert>键切换这两种模式。此外还显示在线状态信息，包括 CPU 的状态、通信连接状态、CPU 的 IP 地址和可能的错误等。可以用状态栏右边的梯形图缩放工具放大或缩小梯形图程序。

二、程序的编写与下载

1. 创建项目

（1）创建新项目或打开已有的项目　单击快速访问工具栏上的"新建"按钮，生成一个新的项目。单击快速访问工具栏上的"打开"按钮，可以打开已有的项目。

（2）保存文件　单击快速访问工具栏上的"保存"按钮，在出现的"另存为"对话框中输入项目的文件名，设置保存项目的文件夹。单击"保存"按钮，软件将项目的当前状态存储在扩展名为 smart 的单个文件中。

2. 生成用户程序

（1）编写用户程序　生成新项目后，自动打开主程序 MAIN，程序段 1 最左边的箭头处有一个矩形光标（图 7-74a）。

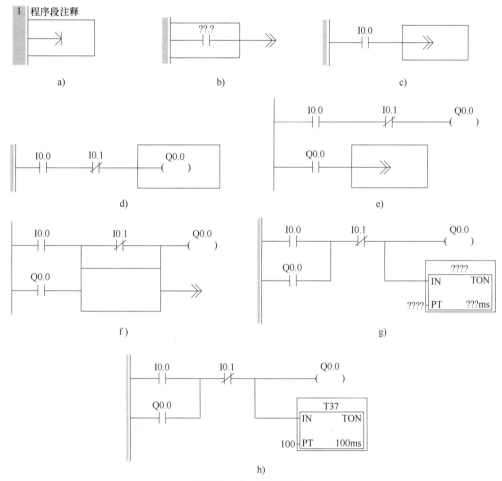

图 7-74　生成梯形图程序

单击工具栏上的触点按钮 ⊣⊢，然后单击对话框中的常开触点，在矩形光标所在的位置出现一个常开触点（图 7-74b），触点上面红色的问号表示地址未赋值，选中它后输入触点的地址 I0.0，光标移动到触点的右边（图 7-74c），单击工具栏上的触点按钮 ⊣⊢，然后单击对话框中的常闭触点，生成一个常闭触点，输入触点的地址 I0.1，单击工具栏上的线圈按钮 <>，然后单击对话框中的"输出"，生成一个线圈，设置线圈的地址为 Q0.0（图 7-74d）。

将光标放到 I0.0 的常开触点的下面，生成 Q0.0 的常开触点（图 7-74e），将光标放到新生成的触点上，单击工具栏上的"插入向上垂直线"按钮 ⬆，使 Q0.0 的触点与它上面的

I0.0 的触点并联，再将光标放到 I0.1 的触点上，单击工具栏上的"插入向下垂直线"按钮
，生成带双箭头的折线（图 7-74f）。

绘制定时器的方法是将指令列表的"定时器"文件夹中的 TON 图标拖放到双箭头所在
的位置或双击其图标（图 7-74g）。在 TON 方框上面输入定时器的地址 T37，单击 PT 输入端
的红色问号，键入 PT 预设值 100，可以确定定时时间是 10s，程序段 1 输入结束后的梯形图
如图 7-74h 所示。

（2）对程序段的操作　梯形图程序被划分为若干个程序段，编辑器在程序段的左边自
动给出程序段的编号。一个程序段只能有一块不能分开的独立电路。

单击程序段左边的灰色序号区（图 7-74a），对应的程序段被选中，整个程序段的背景
色变为深蓝色。单击程序段左边灰色序号区后，按住左键不放，在序号区内往上或往下拖
动，可以选中相邻的若干个程序段。可以用<Delete>键删除选中的程序段，也可以对选中的
程序段进行复制、剪切、粘贴等操作。

（3）打开和关闭注释　主程序、子程序和中断程序总称为程序组织单元（POU），可以
在程序编辑器中为 POU 和程序段添加注释。单击工具栏上的"POU 注释"按钮 或"程
序段注释按钮" ，可以打开或关闭对应的注释。

（4）编译程序　单击工具栏上的编译按钮 ，对项目进行编译。如果程序有语法错
误，编译后在编辑器下方的输出窗口将会显示错误的个数、各条程序错误的原因和错误在程
序中的位置。双击某一条错误程序，将会打开出错的程序块，用光标指示出错的位置。必须
改正程序中所有的错误才能下载。如果没有编译程序，在下载之前编程软件将会自动地对程
序进行编译，并在输出窗口显示编译的结果。

3. 以太网组态

（1）以太网　以太网用于 S7-200 SMART PLC 与编程计算机、人机界面和其他 S7 系列
PLC 的通信。通过交换机可以与多台以太网设备进行通信，实现数据的快速交互。STEP 7-
Micro/WIN SMART 只能通过以太网端口，用普通网线下载程序。

（2）MAC 地址　媒体访问控制（Media Access Control，MAC）地址是以太网端口设备
的物理地址。在传输数据时，用 MAC 地址标识发送和接收数据的主机地址。在网络底层的
物理传输过程中，通过 MAC 地址来识别主机，每个 CPU 在出厂时都已装载了一个永久的唯
一的 MAC 地址，用户不能对其更改。

（3）IP 地址　为了使信息能在以太网上准确、快捷地传送到目的地，连接到以太网的
每台计算机必须拥有一个唯一的 IP 地址。

IP 地址由 32 位二进制数（4B）组成，是 Internet 协议地址，在控制系统中，一般使用
固定的 IP 地址。

（4）子网掩码　子网是连接在网络上的设备的逻辑组合，同一个子网中的节点彼此之
间的物理位置通常较近，子网施码（Subnet mask）是一个 32 位地址，用于将 IP 地址划分为
子网地址和子网内节点的地址。

S7-200 SMART PLC CPU 出厂时默认的 IP 地址为 192.168.2.1，默认的子网掩码为
255.255.255.0。与编程计算机通信的单个 CPU 可以采用默认的 IP 地址和子网掩码。

（5）网关　网关（或 IP 路由器）是局域网（LAN）之间的连接器。局城网中的计算机

可以使用网关向其他网络发送消息。如果数据的目的地不在局域网内，网关将数据转发给另一个网络或网络组。网关用 IP 地址来传送和接收数据包。

（6）用系统块设置 CPU 的 IP 地址　双击项目树或导航栏中的"系统块"，打开"系统块"对话板，自动选中模块列表中的 CPU 和左边窗口中的"通信"节点，在右边窗口设置 CPU 的以太网端口和 RS485 编口的参数，图 7-75 所示为默认的以太网端口的参数，也可以修改这些参数。

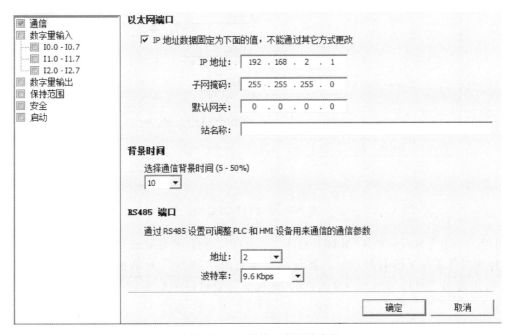

图 7-75　用系统块组态通信参数

如果选中多选框"IP 地址数据固定为下面的值，不能通过其他方式更改"，输入的是静态 IP 信息，如果未选中上述多选框，此时的 IP 地址信息为动态信息，可以在"通信"对话框中更改 IP 信息。

对话框中的"背景时间"是用于处理通信请求的时间占扫描周期的百分比。增加背景时间将会增加扫描时间，从而减慢控制过程的运行速度，一般采用默认的 10%。

设置完成后，单击"确定"按钮确认设置的参数，系统块自动关闭。需要通过系统块将新的设置下载到 PLC，参数被存储在 CPU 模块的存储器中。

（7）用"通信"对话框设置 CPU 的 IP 地址　双击项目树中的"通信"图标，打开"通信"对话框（图 7-76），在"网络接口卡"下拉列表中选中使用的以太网端口，单击"查找 CPU"按钮，将会显示出网络上所有可访问的设备的 IP 地址。

如果网络上有多个 CPU，选中需要与计算机通信的 CPU，单击"确定"按钮，就建立起了和对应 CPU 的连接，可以监控该 CPU 和下载程序到该 CPU。

如果需要确认被选中的 CPU，可以单击"闪烁指示灯"按钮。被选中的 CPU 的指示灯将会闪烁，直到下一次单击该按钮。单击"编辑"按钮可以更改 IP 地址和子网掩码等。单击"确定"按钮，修改后的值被下载到 CPU。

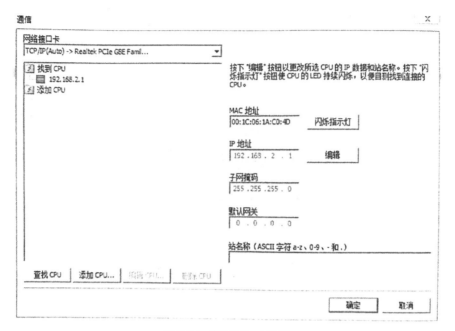

图 7-76 "通信"对话框

打开 STEP 7-Micro/WIN SMART 项目，不会自动选择 IP 地址或建立与 CPU 的连接。每次创建新项目或打开已有的项目，都将会自动打开"通信"对话框，显示上一次连接的 CPU 的 IP 地址，可以采用上一次连接的 IP 地址，也可以进行更改，最后单击"确定"按钮确认。

4. 程序的下载与调试

（1）程序的下载　输入程序后，单击工具栏上的"下载"按钮 ，在弹出的"通信"对话框中找到 CPU 的 IP 地址，单击"确定"按钮，将会出现"下载"对话框。用户可以用多选框选择是否下载程序块、数据块和系统块，勾选则表示要下载。这里不能下载或上传符号表和状态图表。单击"下载"按钮，开始下载。

下载应在 STOP 模式进行，如果下载时为 RUN 模式，将会自动切换到 STOP 模式，下载结束后自动切换回 RUN 模式。

（2）读取 PLC 信息　单击"PLC"菜单功能区的"信息"区域中的"PLC"按钮，将打开"PLC 信息"对话框，显示 PLC 的状态和实际的模块配置。

（3）上传项目组件　上传之前应新建一个空的项目来保存上传的块，以防止打开的项目被上传的内容覆盖。

单击工具栏上的"上传"按钮 ，打开上传对话框。上传对话框与下载对话框的结构基本上相同，对话框的右下角仅有多选框"成功后关闭对话框"。用户可以用多选框选择是否上传程序块、数据块和系统块。单击"上传"按钮，开始上传。

（4）更改 CPU 的工作模式　PLC 有两种工作模式，即 RUN（运行）模式与 STOP（停止）模式。CPU 模块面板上的"RUN"和"STOP"指示灯用来显示当前的工作模式。

在 RUN 模式下，通过执行反映控制要求的用户程序来实现控制功能。在 STOP 模式下，

CPU 仅执行输入和输出更新操作。STOP 模式可以将用户程序和硬件组态信息下载到 PLC。

下载程序后，单击工具栏上的运行按钮 ，再单击弹出的对话框中的"是"按钮，CPU 进入 RUN 模式。单击"停止"按钮 ，确认后 CPU 进入 STOP 模式。

（5）运行和调试程序　下载程序后，通过手动操作开关接通或断开输入信号，通过 PLC 的输出端状态指示灯的变化来观察程序执行的情况，判断程序的正确性。

三、符号表与符号地址的使用

1. 打开符号表

单击导航栏的"符号表"图标，或双击项目树的"符号表"文件夹中的图标，可以打开符号表。新建项目的"符号表"文件夹中有"表格1""系统符号""POU Symbols"和"I/O 符号"四个符号表（图 7-77）。

图 7-77　符号表

2. 专用的符号表

（1）POU Symbols　单击符号表窗口下面的"POU Symbols"选项卡，可以看到项目中主程序、子程序和中断程序的默认名称，该表格为只读表格（背景为灰色），不能用它修改 POU Symbols（图 7-77c），可通过右击项目树文件夹中的某个 POU，用快捷菜单中的"重命名"命令来修改它的名称。

（2）I/O 符号表　I/O 符号表列出了 CPU 的每个数字量 I/O 点默认的符号。例如"CPU_输入 0""CPU_输出 5"等（图 7-77d）。

（3）系统符号表　单击符号表窗口下面的"系统符号"选项卡，可以看到各种特殊存储器（SM）的符号、地址和注释（图7-77b）。

3. 生成符号

"表格1"是自动生成的用户符号表（图7-77a）。在"表格1"的"符号"列键入符号名，例如"起动按钮"，在"地址"列中键入地址或常数。符号表用 🔲 图标表示地址重叠的符号，用 🔲 图标表示未使用的符号。

键入时用红色的文本表示下列语法错误：符号以数字开始、使用关键字作为符号或使用无效的地址。红色波浪下划线表示用法无效，例如重复的符号名和重复的地址。如果用户符号表的地址和I/O符号表的地址重叠，可以删除I/O符号表。

4. 生成用户符号表

可以创建多个用户符号表，但符号名和地址不能相同。鼠标右击项目树中的"符号表"，执行快捷菜单中的"插入"→"符号表"命令，可以生成新的符号表。成功插入新的符号表后，符号表窗口下方会出现一个新的选项卡，单击这些选项卡可以打开不同的符号表。

5. 表格的通用操作

1）列宽度调节。将光标放在表格的列标题分界处，光标出现水平方向的双箭头后，按住左键将分界线拉至所需的位置，可以调节列的宽度。

2）插入新行。右击表格中的某一单元，执行弹出菜单中的"插入"→"行"命令，可以在所选行的上面插入新的行。将光标置于表格最下面一行的任意单元后，按计算机的<↓>键在表格的底部将会增添一个新的行。

3）选中单元格和行。按<TAB>键，光标将移至表格右边的下一个单元格。单击某个单元格，按住<Shift>键同时单击另一单元格，将会同时选中两个所选单元格定义的矩形范围内所有的单元格。

单击最左边的行号，可选中整个行。按住左键在最左边的行号列拖动，可以选中连续的若干行。

按删除键可删除选中的行或单元格，可以用剪贴板复制和粘贴选中的对象。

6. 在程序编辑器和状态图表中定义、编辑和选择符号

在程序编辑器或状态图表中，鼠标右击未连接任何符号的地址，例如T37，执行出现的快捷菜单中的"定义符号"命令，可以在打开的对话框中定义符号（图7-78）。单击"确定"按钮确认操作并关闭对话框。被定义的符号将同时出现在程序编辑器或状态图表和符号表中。

鼠标右击程序编辑器或状态图表中的某个符号，执行快捷菜单中的"编辑

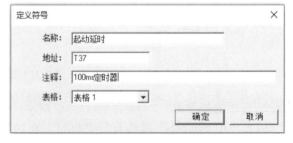

图7-78　"定义符号"对话框

符号"命令，可以编辑该符号的地址和注释。鼠标右击某个未定义的地址，执行快捷菜单中的"选择符号"命令，出现"选择符号"列表，可以为变量选用打开的符号表中可用的符号。

7. 符号表的排序

为了方便在符号表中查找符号，可以对符号表中的符号排序。单击符号列和地址列的列标题，可以改变排序的方式。

8. 切换地址的显示方式

1）单击"视图"菜单功能区的"符号"区域中的"仅绝对""仅符号""符号：绝对"按钮，可以分别只显示绝对地址、只显示符号名称、同时显示绝对地址和符号名称。

2）单击工具栏上的"切换寻址"按钮 ⬚ ▾，将在 3 种显示方式之间进行切换。

3）使用<Ctrl+Y>快捷键，也可以在 3 种符号显示方式之间进行切换。

9. 符号信息表

单击"视图"菜单功能区的"符号"区域中的"符号信息表"按钮 ⬚ ，或单击工具栏上的该按钮，将会在每个程序段的程序下面显示或隐藏符号信息表。

四、用编程软件监控与调试程序

1. 程序状态监控与调试

将程序下载到 PLC 后，便可以使用 STEP 7-Micro/WIN SMART 的监视和调试功能。可以通过单击工具栏上的按钮或单击"调试"菜单功能区（图 7-79）的按钮来选择调试工具。

图 7-79 "调试"菜单功能区

在程序编辑器中打开要监控的程序，单击工具栏上的"程序状态"按钮，开始启用程序状态监控。PLC 必须处于 RUN 模式才能查看连续的状态更新。在 RUN 模式起动程序状态功能后，将用颜色显示出梯形图中各元件的状态，左边的垂直"电源线"和与它相连的水平"导线"变为深蓝色。如果触点和线圈处于接通状态，它们中间出现深蓝色的方块，有"能流"流过的"导线"也变为深蓝色。红色方框表示执行指令时出现了错误，灰色表示无能流，电路处于断开状态。启用程序状态监控，可以形象直观地看到触点、线圈的状态和定时器当前值的变化情况。

2. 语句表的程序状态监控

单击工具栏上的"程序状态"按钮 ⬚ ，关闭程序状态监控。单击"视图"菜单功能区的"编辑器"区域的"STL"按钮，切换到语句表编辑器。单击"程序状态"按钮，起动语句表的程序状态监控功能。用接在端子 I0.0 的起动按钮和 I0.1 上的停止按钮来控制信号的通断，可以看到指令中的位地址的 ON/OFF 状态的变化和 T37 的当前值不断变化的情况。

单击"工具"菜单功能区的"选项"按钮，打开"选项"对话框。选中左边窗口"STL"下面的"状态"，可以设置语句表程序状态监控的内容（图 7-80）。

3. 用状态图表监控与调试程序

（1）打开和编辑状态图表 双击项目树的"状态图表"文件夹中的"图表 1"图标，或者单击导航栏上的"状态图表"按钮均可以打开状态图表（图 7-81），并对它进行编辑，如果项目中有多个状态图表，可以用状态图表编辑器底部的标签切换它们。

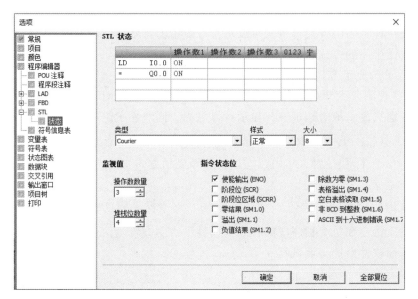

图 7-80　语句表程序状态监控的设置

（2）生成要监控的地址　未起动状态图表的监控功能时，在状态图表的地址列键入要监控的变量的绝对地址或符号地址，可以采用默认的显示格式，或用格式列隐藏的下拉列表方式来改变显示格式。

选中符号表中的符号单元或地址单元，并将其复制到状态图表的"地址"列，可以快速创建要监控的变量。单击状态图表某个"地址"列的单元格（例如 VW20）后按<ENTER>键，可以在下

图 7-81　状态图表

一行插入或添加一个具有顺序地址（例如 VW22）和相同显示格式的新行。

按住<Ctrl>键，将选中的操作数从程序编辑器拖放到状态图表，可以向状态图表添加条目。

（3）创建新的状态图表　可以根据不同的监控项目，创建几个状态图表。鼠标右击项目树中的"状态图表"，执行弹出菜单中的"插入"→"图表"命令，或单击状态图表工具栏上的"插入图表"按钮，可以创建新的状态图表。

（4）起动和关闭状态图表的监控功能

1）起动：单击工具栏上的"图表状态"按钮，该按钮被"按下"（按钮背景变为黄色），即可起动状态图表的监控功能。在状态图表的"当前值"列将会出现从 PLC 中读取的连续更新的动态数据。

2）关闭：单击状态图表工具栏上的"图表状态"按钮，该按钮"弹起"（按钮背景变为灰色），则监视功能被关闭，当前值列显示的数据消失。

（5）RUN 模式与 STOP 模式监控的区别

1）只有在 RUN 模式下可以使用状态图表和程序状态功能，连续采集变化的 PLC 数据值。在 STOP 模式不能执行上述操作。

2）只有在 RUN 模式时，程序编辑器才会用彩色显示状态值和元素，在 STOP 模式则用灰色显示。

7.5 S7-200 SMART PLC 的以太网通信

S7-200 SMART PLC CPU 固件版本 V2.0 及以上可实现 CPU、编程设备和 HMI（触摸屏）之间的多种通信。

S7-200 SMART PLC 的以太网端口有很强的通信功能，除了 1 个端口用于与编程计算机连接外，还有 8 个端口用于与 HMI（人机界面）连接、8 个端口用于与以太网设备的主动的GET/PUT 连接和 8 个被动的 GET/PUT 连接。上述端口可以同时使用。

GET/PUT 连接可以用于 S7-200 SMART PLC 之间的以太网通信，也可以用于 S7-200 SMART PLC 和 S7-300/400/1200 PLC 之间的以太网通信。

7.5.1 以太网通信概述

S7-200 SMART PLC CPU 提供了 GET/PUT 指令，用于 S7-200 SMART PLC CPU 之间的以太网通信，以太网通信指令梯形图及语句表见表 7-54。GET/PUT 指令只需要在主动建立连接的 CPU 中调用执行，被动建立连接的 CPU 不需要进行通信编程。

表 7-54 以太网通信指令的梯形图及语句表

梯形图	语句表	指令名称
GET EN ENO TABLE	GET TABLE	网络读指令 GET 指令启动以太网端口上的通信操作，从远程设备获取数据，如说明表（TABLE）中的定义 GET 指令可从远程站读取最多 222 字节的信息
PUT EN ENO TABLE	PUT TABLE	网络写指令 PUT 指令启动以太网端口上的通信操作，将数据写入远程设备，如说明表（TABLE）中的定义 PUT 指令可向远程站写入最多 212 字节的信息

1. GET 和 PUT 指令的注意事项

1）程序中可以有任意数量的 GET 和 PUT 指令，但在同一时间最多只能激活共 16 个GET 和 PUT 指令。例如，在给定的 CPU 中可以同时激活 8 个 GET 和 8 个 PUT 指令，或 6 个GET 和 10 个 PUT 指令。

2）当执行 GET 或 PUT 指令时，CPU 与 GET 或 PUT 表中的远程 IP 地址建立以太网连接。该 CPU 可同时保持最多 8 个连接。连接建立后，该连接将一直保持到在 CPU 进入STOP 模式为止。

3）针对所有与同一 IP 地址直接相连的 GET/PUT 指令，CPU 采用单一连接。例如，远程 IP 地址为 192.168.2.10，如果同时启用 3 个 GET 指令，则会在 1 个 IP 地址为 192.168.2.10 的以太网连接上按顺序执行这些 GET 指令。

4）如果尝试创建第 9 个连接（第 9 个 IP 地址），CPU 将在所有连接中搜索，查找处于未激活状态时间最长的一个连接。CPU 将断开该连接，然后再与新的 IP 地址创建连接。

5）GET 和 PUT 指令处于处理中/激活/繁忙状态或仅保持与其他设备的连接时，会需要额外的后台通信时间。所需的后台通信时间量取决于处于激活/繁忙状态的 GET 和 PUT 指令数量、GET 和 PUT 指令的执行频率以及当前打开的连接数量。如果通信性能不佳，则应当将后台通信时间调整为更高的值。

2. GET 和 PUT 指令的 TABLE 参数

GET 和 PUT 指令用它唯一的输入参数 TABLE（数据类型为 BYTE，如 IB、QB、VB、MB、SMB、SB、*VD、*LD、*AC）定义 16B 的表格，该表格定义了 3 个状态位、错误代码、远程站 CPU 的 IP 地址、指向远程站中数据区的指针、数据长度、指向本地站中数据区的指针，GET 和 PUT 指令 TABLE 参数数据表格式见表 7-55。

表 7-55　GET 和 PUT 指令 TABLE 参数数据表格式

字节偏移地址	名称	描述							
0	状态字节	D	A	E	0	E1	E2	E3	E4
1	远程站 IP 地址	被访问的 PLC 远程站 IP 地址（将要访问的数据所处 CPU 的 IP 地址）							
2									
3									
4									
5	保留 = 0	必须设置为零							
6	保留 = 0	必须设置为零							
7	指向远程站（此 CPU）中数据区的指针	存放被访问数据区（I、Q、M、V 或 DBI）的首地址							
8									
9									
10									
11	数据长度	读写的字节数，远程站中将要访问的数据的字节数（PUT 为 1～212B，GET 为 1～222B）							
12	指向本地站（此 CPU）中数据区的指针	存放从远程站接收的数据或存放要向远程站发送的数据（I、Q、M、V 或 DBI）的首地址							
13									
14									
15									

数据表的第 1 字节为状态字节，各个位的意义如下：

1）D 位：操作完成位。0：未完成；1：已完成。

2）A 位：有效位。0：无效；1：有效。

3）E 位：错误标志位。0：无错误；1：有错误。

4）E1、E2、E3、E4 位：错误码。如果执行读/写指令后 E 位为 1，则由这 4 位返回一个错误码。错误码及含义见表 7-56。

表 7-56 错误码及含义

E1E2E3E4	错误码	说明
0000	0	无错误
0001	1	GET/PUT 表中存在非法参数 本地区域不包括 I、Q、M 或 V 本地区域的大小不足以提供请求的数据长度 （对于 GET，数据长度为零或大于 222B；对于 PUT，数据长度大于 212B） 远程区域不包括 I、Q、M 或 V 远程 IP 地址是非法的（0.0.0.0） 远程 IP 地址为广播地址或组播地址 远程 IP 与本地 IP 地址相同 远程 IP 位于不同的字网
0010	2	当前处于活动状态的 GET/PUT 指令过多（仅允许 16 个）
0011	3	无可用连接，当前所有连接都在处理未完成的请求
0100	4	从远程 CPU 返回的错误 请求或发送的数据过多 STOP 模式下不允许对 Q 存储器执行写入操作 存储区处于写保护状态（请参见 SDB 组态）
0101	5	与远程 CPU 之间无可用连接 远程 CPU 之间的连接丢失（CPU 断电、物理断开）
0110～1001	6～9	未使用（保存以供将来使用）
1010～1111	A～F	

【例 7-21】 PUT 指令应用示例，如图 7-82 所示。

在接收"完成"时，即 V200.7 为"1"时，起动"PUT"写指令。远程 CPU 的 IP 地址为 192.168.50.2，将偏移地址 T+5 和 T+6 清 0，置远程站存放数据的指针（即将本地数据发送到远程站后存放这些数据的初始位置 VB101），写入数据长度为 2，置本地站发送数据的首地址 VB500，起动写指令。

7.5.2 通过指令编程实现以太网通信

图 7-83 所示为 CPU 通信网络配置，CPU1 为主动端，其 IP 地址为 192.168.2.100，调用 GET/PUT 指令；CPU2 为被动端，其 IP 地址为 192.168.2.101，不需调用 GET/PUT 指令。通信项目是把 CPU1 的实时时钟信息写入 CPU2 中，把 CPU2 中的实时时钟信息读写到 CPU1 中。

1. CPU1 主动端编程

CPU1 主程序中包含读取 CPU 实时时钟、初始化 GET/PUT 指令的 TABLE 参数表、调用 PUT 指令和 GET 指令等。

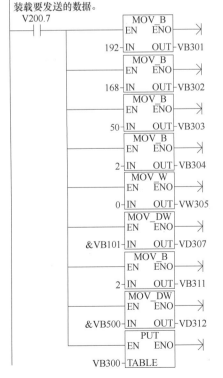

图 7-82 PUT 指令应用示例

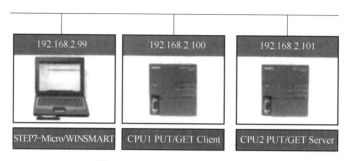

图 7-83　CPU 通信网络配置图

程序段 1：读取 CPU1 实时时钟，存储到 VB100～VB107，如图 7-84 所示。

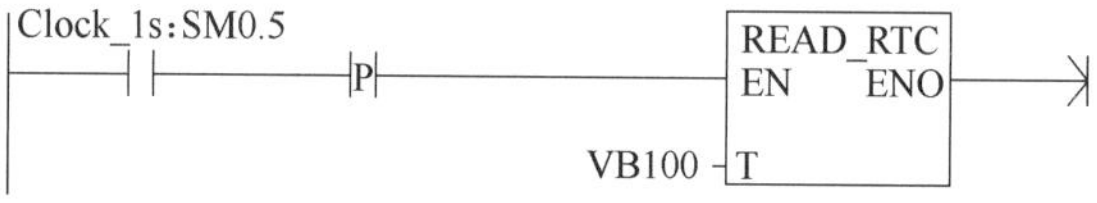

图 7-84　读取 CPU1 实时时钟

注：READ_RTC 指令用于读取 CPU 实时时钟指令，并将其存储到从字节地址 T 开始的 8 字节时间缓冲区中，数据格式为 BCD 码。

程序段 2：定义 PUT 指令 TABLE 参数表，用于将 CPU1 的 VB100～VB107 传输到远程 CPU2 的 VB0～VB7 中，如图 7-85 所示。

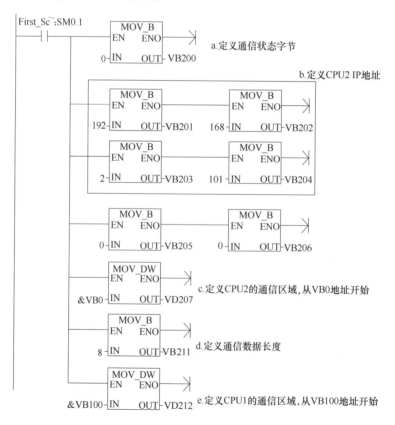

图 7-85　定义 PUT 指令 TABLE 参数表

程序段3：定义GET指令TABLE参数表，用于将远程CPU2的VB100～VB107读取到CPU1的VB0～VB7中，如图7-86所示。

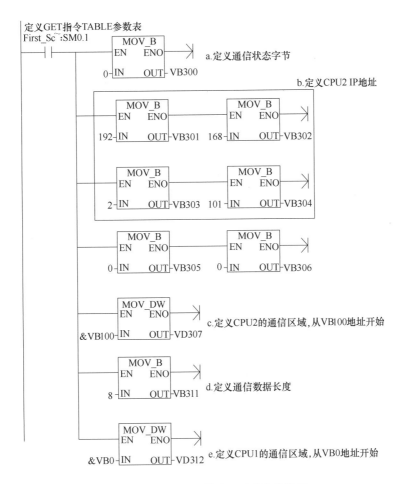

图7-86 定义 GET 指令 TABLE 参数表

程序段4：调用PUT指令和GET指令，如图7-87所示。

2. CPU2被动端编程

CPU2的主程序只需包含一条语句，该语句用于读取CPU2的实时时钟，并存储到VB100～VB107，如图7-88所示。

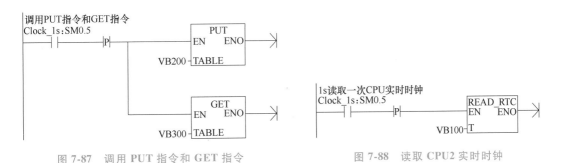

图7-87 调用 PUT 指令和 GET 指令　　　　　　图7-88 读取 CPU2 实时时钟

7.5.3 通过向导实现以太网通信

在 STEP 7-Micro/WIN SMART "工具" 菜单的 "向导" 区域单击 "Get/Put" 按钮（图 7-89），或用鼠标双击项目树的 "向导" 文件夹的 "Get/Put"，起动 Get/Put 向导（图 7-90）。

图 7-89 起动 Get/Put 向导

1. 添加操作

在弹出的 "Get/Put 向导" 对话框中添加操作步骤名称及注释。打开向导对话框时，只有一个默认的操作（Operation），如果使用时既需要 Get 操作又需要 Put 操作时，或需要多次 Get 操作或 Put 操作时，就在图 7-90 的对话框中单击 "添加" 按钮，添加相应的操作次数。可以为每一条操作添加注释，该向导最多允许组态 24 项独立的网络操作。然后单击 "下一个" 按钮，弹出图 7-91 所示的对话框。

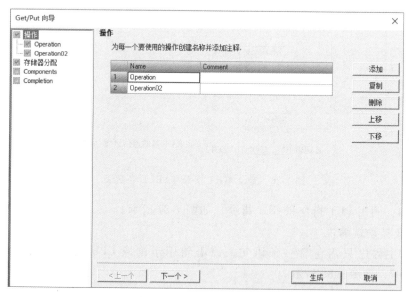

图 7-90 "Get/Put 向导" 对话框

2. 组态读操作

在图 7-91 中，在 "类型" 选项中选择 "Get"，即组态 "读操作"，在传送大小（字节）栏中输入需要读的字节，在此设为 2；远程 CPU 的 IP 地址，在此设为 192.168.2.10；本地和远程保存数据的起始地址分别为 VB100 和 VB300，然后单击 "下一个" 按钮，弹出图 7-92 所示的对话框。

3. 组态写操作

在图 7-92 中，在 "类型" 选项中选择 "Put"，即组态 "写操作"，在传送大小（字节）

栏中输入需要读的字节，在此设为 2；远程 CPU 的 IP 地址，在此设为 192.168.2.10；本地和远程保存数据的起始地址分别为 VB300 和 VB100，然后单击"下一个"按钮，弹出图 7-93 所示的对话框。

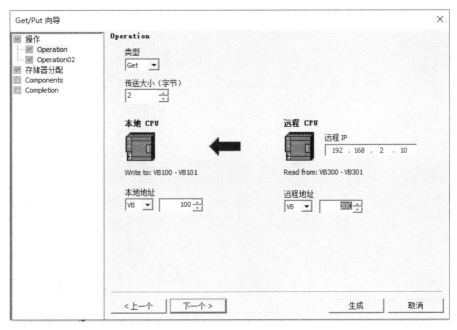

图 7-91 组态读操作

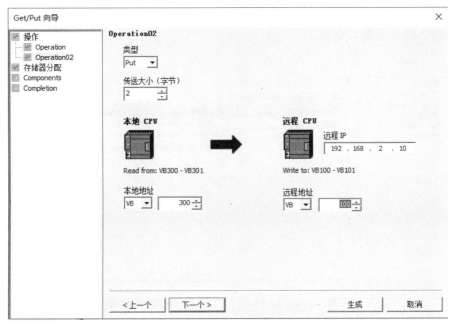

图 7-92 组态写操作

4. 存储器分配

在图 7-93 中，设置存储器分配地址，用来保存组态数据的 V 存储区的起始地址。可单击"建议"按钮，采用系统生成的地址，也可以手动输入。在此存储器分配的起始地址设为 VB500，共需 70B，然后单击"下一个"按钮，弹出图 7-94 所示的对话框。

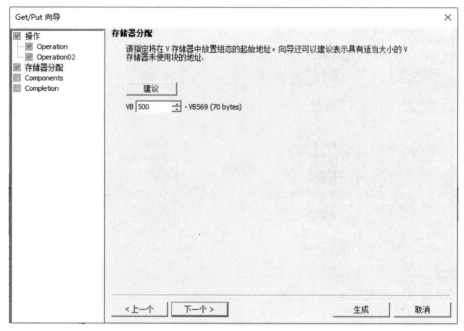

图 7-93 存储器分配

5. 组件

在图 7-94 中，可以看到实现要求的组态的项目组件默认名称。然后单击"下一个"按钮，弹出图 7-95 所示的对话框。

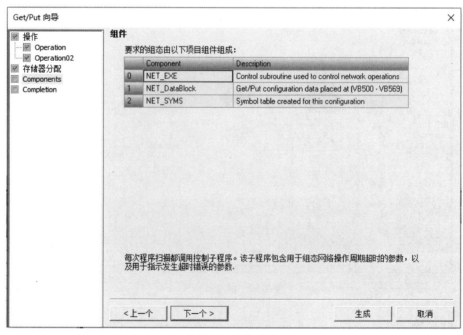

图 7-94 组件界面

6. 生成代码

在图 7-95 中，单击"生成"按钮，自动生成用于子程序 NET_EXE、保存组态数据的数据页 NET_DataBlock 和符号表 NET_SYMS。

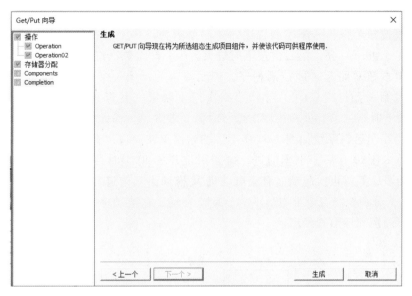

图 7-95 组态完成界面

7. 调用子程序 NET_EXE

向导完成后，在主程序 MAIN 中需使用 SM0.0 的常开触点，调用指令树的文件夹"程序块/向导"中的 NET_EXE（图 7-96），该子程序执行用 GET/PUT 向导配置的网络读写功能。INT 型参数"超时"为 0 表示不设置超时定时器，为 1 ~ 32767 是以秒为单位的超时时间，每次完成所有的网络操作时，都会切换 BOOL 变量"周期"的状态，BOOL 变量"错误"为 0 表示没有错误，为 1 时有错误，错误代码在 GET/PUT 指令定义的表格的状态字中。

图 7-96 调用子程序 NET_EXE

双击文件夹"/程序块/向导"中的 NET_EXE，可查看组态相关信息，如图 7-97 所示。

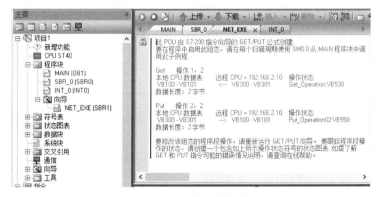

图 7-97 组态相关信息

习 题

一、设计题

1. 编写单按钮单路起 / 停控制程序，控制要求为：单个按钮（I0.0）控制一盏灯，第一次按下时灯（Q0.1）亮，第二次按下时灯灭，…，即奇数次灯亮，偶数次灯灭。

2. 编写单按钮双路起 / 停控制程序，控制要求为：用一个按钮（I0.0）控制两盏灯，第一次按下时第一盏灯（Q0.0）亮，第二次按下时第一盏灯灭，同时第二盏灯（Q0.1）亮，第三次按下时第二盏灯灭，第四次按下时第一盏灯亮，如此循环。

3. 有简易小车运料系统如图 7-98 所示。初始位置在左边，有后退限位开关 I0.2 为 1 状态，按下起动按钮 I0.0 后，小车前进，碰到限位开关 I0.1 时停下，3s 后后退。碰到 I0.2 后，返回初始步，等待再次起动。直流电动机 M 拖动小车前进和后退，S7-200 SMART PLC 的 Q0.0、Q0.1 分别控制直流继电器 KA1、KA2 驱动直流电动机工作。请作出系统的顺序功能图、电气原理图和梯形图程序。

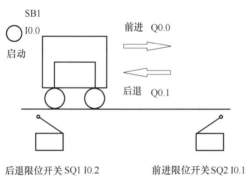

图 7-98 设计题 3

4. 现有两台电动机 M1、M2，要求能工作于手动和自动两种方式。工作于手动方式时，分别用两台电动机的起［K3（M1），K5（M2）］、停［K4（M1），K6（M2）］按钮控制 M1、M2 工作；工作于自动方式时，按下起动按钮（K1），则两台电动机相隔 5s 顺序起动，按下停止按钮（K2），则两台电动机同时停止。自动/手动方式选择开关为 K，电动机 M1 的驱动接触器为 KM1，电动机 M2 的驱动接触器为 KM2。请根据控制要求作出系统的 I/O 分配表、电气原理图和梯形图程序。

二、综合题

1. 用 Q0.0 输出 PTO 高速脉冲，对应的控制字节、周期值、脉冲数寄存器分别为 SMB67、SMW68、SMD72，要求 Q0.0 输出 500 个周期为 20ms 的 PTO 脉冲。请设置控制字节，编写能实现此控制要求的程序。

2. 定义 HSC0 工作于模式 1，I0.0 为计数脉冲输入端，I0.2 为复位端，SMB37、SMD38、SMD42 分别为控制字节、当前值、预置值寄存器。控制要求：允许计数，更新当前值，不更新预置值，设置计数方向为加计数，不更新计数方向，复位设置为高电平有效。请设置控制字节，编写 HSC0 的初始化程序。

3. 根据题图 7-99 中的时序图，编制实现该功能的程序，要求画出梯形图并写出指令表。

4. 图 7-100 已给出某个控制程序的语句表的形式，请将其转换为梯形图的形式。

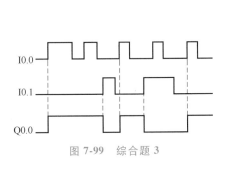

1	LD	I0.2
	AN	T31
	TON	T32,1000
2	LD	T32
	LD	Q0.1
	CTU	C46,360
3	LD	C46
	O	Q0.1
	=	Q0.1

图 7-99　综合题 3　　　　　　　　图 7-100　综合题 4

5. 请用通电延时定时器 T37 构造断电延时型定时器，设定断电延时时间为 10s。

参 考 文 献

[1] 左健民. 液压与气压传动 [M]. 5 版. 北京：机械工业出版社，2016.

[2] 丁问司，丁树模. 液压传动 [M]. 4 版. 北京：机械工业出版社，2019.

[3] 张群生. 液压与气压传动 [M]. 4 版. 北京：机械工业出版社，2019.

[4] 张利平. 液压气动元件与系统使用及故障维修 [M]. 北京：机械工业出版社，2013.

[5] 郁汉琪. 电气控制与可编程序控制器应用技术 [M]. 2 版. 南京：东南大学出版社，2011.

[6] 范平平. PLC 应用技术：西门子 S7-200 SMART [M]. 北京：机械工业出版社，2020.

[7] 侍寿永. 西门子 S7-200 SMART PLC 编程及应用教程 [M]. 2 版. 北京：机械工业出版社，2020.